全国高等教育自学考试指定教材

工程招投标与合同管理

（含：工程招投标与合同管理自学考试大纲）

（2024年版）

全国高等教育自学考试指导委员会　组编

主　编　苏义坤　张守健

副主编　李秀民

北京大学出版社

PEKING UNIVERSITY PRESS

图书在版编目（CIP）数据

工程招投标与合同管理：2024年版 / 苏义坤，张守健主编 . —北京：北京大学出版社，2024.6
全国高等教育自学考试指定教材
ISBN 978-7-301-35011-9

Ⅰ.①工… Ⅱ.①苏… ②张… Ⅲ.①建筑工程－招标－高等教育－自学考试－教材 ②建筑
工程－投标－高等教育－自学考试－教材 ③建筑工程－经济合同－管理－高等教育－自学考试－教
材 Ⅳ.① TU723

中国国家版本馆CIP数据核字 (2024) 第 083148 号

书　　　　名	工程招投标与合同管理（2024年版）
	GONGCHENG ZHAOTOUBIAO YU HETONG GUANLI（2024 NIAN BAN）
著作责任者	苏义坤　张守健　主编
策 划 编 辑	吴迪　赵思儒
责 任 编 辑	曹圣洁　刘健军
数 字 编 辑	蒙俞材
标 准 书 号	ISBN 978-7-301-35011-9
出 版 发 行	北京大学出版社
地　　　　址	北京市海淀区成府路 205 号　100871
网　　　　址	http://www.pup.cn　新浪微博：@北京大学出版社
电 子 邮 箱	编辑部 pup6@pup.cn　总编室 zpup@pup.cn
电　　　　话	邮购部 010-62752015　发行部 010-62750672　编辑部 010-62750667
印 刷 者	北京鑫海金澳胶印有限公司
经 销 者	新华书店
	787 毫米 ×1092 毫米　16 开本　16.5 印张　396 千字
	2024 年 6 月第 1 版　2024 年 6 月第 1 次印刷
定　　　　价	52.00 元

组 编 前 言

21 世纪是一个变幻难测的世纪，是一个催人奋进的时代。科学技术飞速发展，知识更替日新月异。希望、困惑、机遇、挑战，随时随地都有可能出现在每一个社会成员的生活之中。抓住机遇、寻求发展、迎接挑战、适应变化的制胜法宝就是学习——依靠自己学习、终身学习。

作为我国高等教育组成部分的自学考试，其职责就是在高等教育这个水平上倡导自学、鼓励自学、帮助自学、推动自学，为每一个自学者铺就成才之路。组织编写供读者学习的教材就是履行这个职责的重要环节。毫无疑问，这种教材应当适合自学，应当有利于学习者掌握和了解新知识、新信息，有利于学习者增强创新意识，培养实践能力，形成自学能力，也有利于学习者学以致用，解决实际工作中所遇到的问题。具有如此特点的书，我们虽然沿用了"教材"这个概念，但它与那种仅供教师讲、学生听，教师不讲、学生不懂，以"教"为中心的教科书相比，已经在内容安排、编写体例、行文风格等方面都大不相同了。希望读者对此有所了解，以便从一开始就树立起依靠自己学习的坚定信念，不断探索适合自己的学习方法，充分利用自己已有的知识基础和实际工作经验，最大限度地发挥自己的潜能，达到学习的目标。

欢迎读者提出意见和建议。

祝每一位读者自学成功。

全国高等教育自学考试指导委员会

2023 年 1 月

目 录

工程招投标与合同管理自学考试大纲

工程招投标与合同管理

全国高等教育自学考试

工程招投标与合同管理
自学考试大纲

全国高等教育自学考试指导委员会　制定

大纲前言

为了适应社会主义现代化建设事业的需要，鼓励自学成才，我国在 20 世纪 80 年代初建立了高等教育自学考试制度。高等教育自学考试是个人自学、社会助学和国家考试相结合的一种高等教育形式。应考者通过规定的专业课程考试并经思想品德鉴定达到毕业要求的，可获得毕业证书；国家承认学历并按照规定享有与普通高等学校毕业生同等的有关待遇。经过 40 多年的发展，高等教育自学考试为国家培养造就了大批专门人才。

课程自学考试大纲是规范自学者学习范围、要求和考试标准的文件。它是按照专业考试计划的要求，具体指导个人自学、社会助学、国家考试及编写教材的依据。

为更新教育观念，深化教学内容方式、考试制度、质量评价制度改革，更好地提高自学考试人才培养的质量，全国考委各专业委员会按照专业考试计划的要求，组织编写了课程自学考试大纲。

新编写的大纲，在层次上，本科参照一般普通高校本科水平，专科参照一般普通高校专科或高职院校的水平；在内容上，及时反映学科的发展变化以及自然科学和社会科学近年来研究的成果，以更好地指导应考者学习使用。

全国高等教育自学考试指导委员会
2023 年 12 月

I 课程性质与课程目标

一、课程性质与特点

"工程招投标与合同管理"是工程造价（专科）、建设工程管理（专科）、土木工程（专升本）等专业的一门专业课程，是为培养学生的工程招投标与合同管理基本知识和基本技能而设置的。这门课程是工程管理类各门专业的基础性课程，也是了解和掌握工程招投标与合同管理的一般知识、提高工程管理能力的普及性课程。

二、课程目标

通过本课程的学习，考生应全面了解我国工程招投标、合同等法律制度，对建设工程合同管理的基本内容等方面有一个系统的了解及掌握，为进一步深入学习工程管理类专业的各门课程创造有利条件。本课程设置的目标如下。

（1）了解工程和工程市场的定义和特点、工程项目建设的一般程序和各参与方；熟悉工程招投标和工程合同基本概念及工程合同类型。

（2）了解招投标制度在国内外的发展历程；熟悉和掌握工程招投标的主要步骤；了解 FIDIC 招投标程序流程图；理解资格预审的目的和作用、资格预审程序、资格预审文件的内容、资格预审申请文件的填报及评审、资格后审；熟悉电子招投标，了解电子招投标和传统招投标的差异。

（3）了解和掌握招标条件、招标方式、开标、评标、决标；掌握招标文件的内容；熟悉投标准备工作、投标报价的组成和投标报价策略；掌握投标报价的计算方法；了解招投标监督体系、招投标监督流程及招投标投诉处理。

（4）了解和掌握合同签订的程序及合同履行的规则；掌握违约责任、合同索赔与争议管理；了解建设工程监理合同管理、建设工程勘察设计合同管理、建设工程施工合同管理。

（5）为进一步学习工程管理类专业知识和技能打下基础。

三、与相关课程的联系与区别

工程招投标与合同管理作为工程管理类专业的基础性课程，在整个专业人才培养的课程体系中发挥着非常重要的作用，课程内容几乎涵盖招投标与合同管理过程中的全部内容。本课程与其他相关专业课程相辅相成，在工程管理类专业人才培养中各自发挥不同的作用。

四、课程的重点与难点

本课程的重点：工程招投标的主要步骤，招标条件，招标方式，开标、评标、决标，招标文件的内容，投标报价的组成，投标报价的计算方法，合同签订的程序，合同履行的规则，违约责任、合同索赔与争议管理。

本课程的难点：招标文件的内容，投标报价的组成，投标报价的计算方法，合同签订的程序，合同履行的规则，违约责任、合同索赔与争议管理。另外，由于课程涉及招投标与合同管理的方方面面，多方面简单内容的组合就构成了具有一定难度的课程内容。

II 考核目标

本大纲在考核目标中，按照识记、领会、简单应用和综合应用四个层次规定其应达到的能力层次要求。四个能力层次是递进关系，各能力层次的含义如下。

识记（I）：要求考生能够识别和记忆本课程中有关招投标与合同管理的概念、特点、程序的主要内容，并能够根据考核的不同要求，做出正确的选择和判断。

领会（II）：要求考生能够领悟和理解本课程中有关招投标与合同管理的概念、特点及程序的内涵及外延，理解招投标相关知识的区别和联系，并能够根据考核的不同要求对招投标与合同管理问题进行逻辑推理和论证，做出正确的判断、解释和说明。

简单应用（III）：要求考生能够根据已知的招投标与合同管理事实，对招投标与合同管理问题进行分析和论证，得出正确的结论或做出正确的判断。

综合应用（IV）：要求考生能够根据已知的招投标与合同管理事实，对招投标与合同管理问题进行综合分析和论证，得出解决问题的综合方案。

Ⅲ　课程内容与考核要求

第 1 章　绪　论

一、学习目的与要求

对工程招投标和工程合同有较全面、正确的了解与认识，重点掌握工程招投标的定义和特点、合同和建设工程合同的定义、工程合同类型等内容，为以后各章有关招投标与合同管理的具体内容学习奠定基础。

二、课程内容

1. 工程的概念和特点
2. 工程市场
3. 工程项目建设的一般程序和各参与方
4. 工程招投标概述和工程合同定义
5. 工程合同类型

三、考核知识点与考核要求

1. 工程的概念和特点

识记：（1）工程定义；（2）工程的特点。

2. 工程市场

识记：（1）工程市场的定义；（2）工程市场的特点。

3. 工程项目建设的一般程序和各参与方

识记：（1）工程项目建设的一般程序；（2）工程项目建设程序的发展历程；（3）工程项目建设各参与方的主要职责。

4. 工程招投标概述和工程合同定义

领会：（1）工程招投标概述；（2）工程合同定义。

5. 工程合同类型

领会：（1）按照承包内容分类；（2）按照承包方式分类；（3）按照计价方式分类。

四、本章重点与难点

重点：工程招投标概述，建设工程合同定义，工程合同按照承包内容、承包方式和计价方式的分类。

难点：工程合同按照计价方式的分类。

第2章　招投标制度

一、学习目的与要求

从总体上认识招投标制度在国内外的发展历程，初步掌握工程招标和工程投标的程序，了解 FIDIC 招投标程序流程图，熟悉资格预审文件的内容、资格预审申请文件的填报和评审以及资格后审，熟悉建设工程招投标相关规定和电子招投标的基本知识。

二、课程内容

1. 招投标制度的发展
2. 工程招投标程序
3. 资格预审
4. 建设工程招投标相关规定
5. 电子招投标

三、考核知识点与考核要求

1. 招投标制度的发展

识记：（1）国外招投标制度发展历程；（2）我国招投标制度发展历程。

2. 工程招投标程序

识记：FIDIC 招投标程序流程图。

简单应用：（1）工程招标的主要步骤；（2）工程投标的主要步骤。

3. 资格预审

识记：资格预审概述。

领会：（1）资格预审文件的内容；（2）资格预审申请文件的填报；（3）资格预审申请文件的评审；（4）资格后审。

4. 建设工程招投标相关规定

识记：（1）建设工程招标范围；（2）建设工程招标种类；（3）建设工程招投标主体。

5. 电子招投标

识记：电子招标投标交易平台。

领会：（1）电子招标与投标；（2）电子开标、评标与中标；（3）电子招投标与传统招投标的差异。

四、本章重点与难点

重点：工程招标和工程投标的主要步骤，资格预审文件的内容，资格预审申请文件的填报和评审，资格后审，电子招标与投标，电子开标、评标与中标，电子招投标与传统招投标的差异。

难点：工程招标和工程投标的主要步骤，电子招投标与传统招投标的差异。

第 3 章　工程招标条件与规则

一、学习目的与要求

了解和掌握招标的基本条件，初步掌握公开招标和邀请招标两种基本招标方式，了解招标文件的重要性及其编制原则，掌握招标文件的内容，对开标、评标和决标有全面的了解和认识。

二、课程内容

1. 招标条件
2. 招标方式
3. 招标文件
4. 开标、评标和决标

三、考核知识点与考核要求

1. 招标条件

领会：（1）工程项目招标条件；（2）招标人招标条件。

2. 招标方式

识记：其他招标方式。

简单应用：（1）公开招标；（2）邀请招标。

3. 招标文件

识记：（1）招标文件的重要性；（2）招标文件的编制原则。

综合应用：招标文件的内容。

4. 开标、评标和决标

简单应用：（1）开标；（2）评标；（3）决标。

四、本章重点与难点

重点：公开招标和邀请招标两种基本招标方式，招标文件的内容，开标、评标和决标。

难点：招标文件的内容。

第 4 章　工程投标业务与方法

一、学习目的与要求

全面了解与认识投标准备工作，熟悉投标报价的组成，掌握投标报价的计算过程，重点掌握单价的计算方法，熟悉常见的投标报价策略。

二、课程内容

1.投标准备工作

2.投标报价的组成

3.投标报价的计算

4.投标报价策略

三、考核知识点与考核要求

1.投标准备工作

识记：（1）市场调查；（2）项目的跟踪与选择；（3）代理人和合作伙伴的选择；（4）参加资格预审。

2.投标报价的组成

领会：（1）措施项目费；（2）其他项目费；（3）规费；（4）税金。

简单应用：分部分项工程费。

3.投标报价的计算

识记：熟悉招标文件。

领会：（1）现场踏勘与参加标前会议；（2）核对工程量；（3）制定施工方案。

简单应用：计算投标报价。

综合应用；计算单价。

4.投标报价策略

领会：（1）不平衡报价法；（2）按工程量变化趋势调整单价；（3）多方案报价法；（4）增加建设方案；（5）突然降价法；（6）其他策略。

四、本章重点与难点

重点：投标报价的组成，包括分部分项工程费、措施项目费、其他项目费、规费和税金，投标报价的计算。

难点：投标报价的计算。

第5章　招投标监督

一、学习目的与要求

了解招投标监督体系，初步掌握招投标监督流程，熟悉招投标投诉处理。

二、课程内容

1.招投标监督体系

2.招投标监督流程

3.招投标投诉处理

三、考核知识点与考核要求

1. 招投标监督体系

识记：（1）社会监督；（2）行政监督；（3）行业自律；（4）司法监督。

领会：当事人监督。

2. 招投标监督流程

领会：招投标监督流程。

3. 招投标投诉处理

识记：投诉人投诉。

领会：投诉处理。

四、本章重点与难点

重点：当事人监督，招投标监督流程，投诉处理。

难点：投诉处理。

第6章　合同的签订与履行

一、学习目的与要求

了解合同订立和履行的基本原则，熟悉合同签订的程序，初步了解要约和承诺，理解合同效力的基本概念并了解合同效力的分类，初步掌握合同履行的基本概念及其规则。

二、课程内容

1. 合同的原则及分类

2. 合同的签订

3. 合同的效力

4. 合同的履行

三、考核知识点与考核要求

1. 合同的原则及分类

识记：（1）合同的基本原则；（2）合同的分类。

2. 合同的签订

识记：（1）要约；（2）承诺。

领会：合同签订的程序。

3. 合同的效力

识记：不同效力的合同。

领会：合同效力的基本概念。

4. 合同的履行

识记：合同履行的标准和原则。

领会：（1）合同履行的基本概念；（2）合同履行的规则。

四、本章重点与难点

重点：合同签订的程序，合同效力的基本概念，合同履行的基本概念，合同履行的规则。

难点：合同履行的规则。

第7章 违约责任、合同索赔与争议管理

一、学习目的与要求

掌握合同订立及履行过程中的违约责任与违约行为，理解不可抗力及违约责任的免除，了解和掌握合同索赔管理，重点掌握合同争议管理。

二、课程内容

1. 违约责任
2. 合同索赔
3. 争议管理

三、考核知识点与考核要求

1. 违约责任
领会：不可抗力及违约责任的免除。
综合应用：违约责任与违约行为。
2. 合同索赔
识记：（1）索赔事件；（2）持续索赔。
领会：（1）基本概念；（2）索赔的分类；（3）索赔报告。
简单应用：索赔程序。
3. 争议管理
简单应用：工程合同纠纷主要类型。
综合应用：工程合同纠纷主要处理方式。

四、本章重点与难点

重点：违约责任与违约行为，索赔基本概念，索赔的分类，索赔报告，索赔程序，工程合同纠纷主要类型，工程合同纠纷主要处理方式。

难点：违约责任与违约行为，工程合同纠纷主要处理方式。

第8章 建设工程合同管理

一、学习目的与要求

从总体上比较全面地理解建设工程合同管理，具体包括了解和掌握工程合同基本原

理，熟悉建设工程监理合同履行管理，掌握建设工程勘察设计合同履行管理，重点掌握建设工程施工合同双方的一般义务，简单了解国内其他标准工程合同示范文本和常见国际工程合同条件。

二、课程内容

1. 工程合同概述
2. 建设工程监理合同管理
3. 建设工程勘察设计合同管理
4. 建设工程施工合同管理
5. 国际工程合同概述

三、考核知识点与考核要求

1. 工程合同概述
识记：工程合同的作用。
领会：工程合同相关概念。
简单应用：（1）工程合同文件的组成；（2）工程合同体系。
2. 建设工程监理合同管理
识记：建设工程监理合同概述。
领会：建设工程监理合同履行管理。
3. 建设工程勘察设计合同管理
识记：建设工程勘察设计合同概述。
简单应用：建设工程勘察设计合同履行管理。
4. 建设工程施工合同管理
领会：建设工程施工合同概述。
综合应用：建设工程施工合同双方的一般义务。
5. 国际工程合同概述
识记：（1）AIA 合同条件；（2）JCT 合同条件；（3）ICE 合同条件；（4）NEC 合同条件；（5）FIDIC 合同条件。

四、本章重点与难点

重点：工程合同文件的组成及其优先顺序，工程合同体系，建设工程勘察设计合同履行管理，建设工程施工合同双方的一般义务。
难点：工程合同体系，建设工程施工合同双方的一般义务。

Ⅳ 关于大纲的说明与考核实施要求

一、自学考试大纲的目的和作用

课程自学考试大纲是根据土木工程（专升本）、工程造价（专科）、建设工程管理（专科）等专业自学考试计划的要求，结合自学考试的特点而确定的。其目的是对个人自学、社会助学和课程考试命题进行指导和规定。

课程自学考试大纲明确了课程学习的内容及深广度，规定了课程自学考试的范围和标准。因此，它是编写自学考试教材和辅导书的依据，是社会助学组织进行自学辅导的依据，是自学者学习教材、掌握课程内容知识范围和程度的依据，也是进行自学考试命题的依据。

二、自学考试大纲与教材的关系

课程自学考试大纲是进行学习和考核的依据，教材的内容是大纲所规定的课程知识和内容的扩展与发挥。课程内容在教材中可以体现一定的深度或难度，但在大纲中对考核的要求一定要适当。

大纲与教材所体现的课程内容应基本一致；大纲里面的课程内容和考核知识点，教材里要全部覆盖。反过来教材里有的内容，大纲里面不一定完全体现。

三、关于自学教材

《工程招投标与合同管理（2024年版）》，全国高等教育自学考试指导委员会组编，苏义坤、张守健主编，北京大学出版社出版。

四、关于自学要求和自学方法的指导

本大纲的课程基本要求是依据专业考试计划和专业培养目标而确定的。课程基本要求还明确了课程的基本内容，以及对课程内容掌握的程度。基本要求中的知识点构成了课程内容的主体部分。因此，课程内容掌握程度、考核知识点是高等教育自学考试考核的主要内容。

为有效地指导个人自学和社会助学，本大纲已指明了课程的重点与难点，在章节的基本要求中一般也指明了章节内容的重点与难点。

本课程共5学分。

根据学习对象为成人、在职、业余、自学等情况，建议学习本课程的自学应考者应充分发挥理解能力，结合自己的社会阅历和职业经验很好地理解吃透本书全八章的内容，全面、系统地掌握当今工程招投标与合同管理的基本理论和基本方法，切忌在没有全面、系统学习教材的情况下孤立地去抓重点。具体建议有以下几点。

（1）熟悉章节目录，按照课程章节进行快速泛读，全面了解课程各章节内容之间的逻辑关系，初步构建自己工程招投标与合同管理的知识体系或逻辑思维导图。

（2）按照课程内容的顺序进行深入、系统的学习，注重了解和掌握工程招投标与合同管理的基本理论和基本知识，初步掌握工程招投标与合同管理中各个专业管理领域的理论和方法。在理解的基础上，记忆应当识记的基本概念，并掌握一些主要规定和重要方法，包括计算方法、分析方法等。

（3）"工程招投标与合同管理"不仅是一门理论性较强的课程，而且是一门实践性很强的课程，因此，自学应考者在学习中应把课程内容同我国工程招投标与合同管理工作的实践联系起来，特别是对我国现行工程招投标与合同管理中存在的问题以及相关的发展趋势要格外关注。对我国工程招投标、合同等法律制度，对建设工程合同管理的基本内容等方面有一个系统的了解及掌握，在研究分析案例的过程中加深领会教材的内容，将知识转化为能力，初步具备招标文件的编写、投标书的制作和合同管理的基本能力。

五、对考核内容的说明

（1）本课程要求考生学习和掌握的知识点内容都作为考核的内容。课程中各章的内容均由若干知识点组成，在自学考试中成为考核知识点。因此，课程自学考试大纲所规定的考试内容是以分解考核知识点的方式给出的。由于各知识点在课程中的地位、作用以及知识自身的特点不同，自学考试将对知识点分别按四个能力层次（识记、领会、简单应用和综合应用）确定其考核要求。

（2）在考试之日起 6 个月前，由全国人民代表大会和国务院颁布或修订的与本课程相关的法律、法规都列入本课程的考试范围。凡大纲、教材内容与现行相关法律、法规不符的，应以现行法律、法规为准。命题时也会对我国经济建设和科技文化发展中的重大方针政策的变化予以体现。

六、关于考试命题的若干规定

（1）本课程的考试方式为闭卷，笔试，满分 100 分，60 分及格。考试时间为 150 分钟。考生可携带钢笔、签字笔、铅笔、橡皮参加考试。

（2）本课程在试卷中对不同能力层次要求的分数比例大致为：识记占 20%，领会占 30%，简单应用占 30%，综合应用占 20%。

（3）合理安排试题的难易程度，试题的难度可分为：易、较易、较难和难四个等级。

试题的难易程度与能力层次有一定的联系，但二者不是等同的概念。在各个能力层次中对于不同的考生都存在着不同的难度。在大纲中要特别强调这个问题，应告诫考生切勿混淆。

（4）本课程考试命题的主要题型一般有单项选择题、填空题、问答题、计算题等题型。

在命题工作中必须按照本大纲中所规定的题型命制，考试试卷使用的题型可以略少，但不能超出本大纲对题型的规定。

附录 题型举例

一、单项选择题

1.招投标活动应当遵循（　　）和诚实信用的原则。

A.公开、公平、公证　　　　　　B.公共、公平、公正

C.公开、公平、公正　　　　　　D.公开、公共、公证

2.招投标活动起源于（　　）。

A.英国　　　　B.美国　　　　C.法国　　　　D.日本

3.建设工程招标人是依法提出招标项目、进行招标的（　　）或者其他组织。

A.法人　　　　B.企业　　　　C.行为人　　　　D.责任人

二、填空题

1.工程招标是指发包人对自愿参加的投标人进行审查、_____、优选的过程。

2.工程投标是指承包人按照发包人要求_____、承接工程任务的过程。

3.在资格预审评审中，一般将影响投标的因素分为三组，即_____、_____和_____。

三、问答题

1.招标文件主要包括哪些内容？

2.评标的主要程序有哪些？

3.请简述招投标监督的主要流程。

四、计算题

表1所示为一固定单价合同报价表中的两项工程复核结果及其实算单价。问题：按照不平衡报价思想，计算调整单价可获得的额外盈利，以及取得盈利的2号分部分项工程的实际工程量临界值（保留小数点后1位）。

表1　固定单价合同报价表（节选）

分部分项工程	工程量 /m^3		单价 /（美元 /m^3）
	表中值	复核值	
1	4000	3600	30
2	3000	3500	40

参 考 答 案

一、单项选择题

1. C；2. A；3. A。

二、填空题

1. 评比；2. 参与竞标活动；3. 财务能力、技术能力、施工经验。

三、问答题

1. 答：投标邀请书、投标人须知、合同条件、规范、图纸、工程量清单、投标书和投标保证格式、补充资料表、合同协议书、各类保证。

2. 答：（1）行政性评审；（2）技术评审；（3）商务评审；（4）澄清投标书中的问题；（5）投标评价和比较。

3. 答：（1）项目立项监督；（2）开标前监督；（3）开标监督；（4）评标监督；（5）决标监督。

四、计算题

解：两项工程正常报价之和为 $4000 \times 30 + 3000 \times 40$（1 分）= 240000（美元）（1 分）

将 1 号工程单价调低 10%：$30 \times (1-10\%) = 27$（美元 /m³）（1 分）

令 2 号工程单价为 X，求出保持两项报价之和不变的 2 号工程的报价：

$4000 \times 27 + 3000X = 240000$（1 分）

得出 $X = 44$（美元 /m³）（1 分）$= 40 \times (1+10\%) = 44$（美元 /m³）（1 分）

此数未超过实算单价的 10%，可以以此作为 2 号工程单价。

运用此技巧的额外盈利为：

$(3600 \times 27 + 3500 \times 44) - (3600 \times 30 + 3500 \times 40)$（1 分）= 3200（美元）（1 分）

令 2 号工程的实际工程量为 Y，则有：$3600 \times 27 + 44Y < 240000$（1 分）

算出 $Y < 3245.5$（m³）（1 分）

所以 2 号分部分项工程的实际工程量临界值为 3245.5m³。

大 纲 后 记

《工程招投标与合同管理自学考试大纲》是根据《高等教育自学考试专业基本规范（2021 年）》的要求，由全国高等教育自学考试指导委员会土木水利矿业环境类专业委员会组织制定的。

全国高等教育自学考试指导委员会土木水利矿业环境类专业委员会对本大纲组织审稿，根据审稿会意见由编者做了修改，最后由土木水利矿业环境类专业委员会定稿。

本大纲由东北林业大学苏义坤教授、哈尔滨工业大学张守健教授编写；参加审稿并提出修改意见的有同济大学陈建国教授、东北财经大学宁欣教授、内蒙古工业大学冯斌教授。

对参与本大纲编写和审稿的各位专家表示感谢。

全国高等教育自学考试指导委员会

土木水利矿业环境类专业委员会

2023 年 12 月

全国高等教育自学考试指定教材

工程招投标与合同管理

全国高等教育自学考试指导委员会　组编

编者的话

本教材是根据全国高等教育自学考试指导委员会最新制定的《工程招投标与合同管理自学考试大纲》编写的自学考试指定教材。

本教材适应新时代需求，利用信息技术利于自学应考者的自学和辅学。按照自学考试以培养应用型、职业型人才为主的精神，教材在符合本门学科基本要求的同时，强调基础性、注重实用性、易于实践性，兼顾社会需要的目标要求。为了使自学应考者系统地掌握工程招投标与合同管理的基本知识、基本理论和基本方法，达到普通高等教育一般专科、本科的水平，编者力求把知识的传授与能力的培养结合起来，在教材的编写过程中，针对课程的特点，突出基本原理和基本方法的运用，强化工程实践能力、工程设计能力与工程应用能力训练，采用了国家及有关行业的现行技术规范与规程。

本教材系统介绍了工程招投标与合同管理的基本概念、理论和计算方法。共分 8 章，内容包括：第 1 章绪论，第 2 章招投标制度，第 3 章工程招标条件与规则，第 4 章工程投标业务与方法，第 5 章招投标监督，第 6 章合同的签订与履行，第 7 章违约责任、合同索赔与争议管理，第 8 章建设工程合同管理。章前设有知识结构图，分为识记、领会、简单应用、综合应用等知识层次，与自学考试大纲相一致；章后设有习题，包括单项选择题、填空题、问答题和计算题，与考试题型相对应。另外，还配有含 200 多道习题及参考答案的在线答题和拓展习题，以及针对各章重要知识点录制的 15 个讲解视频，便于自学应考者有效地理解和巩固所学内容。

本教材由东北林业大学苏义坤教授、哈尔滨工业大学张守健教授担任主编，东北林业大学李秀民讲师担任副主编。其中，苏义坤编写第 3、6、7、8 章，张守健编写第 5 章，李秀民编写第 1、2、4 章。

本教材由同济大学陈建国教授担任主审，东北财经大学宁欣教授和内蒙古工业大学冯斌教授参审。他们对本教材的编写提出了许多宝贵的建议，在此表示衷心的感谢。

限于编者的水平，书中难免有不妥之处，恳请广大读者批评指正。

编　者

2023 年 12 月

资源索引

第1章

绪 论

知 识 结 构 图

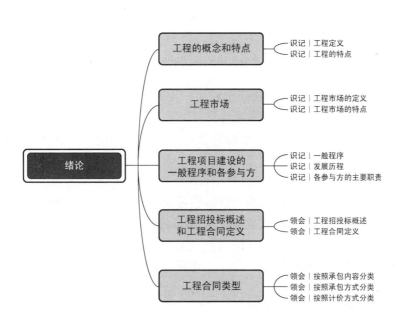

绪论

1.1 工程的概念和特点

1.1.1 工程定义

1. 工程

18世纪，欧洲创造了"工程"一词，其本来含义是有关兵器制造、具有军事目的的各项劳作。随着人类文明的发展，人们可以建造出比单一产品更大、更复杂的产品，这些产品不再是结构或功能单一的东西，而是各种各样的所谓"人造系统"（如建筑物、轮船、铁路、桥梁、飞机等），于是现代工程的概念就产生了，并且逐渐发展为一门独立的学科和技艺。

工程的主要依据是数学、物理学、化学，以及由此产生的材料科学、固体力学、流体力学、热力学、交通运输工程和系统科学等学科。根据工程与科学的关系，工程的所有各分支领域基本都有如下主要职能。

（1）研究：应用数学和自然科学概念、原理、实验技术等，探求新的工作原理和方法。

（2）开发：解决把研究成果应用于实际过程中所遇到的各种问题。

（3）设计：选择不同的方法、特定的材料并确定符合技术要求和性能规格的设计方案，以满足结构或产品的要求。

（4）施工：包括准备场地、材料存放、选定既经济又安全并能达到质量要求的工作步骤，以及人员的组织和设备利用。

（5）生产：在考虑人和经济因素的情况下，选择工厂布局、生产设备、工具、材料、元件和工艺流程，进行产品的试验和检查。

（6）操作：管理机器、设备以及动力供应、运输和通信，使各类设备经济可靠地运行。

（7）管理及其他职能。

在现代社会中，工程可以定义为"以某组设想的目标为依据，应用有关的科学知识和技术手段，通过有组织的一群人将某个（或某些）现有实体（自然的或人造的）转化为具有预期使用价值的人造产品的过程"。

工程也可以定义为"通过规划、设计、建设、安装、调试、投产、运行等过程，实现工程目标的一项任务"。

本书中的"工程"指一般的工程建设任务，包括上述两个方面的含义。

2. 工程建设

工程建设是指建筑工程、线路管道和设备安装工程等工程项目的新建、扩建和改建，是形成固定资产的基本生产过程及与之相关的其他工程建设工作的总称。

（1）建筑工程：包括矿山、铁路、隧道、桥梁、堤坝、电站、码头、机场、运动场、房屋（如厂房、剧院、旅馆、商店、学校和住宅）等工程。

（2）线路管道和设备安装工程：包括电力、通信线路，石油、燃气、给水、排水、供热等管道系统，以及各类机械设备、装置的安装工程。

（3）其他工程建设工作：包括发包人及其主管部门的投资决策活动以及征用土地、工程勘察设计、工程监理等工作。这些工作是工程建设不可缺少的内容。

3. 工程项目

工程项目是以工程建设为载体的项目，是作为被管理对象的一次性工程建设任务。它以建筑物或构筑物为目标产出物，需要支付一定的费用、按照一定的程序、在一定的时间内完成，并应符合质量要求。

1.1.2 工程的特点

1. 工程的基本特点

（1）具有明确的建设目标，包括宏观目标和微观目标。

（2）具有一定的约束条件，是在一定约束条件下实现工程的建设目标。

（3）工程是一次性事业，具体表现为设计的单一性、施工的单件性。

（4）投资巨大，建设周期长，投资回收期更长；工程项目寿命周期长，其质量影响面大，作用时间也长。

（5）工程的内部结构存在许多接合部，各组成部分之间有明确的组织联系，是一个系统工程。

2. 工程建设的特点

（1）建设目标的明确性。建设项目以形成固定资产为特定目标。政府主要审核建设项目的宏观经济效益和社会效益，企业则更重视建设项目的盈利能力等微观的财务目标。

（2）建设项目的整体性。在一个总体设计或初步设计范围内，建设项目是由一个或若干个互相有内在联系的单项工程（工程项目）所组成的，建设中实行统一核算、统一管理。

（3）建设过程的程序性。建设项目需要遵循必要的建设程序和经过特定的建设过程。一般建设项目的全过程都要经过提出项目建议书、进行可行性研究、设计、建设准备、施工、生产准备和竣工验收交付使用七个阶段。

（4）建设项目的约束性。建设项目的约束条件主要有：①时间约束，即有合理的建设工期时限限制；②资源约束，即有一定的投资总额、人力、物力等条件限制；③质量约束，即每项工程都有预期的生产能力、产品质量、技术水平或使用效益的目标要求。

（5）建设项目的一次性。按照建设项目特定的任务和固定的建设地点，需要专门进行单一设计，并应根据实际条件的特点，建立一次性组织进行施工生产活动。建设项目资金的投入具有不可逆性。

（6）建设项目的风险性。建设项目的投资额巨大，建设周期长，投资回收期长，其间的物价变动、市场需求、资金利率等相关因素的不确定性会带来较大风险。

1.2　工程市场

1.2.1　认识工程市场

1.定义

工程市场，是指以建筑商品承发包交易活动为主要内容的市场，也被称作建筑市场。

工程市场的含义有狭义和广义之分。

狭义的工程市场是指交易建筑商品的场所。由于建筑商品体形庞大、无法移动，不可能集中在一定的地方交易，所以一般意义上的工程市场为无形市场，没有固定交易场所。它主要通过招投标等手段，完成建筑商品交易。当然，交易场所随建筑商品的建设地点和成交方式不同而变化。

我国许多地方提出了工程市场有形化的概念。这种做法提高了招投标活动的透明度，有利于竞争的公开性和公正性，对于规范工程市场有着积极的意义。

广义的工程市场是指建筑商品供求关系的总和，包括狭义的工程市场、建筑商品的需求程度、建筑商品交易过程中形成的各种经济关系等。

2.主体

工程市场的主体包括发包人、承包人和监理单位等。

1）发包人

发包人是指既有进行某种工程的需求，又具有工程建设资金和各种准建手续，在工程市场中发包建设任务，并最终得到建筑产品达到其投资目的的法人、其他组织和个人。其包括具有工程发包主体资格和支付工程价款能力的当事人以及取得该当事人资格的合法继承人。发包人可以是学校、医院、工厂、房地产开发公司，或是政府及政府委托的资产管理部门，也可以是个人。

在我国工程建设中还常把发包人称为建设单位、甲方或项目法人。国际上一般将发包人称为业主（owner/employer/client）。

法律依据：

《中华人民共和国民法典》（下文中统称《民法典》）第七百九十七条　发包人在不妨碍承包人正常作业的情况下，可以随时对作业进度、质量进行检查。

《民法典》第七百九十八条　隐蔽工程在隐蔽以前，承包人应当通知发包人检查。发包人没有及时检查的，承包人可以顺延工程日期，并有权请求赔偿停工、窝工等损失。

《民法典》第七百九十九条　建设工程竣工后，发包人应当根据施工图纸及说明书、国家颁发的施工验收规范和质量检验标准及时进行验收。验收合格的，发包人应当按照约定支付价款，并接收该建设工程。

2）承包人

承包人是指被发包人接受的具有工程承包主体资格的当事人以及取得该当事人资格的合法继承人。

承包人应有一定的生产能力、技术装备、流动资金，具有承包工程建设任务的营业资格，在工程市场中能够按照发包人的要求，提供不同形态的建筑产品。

承包人按照其进行生产的主要形式的不同，分为勘察设计单位，施工企业，混凝土预制构件、非标准构件制作等生产厂家，商品混凝土供应站，建筑机械租赁单位，以及专门提供劳务的企业等。

在我国工程建设中承包人有时也被称为承包单位、乙方、施工企业或施工人。国际上一般将承包人称为承包商（contractor）。

3）监理单位

监理是指有关执行者根据一定的行为准则对某些行为进行监督管理，使这些行为符合准则要求，并协助行为主体实现其行为目的。

工程建设监理是指对工程项目建设，由社会化、专业化的建筑工程监理单位接受发包人的委托和授权，根据国家批准的工程项目建设文件、有关工程建设的法律法规及工程建设监理合同和其他工程建设合同所进行的旨在实现项目投资目的的微观监督管理活动。

监理单位是指发包人委托的负责本工程监理并取得相应等级工程监理资质证书的单位。建筑工程监理机构是建筑工程监理单位派出的具体负责监理事务的临时性工作组织。建筑工程监理机构没有法人资格，不能独立地享有民事权利和承担民事责任。

国际上一般将监理单位称为工程师（engineer）。

3. 客体

工程市场的客体是指一定量的可供交换的商品和服务，它包括有形的物质产品和无形的服务，以及各种商品化的资源要素，如资金、技术、信息和劳动力等。市场活动的基本内容是商品交换，若没有交换客体，就不存在市场，具备一定量的可供交换的商品和服务，是市场存在的物质条件。

工程市场的客体一般被称作建筑产品，它包括有形的建筑产品（建筑物）和无形的产品（各种服务）。客体凝聚着承包人的劳动，发包人以投入资金的方式取得它的使用价值。在不同的生产交易阶段，建筑产品表现为不同的形态。它可以是咨询机构提供的咨询报告、咨询意见或其他服务，可以是勘察设计单位提供的设计方案、设计图纸、勘察报告，可以是生产厂家提供的混凝土预制构件、非标准构件等产品，也可以是施工企业提供的最终产品——各种各样的建筑物和构筑物。

4. 分类

（1）按交易对象，工程市场分为建筑产品市场、资金市场、劳动力市场、建筑材料市场、设备租赁市场、技术市场和服务市场等。

（2）按市场覆盖范围，工程市场分为国际市场和国内市场。

（3）按有无固定交易场所，工程市场分为有形市场和无形市场。

（4）按建筑产品的性质，工程市场分为工业建设工程市场、民用建设工程市场、公用建设工程市场、市政工程市场、道路桥梁工程市场、装饰装修工程市场、设备安装工程市场等。

1.2.2 工程市场的特点

1. 工程市场主要交易对象的单件性

工程市场的主要交易对象——建筑产品都是各不相同的，不可能批量生产，都需要单独设计、单独施工，因此无论是咨询、设计还是施工，工程市场的发包人都只能在建筑产品生产之前，以招标要约等方式向一个或一个以上的承包人提出自己对建筑产品的要求，通过选择建筑产品的生产单位来完成交易。承包人则以投标的方式提出各自产品的价格，发包人通过承包人之间在价格和其他条件上的竞争决出建筑产品的生产单位，双方签订合同确定承发包关系。工程市场的交易方式的特殊性就在于，交易过程在产品生产之前开始，因此，发包人选择的不是产品，而是产品的生产单位。

2. 生产活动与交易活动的统一性

工程市场的生产活动和交易活动交织在一起，从工程建设的咨询、设计、施工发包与承包，到工程竣工、交付使用和保修，发包人与承包人进行的各种交易（包括生产），都是在工程市场中进行的，自始至终共同参与。即使不在施工现场进行的商品混凝土供应、构配件生产、建筑机械租赁等活动，也都是在工程市场中进行的，往往是发包人、承包人、监理单位都参与活动。交易的统一性使得交易过程长、各方关系处理极为复杂。因此，合同的签订、执行和管理就显得非常重要。

3. 工程市场上有严格的行为规范

市场有市场参与者共同遵守的行为规范。这种行为规范是在长期实践中形成的，不同的市场繁简不同。工程市场的上述两个特点，就决定了它的第三个特点，即要有一套严格的市场行为规范。诸如市场参与者应当具备的条件，需求者怎样确切表达自己的购买要求，供应（生产）者怎样对购买要求做出明确的反应，双方成交的程序和订货（承包）合同条件，以及交易过程中双方应遵守的其他细节等，都须作出具体的明文规定，要求市场参与者遵守。这些行为规范对市场的每一个参与者都具有法律的或道德的约束力，从而保证工程市场能够有秩序地运行。

4. 工程市场交易活动的长期性和阶段性

建筑产品的生产周期很长，与之相关的设计、咨询、材料设备供应等持续的时间都较长，其间生产环境（气候、地质等条件）、市场环境（材料、设备、人工的价格变化和政府政策变化）的不可预见性，决定了工程市场中合同管理具有重要作用和特殊要求。一般都要求使用合同示范文本，要求合同签订得详尽、全面、准确、严密，对可能出现的情况约定各自的责任和权利，约定解决的方法和原则。

工程市场在不同的阶段具有不同的交易形态。在实施前，它可以是咨询机构提出的可行性研究报告或其他咨询文件；在勘察设计阶段，可以是勘察报告或设计方案及图纸；在施工阶段，可以是一幢建筑物、一个工程群体，或是代理机构编制的标底或预算报告；甚至可以是无形的，如咨询机构和监理单位提供的智力劳动。对各个阶段的严格管理，是生产合格产品的保证。

5. 工程市场交易活动的不可逆转性

工程市场的交易一旦达成协议，设计、施工、咨询等单位就必须按照双方约定进行设计、施工和咨询管理。项目竣工就不可能返工、退换，所以对工程质量、工作质量应有严格的要求，设计、施工、咨询、建材、设备的质量必须满足合同要求，满足国家规范、标准和规定，任何过失均可能对工程造成不可挽回的损失。因此，承包人的选择和合同条件至关重要。

6. 工程市场具有显著的地域性

一般来说，建筑产品规模越小、价值越低、技术越简单，则其地域性越强，或者说其咨询、设计、施工、材料设备等供应方的区域范围越小；反之，建筑产品规模越大、价值越高、技术越复杂，建筑产品的地域性越弱，供应方的区域范围越大。

7. 工程市场竞争较为激烈

由于工程市场中需求者相对来说处于主导地位，甚至是相对垄断地位，这就加剧了工程市场的竞争。工程市场的竞争主要表现为价格竞争、质量竞争、工期竞争（进度竞争）和企业信誉竞争等。

8. 工程市场的社会性

工程市场的交易对象是建筑产品，所有的建筑产品都具有社会性，涉及公众利益。例如，建筑产品的位置、施工和使用会影响到城市的规划、环境、人身安全。这个特点决定了作为公众利益代表的政府，必须加强对工程市场的管理，加强对建筑产品的规划、设计、交易、开工、建造、竣工、验收和投入使用的管理，以保证建筑施工和建筑产品的质量和安全。工程建设的规划和布局、勘察设计、承发包、合同签订、开工和竣工验收等市场行为，都要由行政主管部门进行审查和监督。

9. 工程市场与房地产市场的交融性

工程市场与房地产市场有着密不可分的关系，工程建设是房地产开发的一个必要环节，房地产市场则承担着部分建筑产品的流通。建筑企业经营房地产，可以在生产利润之外得到一定的经营利润和风险利润，增加积累，增强企业发展基础和抵御风险的能力。房地产业由于建筑企业的进入，减少了经营环节，改善了经营机制，降低了经营成本，促进了它的繁荣和发展。

1.3　工程项目建设的一般程序和各参与方

1.3.1　工程项目建设的一般程序

工程项目在建设过程中各项工作必须遵循一定的先后次序。

从总体上来看，工程项目建设的程序包括提出项目建议书、编写可行性研究报告、编制设计文件、建设准备、施工、生产准备、竣工验收、项目后评价。

1. 项目建议书阶段

项目建议书阶段也称初步可行性研究阶段。项目建议书是指项目法人向国家提出的要求建设某一工程项目的建议性文件，是对拟建项目轮廓的设想。其主要作用是对拟建项目进行初步说明，论述其建设的必要性、条件的可行性和获利的可能性，供建设管理部门选择并确定是否进行下一步工作。

项目建议书按要求编制完成后，应根据建设规模分别报送有关部门审批。

项目建议书经批准后，紧接着进行可行性研究。

2. 可行性研究阶段

可行性研究阶段也称项目可研阶段，是对工程项目在技术上和经济上（包括微观效益和宏观效益）是否可行进行科学分析和论证工作，是技术经济的深入论证阶段，为项目决策提供依据。项目可研阶段主要评价项目技术上的先进性和适用性、经济上的营利性和合理性、建设上的可行性和必要性。

可行性研究的内容一般包括：项目提出的背景、必要性、经济意义、工作依据与范围，预测和拟建规模，资源和公用设施情况，建设条件和选址方案，环境评价，企业组织定员及培训情况，实际进度建议，投资估算数和资金筹措，社会效益及经济效益。

可行性研究是项目前期工作的重要内容，它从项目建设和生产经营全过程考察并分析项目的可行性。项目可研阶段可以分成如下四个子阶段。

1）机会研究阶段

这一阶段的主要任务是提出项目投资方向建议，即在一个确定的地区和部门内，根据自然资源、市场需求、国家产业政策和国际贸易情况，通过调查、预测和分析研究，选择工程项目，寻找投资的有利机会。

2）初步可行性研究阶段

在项目建议书被国家相关部门批准后，对于投资规模大、技术工艺又比较复杂的大中型骨干项目，需要先进行初步可行性研究。

3）详细可行性研究阶段

详细可行性研究又称技术经济可行性研究，是可行性研究的主要阶段，是项目投资决策的基础。它为项目决策提供技术、经济、社会、商业方面的评价依据，为项目的具体实施提供科学依据。

4）评价和决策阶段

评价和决策是由投资决策部门组织和授权有关咨询机构或有关专家，代表项目发包人和出资人对项目可行性研究报告进行全面的审核和再评价。其主要任务是对拟建项目的可行性研究报告提出评价意见，最终决策该项目投资是否可行，确定最佳投资方案。

3. 设计阶段

设计是对拟建工程的实施在技术上和经济上所进行的全面而详尽的安排，是组织施工的依据。

设计阶段应根据拟建项目设计的内容和深度，将设计工作分阶段进行。我国一般按初步设计和施工图设计两个阶段进行，对于技术复杂而又缺乏经验的项目，可在初步设计后增加技术设计（也称扩大初步设计）阶段。各个设计阶段是逐步深入和具体化的过程，前一设计阶段完成并经上级相关主管部门批准才能进行下一阶段设计。

4. 建设准备阶段

建设准备阶段是为工程勘察、设计、施工创造条件的阶段，包括规划、获得土地使用权、拆迁、报建、工程发包等。未经报建不得办理招标手续、发放施工许可证，设计、施工企业不得承接该项目的设计与施工。

准备工作一般包括（但不限于）下列工作。

（1）征地、拆迁和场地平整。

（2）完成施工用水、用电、用路等工作。

（3）组织设备、材料订货。

（4）准备必要的施工图纸。

（5）组织施工招投标，择优选定施工企业。

5. 施工阶段

施工阶段的主要任务是按设计进行施工活动，建成工程实体。

施工企业已确定是取得施工许可证的前提；应招标而未办理招标手续的，无法取得施工许可证。施工企业应在取得施工许可证后 3 个月内组织开工；因故不能开工的，可向发证机关申请延期，延期以两次为限，每次不超过 3 个月。既不按期开工，又不申请延期或延期超过时限的，施工许可证自行作废。中标企业应在取得施工许可证后及时开工，以免中标资格被取消。

6. 生产准备阶段

生产准备是项目建成投产前要进行的一项重要工作，是项目由建设阶段转入生产阶段的必要条件。生产准备阶段需要完成的主要工作包括（但不限于）下列工作。

（1）组建项目管理机构，制定管理制度和有关规定。

（2）招收并培训生产人员，组织生产人员参加设备的安装、调试和工程验收。

（3）签订原料、材料、协作产品、燃料、水、电等供应及运输的协议。

（4）进行工具、器具、备品、备件等的制造或订货。

（5）做好其他必需的生产准备。

7. 竣工验收阶段

竣工验收是工程项目完成建设目标的重要标志。只有竣工验收合格的项目，才能转入生产或使用。

当工程项目的建设内容全部完成，而且建设内容满足设计要求，并按有关规定经过了单位工程、阶段、专项验收，完成竣工报告、竣工决算等必需文件的编制后，项目法人才能按建设相关管理规定，向验收主管部门提出申请，验收主管部门再按规程组织验收。

竣工验收分两个阶段进行，首先进行技术预验收，然后进行竣工验收。对竣工验收条件不合格的工程不予验收，对质量不合格的工程在验收时实行"一票否决制"。有遗留问题的项目，对遗留问题必须有具体的处理意见，且有限期处理的明确要求并落实责任单位和责任人。

竣工验收是工程建设过程的最后一个环节，是投资成果转入生产或使用的标志，也是全面考核基本建设成果、检验设计和工程质量的重要步骤。

8.后评价阶段

工程项目后评价是在工程项目竣工投产、生产运营一段时间后，再对项目的立项、决策、设计、施工、竣工验收、生产运营全过程进行系统总结评价的一种技术活动，是固定资产管理的一项重要内容，也是固定资产投资管理的最后一个环节。

后评价的内容包括立项决策评价、设计和施工评价、生产运营评价和建设效益评价。

1.3.2 工程项目建设程序的发展历程

工程建设的一切活动虽然属于国民经济的特定领域（与生产领域和流通领域相对而言），却与国民经济的各个部门息息相关，影响到社会生产和人民生活的水平。因此，一切工程项目在投资方向、工程规模、区域布局等重大问题上，必须坚持各个时期的经济建设方针，服从国家长远规划。国家和地区的各级主管部门对于工程项目的立项、决策、资金筹集、物资分配以及涉外事宜等重要方面要实行有效的宏观控制，根据权限划分为国家、部门和地区（即各省、自治区、直辖市）三级管理。这些管理的内容构成了工程项目建设程序的一个组成部分。

20 世纪 50 年代至 70 年代，由国家统一制定有关工程项目建设程序各个阶段的划分以及内容要点，并颁发执行，作为建设领域内的立法文件。1951 年，政务院财经委员会颁发了《基本建设工作程序暂行办法》，其侧重点是对基本建设计划的核准和先设计、后施工的步骤作出具体规定，将基本建设的全部过程分为四个阶段，即计划之拟订及核准、设计工作、施工与拨款、工程决算与验收交接。大致的顺序为：首先根据国家计委在国家长期计划范围内规定的各项建设项目与指标确定建设对象，然后开始草拟设计任务书（或称设计计划任务书）；在编制设计任务书之前和设计过程中，做好调查勘察和建设地址的选定工作；在设计完成后，制订基本建设年度计划；在拨款施工过程中进行检查监督；竣工之后，进行验收交接，并办理工程决算。

1978 年，由国家计委、国家建委、财政部联合颁发了《关于基本建设程序的若干规定》，规定中述及一个项目从计划建设到建成投产，一般要经过下述几个阶段：根据发展国民经济长远规划和布局的要求，编制计划任务书（或称设计任务书），选定建设地点；经批准后，进行勘察设计；初步设计经过批准，列入国家年度计划后，组织施工；工程按照设计内容建成，进行验收，交付生产使用。全部过程包括以下程序：计划任务书，建设地点的选择，设计文件，建设准备，计划安排，施工，生产准备，竣工验收、交付生产。

1991 年 12 月，国家计委下发文件明确规定，将当时国内投资项目的设计任务书和利用外资项目的可行性研究报告统一称为可行性研究报告，取消设计任务书的名称。文件还规定今后所有国内投资项目和利用外资的建设项目，在批准项目建议书以后，并在进行可行性研究的基础上，一律编报可行性研究报告，其内容及深度要求与以前的设计任务书、可行性研究报告相同，经批准的可行性研究报告是确定建设项目、编制设计文件的依据。

20 世纪 90 年代以后的工程项目建设程序：根据国民经济发展长远规划，经过初步调查研究，由项目的主办单位编制项目建议书，按照投资管理权限向所属的投资主管部门推荐拟建项目，经批准后列入建设前期工作计划；投资主管部门对所推荐的拟建项目进行综合平衡，在条件成熟时选择一批需要而又有前途的建设项目交予项目的主办单位委托设计或工程咨询单位进行可行性研究；对于可行的项目，在经过预审、修改、复审和评估后，提出可行性研究报告，上报投资主管部门批准后，此项目即算成立，可安排年度建设计划，进行工程设计和建设前期的准备工作；项目的主办单位应组建或指定建设主管单位，对外进行各类协议和合同的谈判、预约或签订，进行勘察设计、厂址选择、土地征用、资金筹集等一系列准备；根据批准的设计文件（初步设计、技术设计、施工详图设计），组织招投标，签订工程承包合同，组织设备材料的订货、供应、运输，开展施工，同时进行生产准备工作，于工程结尾时组织调整试车，办理交工和竣工验收，使建设项目按预定目标进入生产时期。

1.3.3 工程项目建设各参与方的主要职责

工程项目建设主要参与方和工程市场主体一致，包括发包人、承包人和监理单位等。其中承包人可划分为勘察、设计、施工三方面。发包人、监理单位、勘察单位、设计单位和施工企业通常被称为常规工程项目中的五大责任主体。另外，还有质量监督、造价咨询、招标代理、工程项目管理等主体按需要也可以参与。

1. 发包人主要职责

发包人是工程项目建设的组织者和实施者，负有建设中征地、移民、补偿、协调各方关系、合理组织各类建设资源、实现建设目标等职责，就项目建设向国家、项目主管部门负责。其主要职责是按项目建设的规模、标准及工期要求，实行项目建设的全过程控制与管理，包括负责办理工程开工有关手续、组织工程勘察设计、组织招投标、开展施工过程的节点控制、组织工程交工验收等；协调参建各方关系，解决工程建设中的有关问题，为工程施工建设创造良好的外部环境。发包人与勘察、设计、施工及监理单位均为委托合同关系。

2. 监理单位主要职责

监理单位受发包人的委托，依据国家有关工程建设的法律法规、批准的项目建设文件、施工合同及监理合同，对工程建设实行现场管理。其主要职责是进行工程建设合同管理，按照合同控制工程建设的投资、工期、质量和安全，协调参建各方之间的工作关系。一般情况下，监理单位与发包人是一种委托合同关系，监理单位应是发包人的现场施工管理者，发包人的决策和意见应通过监理单位贯彻执行。在监理过程中，监理单位应及时按照合同和有关规定处理设计变更，设计单位的有关通知、图纸、文件等须通过监理单位下发到施工企业。施工企业需要修改设计时，也必须通过监理单位、发包人向设计单位提出设计变更或修改。

3. 勘察单位主要职责

勘察是指在采矿或工程施工前，对地形、地质构造、地下资源蕴藏情况等进行实地调查的活动。勘察单位的主要职责是受发包人的委托，根据工程建设的要求，查明、分析、评价建设场地的地质地理环境特征和岩土工程条件，对工程项目所需的技术、经济、资源、环境等条件进行综合分析、论证，编制工程项目勘察文件。

4. 设计单位主要职责

设计单位的主要职责是受发包人的委托，负责工程初步设计和施工图设计，向发包人提供设计文件、图纸和其他资料，派驻设计代表参与工程项目的建设，进行设计交底和图纸会审，及时签发工程变更通知单，做好设计服务，参与工程验收等。

5. 施工企业主要职责

施工企业是工程的具体组织实施者。其主要职责是通过投标获得施工任务，依据国家和行业规范、规定、设计文件和施工合同，编制施工方案，组织相应的管理、技术、施工人员及施工机械进行施工，按合同规定工期、质量要求完成施工内容；施工过程中，负责工程进度、质量、安全的自控工作，工程完工经验收合格后，向发包人移交工程及全套施工资料。

监理单位与施工企业是监理与被监理的关系。监理单位与施工企业之间不得签订任何合同或协议。它们二者之间的关系是通过发包人和施工企业之间签订的施工合同确立的，合同中明确授权了监理单位监督管理的权力。监理单位依照国家、部门颁发的有关法律法规、技术标准及批准的建设计划、施工合同等进行监理。施工企业在执行施工合同的过程中，必须自觉接受监理单位的监督、检查和管理，并为监理工作的开展提供合作与方便，按规定提供完整的技术资料。施工企业应按照施工合同和监理工程师的要求施工。监理单位按照发包人的委托权限，并在这个权限范围内检查施工企业是否履行合同职责，是否按合同规定的技术、进度和投资要求进行施工建设。在工程建设中，监理单位要注意维护施工企业的合法利益，正确处理工程款支付、验收签证、索赔和设计变更等问题。

6. 质量监督单位主要职责

质量监督单位是由政府行政部门授权，代表政府对工程质量、安全实行强制性监督的专职机构。其主要职责是复核监理、设计、施工及有关产品制造单位的资质，监督参建各方质量、安全体系的建立和运行情况，监督设计单位的现场服务，认定工程项目划分，监督检查技术规程、规范和标准的执行情况以及施工单位、监理单位、发包人对工程质量的检验和评定情况，对工程质量等级进行核定，编制工程质量评定报告，并向验收委员会提出工程质量等级建议。

质量监督与建设监理都属于工程建设领域的监督管理活动，两者之间的关系是监督与被监督的关系。质量监督是政府行为，建设监理是社会行为。两者的性质、职责、权限、方式和内容有原则性的区别。

工程实施过程中各方关系如图 1.1 所示。

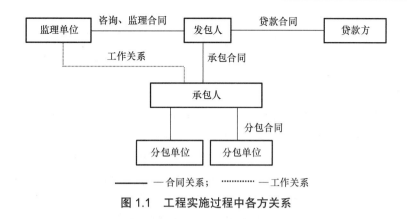

图 1.1　工程实施过程中各方关系

1.4　工程招投标概述和工程合同定义

1.4.1　工程招投标概述

1. 招标与投标的定义

招标与投标，简称招投标，是一种国际上普遍应用的、有组织的市场采购行为，是建筑工程项目、货物及服务中广泛使用的买卖交易方式。

工程招投标是应用技术经济的评价方法和市场经济的竞争机制的相互作用，有组织、有规则地开展择优成交工程任务的一种相对成熟、高级和规范化的交易活动。

工程招投标是一种方法，它既延续了人类商品交易原始的思想与方法，又运用了市场经济的竞争机制，还应用了技术经济的评价方法，将技术比较、经济分析和效果评价运用于工程建设交易，在技术比较中展示实力，在经济分析中突显效益，在效果评价中追求管理、质量、诚信的一致性。

从法律角度分析，招投标是由交易活动的发起方在一定范围内公布标的特征和部分交易条件，按照依法确定的规则和程序，对多个响应方提交的报价及方案进行评审，择优选择交易主体并确定全部交易条件的一种交易方式。

工程招投标通常是发包人事先提出项目的条件和要求，邀请众多的承包人参与竞争并按照规定的程序从中选择成交者。

（1）工程招标是指发包人（在招投标中可称之为招标人）对自愿参加的投标人进行审查、评比、优选的过程。

（2）工程投标是指承包人（在招投标中可称之为投标人）按照招标人要求参与竞标活动、承接工程任务的过程。

招标与投标还是工程合同的形成过程，是这个过程的两个方面。

（1）在这个过程中，对招标人来说就是招标工作。招标人作为买方，占据着主导地位，组织和领导整个招标工作：起草招标文件；组织和安排各种会议，如标前会议、澄清会议、标后谈判；分析、评价投标文件；最终签订合同。

（2）在这个过程中，对投标人来说就是投标工作。在工程中，合同是影响投标人利润最主要的因素，而招投标是获得尽可能多的利润的最好机会。如何利用这个机会，签订一个有利的合同，是每个投标人都十分关心的问题。

2．工程招投标的特点

1）法规性强

招投标是市场大宗货物采购的基本方式。在市场经济条件下，招投标无论对市场的规范管理还是对社会资源的有效利用，都具有积极的意义。国际国内对工程招投标都有相应的规定，工程招投标必须遵循相应法律法规。《中华人民共和国招标投标法》（下文中统称《招标投标法》）及相关法律政策，对招投标各个环节的工作条件、内容、范围、形式、标准以及参与主体的资格、行为和责任都作出了严格的规定，对招标人从确定招标采购范围、招标方式、招标组织形式直至选择中标人并签订合同的招投标全过程每一个环节的时间、顺序都有严格、规范的限定，不能随意改变。招投标活动必须遵循严密、规范的法律程序，任何违反法律程序的招投标行为，都可能侵害其他当事人的权益，必须承担相应的法律后果。

2）专业性强

工程招投标涉及工程技术、工程质量、工程经济、合同、商务、法律法规等，是一项专业性和技术性都很强的工作，必须由熟悉招投标业务，具有一定专业知识的人员胜任。在实践中，一些不具备自行组织招标能力的招标人以各种借口不愿委托招标代理机构组织招标而自行组织招标，由于缺乏招投标专业知识，往往导致在招投标过程中违法违规行为的发生。

3）透明度高

工程招投标的基本原则是公开、公平、公正和诚实信用。公开原则是指招投标的程序应透明，招标信息和招标规则应公开，有助于提高投标人参与投标的积极性，防止权钱交易等腐败现象的滋生。公平原则是指所有投标人的法律地位平等、权利与义务相对应，所有投标人的机会平等，不得实行歧视。公正原则是指评标委员会必须按统一标准进行评审，市场监管机构对各参与方都应依法监督，一视同仁。诚实信用原则是指招标人和投标人都应诚实、守信、善意、实事求是，不得欺诈他人，损人利己。在法律上，诚实信用原则属于强制性规范，当事人不得以其协议加以排除和规避。

招投标中自始至终要贯彻公开、公平、公正和诚实信用的原则。其中公开是基础，招投标全过程的高度透明是保证招投标公平、公正的前提。

4）风险性高

工程招投标都是一次性的，确定买卖双方经济合同关系在前，产品或服务的提供在后，买卖双方以未来产品或服务的预期价格进行交易。招投标市场交易方式的这种特殊性，决定了其风险性。产品或服务是未来即将生产或提供的，其生产的产品、提供的服务的质量要等到得到产品后或服务完成后才可确知；交易价格是根据一定原则预期估计的，产品或服务的最终价格也要到提供产品或服务终了时才能最后确定。这些无论对招标人还是投标人都具有风险。加强招投标中的风险控制是保证企业经营目标实现的重要手段。

5）理论性与实践性强

招标工作程序、招投标文件的组成、标底标价的计算、投标策略等工程招投标所涉及的各个方面都具有很强的理论性。同时，工程招投标也具有很强的实践性，只有通过实际编制招投标文件、参加工程招投标工作实践，才能全面掌握工程招投标技术的实际应用。

1.4.2 工程合同定义

1. 合同

合同是适应私有制的商品经济的客观要求而出现的，是商品交换在法律上的表现形式。商品产生后，为了交换的安全和信誉，人们在长期的交换实践中逐渐形成了许多关于交换的习惯和仪式。这些商品交换的习惯和仪式便逐渐成为调整商品交换的一般规则。

随着私有制的确立和国家的产生，统治阶级为了维护私有制和正常的经济秩序，把有利于他们的商品交换的规则用法律形式加以规定，并以国家强制力保障实行。于是商品交换的合同法律便应运而生了。

古罗马时期合同就受到人们的重视，签订合同必须经过规定的方式，才能发生法律效力。如果缔约仪式的术语和动作被遗漏任何一个细节，就会导致整个合同无效。随着商品经济的发展，这种烦琐的形式直接制约了商品交换的进步。罗马法在理论和实践上逐渐克服了缔约中的形式主义，要物合同和合意合同的出现，标志着罗马法从重视形式转为重视缔约人的意志，从而使商品交换从烦琐的形式中解脱出来，并且成为现代合同自由观念的历史渊源。

合同制在我国古代也有悠久的历史。最早的时候，合同被称作"书契"。《周易》记述："上古结绳而治，后世圣人易之以书契"。"书"是文字，"契"是将文字刻在木板上，这种木板一分为二，称为左契和右契，以此作为凭证。"书契"就是契约。周代的合同还有种种称谓："质剂"，长的书契称"质"，购买牛马时所用，短的书契称"剂"，购买兵器以及珍异之物时所用；"傅别"，"傅"指用文字来形成约束力，"别"指分为两半，每人各持一半；"分支"，指将书契分为二支。"判"就是将分为两半的书契合二为一，只有这样才能够看清楚契约的本来面目。现代词汇中的"判案""审判""判断""批判"等都由此而来。"合同"即合为同一件书契，这是"合同"一词的本义。《周礼》对早期合同的形式有较为详细的规定。经过唐、宋、元、明、清各代，法律对合同的规定也越来越系统。

如今我们可从字面意思对"合同"一词进行解释：将各方的意见集"合"起来进行协商，若达成一致，都"同"意了，由此形成"合同"，可以口头或书面形式呈现。

现在我国对合同的解释可见《民法典》中相关规定。

法律依据：

《民法典》第四百六十四条 合同是民事主体之间设立、变更、终止民事法律关系的协议。婚姻、收养、监护等有关身份关系的协议，适用有关该身份关系的法律规定；没有规定的，可以根据其性质参照适用本编规定。

《民法典》第四百六十五条 依法成立的合同，受法律保护。依法成立的合同，仅对当事人具有法律约束力，但是法律另有规定的除外。

《民法典》第四百六十六条 当事人对合同条款的理解有争议的，应当依据本法第一百四十二条第一款的规定，确定争议条款的含义。合同文本采用两种以上文字订立并约定具有同等效力的，对各文本使用的词句推定具有相同含义。各文本使用的词句不一致的，应当根据合同的相关条款、性质、目的以及诚信原则等予以解释。

《民法典》第四百六十七条　本法或者其他法律没有明文规定的合同，适用本编通则的规定，并可以参照适用本编或者其他法律最相类似合同的规定。在中华人民共和国境内履行的中外合资经营企业合同、中外合作经营企业合同、中外合作勘探开发自然资源合同，适用中华人民共和国法律。

2. 建设工程合同

建设工程合同是以完成特定不动产的工程建设为主要内容的合同。建设工程合同包括建设工程勘察、设计、施工合同等。

法律依据：

《民法典》第七百八十八条　建设工程合同是承包人进行工程建设，发包人支付价款的合同。

建设工程合同与承揽合同一样，在性质上属于以完成特定工作任务为目的的合同，但其工作任务是工程建设，不是一般的动产承揽，当事人权利义务所指向的工作物是建设工程项目，包括工程项目的勘察、设计和施工成果。这也是我国建设工程合同不同于承揽合同的主要特征。从双方权利义务的内容来看，建设工程合同承包人主要提供的是专业的工程项目勘察、设计及施工等劳务，而不同于买卖合同出卖人的转移特定标的物的所有权，这也是建设工程合同与买卖合同的主要区别。

工程项目一经投入使用，通常会对公共利益产生重大影响，因此国家对建设工程合同实施了较为严格的干预。体现在立法上，就是除《民法典》外还有大量的单行法律，如《中华人民共和国建筑法》《中华人民共和国城乡规划法》《招标投标法》，以及大量的行政法规和规章，对建设工程合同的订立和履行诸环节进行规制。具体来说，立法对建设工程合同的干预体现在以下几个方面。

1）对缔约主体的限制

在我国，自然人基本上被排除在建设工程合同承包人的主体之外，只有具备法定资质的单位才能成为建设工程合同的承包主体。《中华人民共和国建筑法》（下文中统称《建筑法》）明确规定了从事建筑活动的建筑施工企业、勘察单位、设计单位和监理单位应具备的条件，并将其划分为不同的资质等级，只有取得相应等级的资质证书后，才可在其资质等级许可的范围内从事建筑活动。此外，对建筑从业人员也有相应的条件限制。这是法律的强制性规定，违反此规定的建设工程合同依法无效。

2）对合同的履行有一系列的强制性标准

建设工程的质量动辄涉及民众生命财产安全，因此对其进行监控显得非常重要。为确保建设工程质量监控的可操作性，在建设工程质量的监控过程中需要适用大量的标准。《建筑法》规定，建筑活动应当确保建筑工程质量和安全，符合国家的建筑工程安全标准。建筑活动从勘察、设计到施工、验收的各个环节，均存在大量的国家强制性标准的适用。可以说，对主体资格的限制和强制性标准的大量适用，使得建筑业的行业准入标准得到提高，为建设工程的质量提供了制度上的保障。

3）合同责任的法定性

由于建设工程合同的立法中强制性标准占了相当的比例，相当部分的合同责任因此成为法定责任，使得建设工程合同的主体责任呈现出较强的法定性。如关于施工开工前应取得施工许可证的要求，合同订立程序中的招标发包规定，对承包人转包的禁止性规定与分包的限制性规定，以及对承包人质量保修责任的规定等，均带有不同程度的法定性，从而部分或全部排除了当事人的缔约自由。

1.5 工程合同类型

工程本身的复杂性决定了工程合同的多样性，不同的合同类型对招投标文件、合同价格确定及合同管理工作也有不同的要求。分类角度不同，得到的合同类别也不同。主要可以从下面三个角度对工程合同进行分类。

1.5.1 按照承包内容分类

工程合同按照其承包内容的不同，可以分为以下几类。

1. 勘察设计合同

建设工程勘察设计合同是指发包人与承包人为完成特定的勘察设计任务，明确相互权利义务关系而订立的合同。

为了保证建设工程项目的质量达到预期的投资目的，实施过程必须遵循项目建设的内在规律，即坚持先勘察、后设计、再施工的程序。

法律依据：

《建设工程勘察设计管理条例》第四条 从事建设工程勘察、设计活动，应当坚持先勘察、后设计、再施工的原则。

建设工程勘察合同是指发包人约定勘察人根据建设工程的要求，查明、分析、评价建设场地的地质地理环境特征和岩土工程条件，编制建设工程勘察文件的协议。

建设工程设计合同是指发包人约定设计人根据建设工程的要求，对建设工程所需的技术、经济、资源、环境等条件进行综合分析、论证，编制建设工程设计文件的协议。

1）合同主体

勘察设计合同的发包人应当是法人或者自然人，承包人必须具有法人资格。发包人可以是建设单位或项目管理部门，承包人应是持有建设行政主管部门颁发的工程勘察设计资质证书、工程勘察设计收费资格证书和工商行政管理部门核发的企业法人营业执照的工程勘察设计单位。承包人分为勘察人和设计人。

2）合同形式

为规范工程勘察设计市场秩序，维护勘察设计合同当事人的合法权益，住房城乡建设部、工商总局制定了《建设工程勘察合同（示范文本）》（GF—2016—0203）、《建设工程设计合同示范文本（房屋建筑工程）》（GF—2015—0209）、《建设工程设计合同示范文本（专业建设工程）》（GF—2015—0210）（以下统称为"示范文本"）。

签订勘察设计合同，应当采用书面形式，参照示范文本的条款，明确约定双方的权利义务。对示范文本条款以外的其他事项，当事人认为需要约定的，也应采用书面形式。对可能发生的问题，要约定解决办法和处理原则。

双方协商同意的合同修改文件、补充协议均为合同的组成部分。

2. 施工合同

建设工程施工合同亦称包工合同，是指发包人（建设单位）和承包人（建筑施工企业）为完成商定的建筑安装工程施工任务，明确相互之间权利义务关系的书面协议。签订施工合同，必须遵守国家法律，符合国家相关政策，当事人双方均有履行合同的能力等基本条件，以保证施工合同切实可行。

1）法律特征

（1）签订建设工程施工合同，必须以建设计划和具体建设设计文件已获得国家有关部门批准为前提。签订建设工程施工合同须以履行有关法定审批程序为前提，这是由于建设工程施工合同的标的物为建筑产品，需要占用土地，耗费大量的资源，属于国民经济建设的重要组成部分。没有经过计划部门、规划部门的批准，不能进行工程设计，建设行政主管部门不予办理报建手续及施工许可证，更不能组织施工。在施工过程中，如需变更原计划项目功能的，必须报经有关部门审核同意。

（2）承包人主体资格受到严格限制。建设工程施工合同的承包人，应当在经工商行政管理部门核准的经营范围内从事经营活动，遵守企业资质等级管理的规定，不得越级承揽任务。

2）文件组成

施工合同文件主要由九个部分组成。首先是合同协议书，这是经过双方对工程有关问题的洽商形成的协议，还包括变更的书面协议和相关的变更文件，这些都可以看成施工合同的组成部分。除此以外，还有中标通知书、投标函及其附录、专用合同条款及其附件、通用合同条款、技术标准和要求、图纸、已标价工程量清单或预算书、其他合同文件。

以上所述各种合同文件，可以起到互相解释、互相说明的作用，当合同文件出现不一致的问题时，可以按照上面的顺序来进行解释。如果合同文件出现不一致，或是含糊不清，或是有难以理解的情况，可以按照合同存在争议的问题来进行解决，并在不违反法律或是行政法规等相关要求的基础上，经过一定的协商进行修改或是变更施工合同，对于修改或是变更过的协议与文件，其效力应该高于其他合同文件，即签署在后的文件效力高于签署在前的文件效力。

3. 材料、设备供应合同

建筑材料和设备是建筑工程不可少的物资，它涉及面广、品种多、数量大，其费用在工程总投资（或工程承包合同价）中占很大比例，一般在 40% 以上。

建筑材料和设备按时、按质、按量供应是工程施工顺利地、按计划进行的前提。材料和设备的供应必须经过订货、生产（加工）、运输、储存、使用（安装）等各个环节，经历一个非常复杂的过程。材料、设备供应合同是连接生产、流通和使用的纽带，是工程合同的主要组成部分之一。

材料、设备供应合同是发包人或承包人与生产厂家或供应单位签订的供货合同。合同主体如下。

（1）需方：一般为发包人或承包人。

（2）供方：一般为物资供应部门或建筑材料和设备的生产厂家。

材料、设备供应合同的内容一般包括：材料、设备名称、数量、品种、规格、价格、到货时间、取货地点、质量要求、运输方式、财务结算方式，双方责任和违约处罚条款。下面是一份设备供应合同范本。

设备供应合同

甲方（需方）

乙方（供方）

经甲乙双方友好协商，在平等、自愿、公平、诚信的基础上订立本合同。

一、订购设备的规格、型号、数量及单价

订购设备的规格、型号、数量及单价见附表（附表与本合同具有同等效力）。详细规格及技术配置清单作为合同附件（与本合同具有同等效力）。

二、付款方式

1. 甲方应在所需产品____日前向乙方订货，并交纳机器设备价格总额的____%作为预付金。

2. 甲方应在乙方发货前3日内交付机器设备价格总额的____%之货款。

3. 甲方在机器设备安装调试、运转正常时付清余下的全部货款。

三、交货验收

1. 乙方在收到预付金时应备好甲方订购的全部机器设备，收到约定货款后3日内将甲方订购的全部机器设备一并发出。

2. 交货地点为甲方厂房所在地。

3. 乙方进行安装调试，甲方配合验收。验收合格，双方签订验收合格报告书，签字盖章。

4. 验收标准按国家标准，如无国家标准则按行业标准或乙方标准机型出厂的验收标准。如需改进标准机型或加装，则另行约定标准并作为合同附件。

四、运输方式

1. 本合同所约定的一切机器设备由乙方负责运输，并承担一切风险。运费及保险费由甲方承担。

2. 甲方在收到机器设备后，如发现与订购货品不符，应在7日内书面或传真通知乙方处理，其间如对甲方正常作业造成影响，乙方应作相应赔偿。

五、售后服务

1. 自机器设备经双方验收合格之日起，该设备进入免费保修期（____月）；乙方在接到甲方保修通知后，应在最短时间内赶到现场，最迟应在3日内派员赶到甲方现场。

2. 保修期内乙方负责免费维修。若属于甲方操作不当引起的零部件损坏，则甲方应承担更换零部件的成本费。

六、违约责任

1. 甲方无正当理由拒绝调试、验收或拒收机器设备的，甲方属于违约，应偿付机器设备总额的＿＿%作为违约金。

2. 乙方所交的机器设备与约定不符，甲方有权拒收。乙方属于违约，应偿付机器设备总额的＿＿%作为违约金。

3. 乙方逾期交货，逾期 7 日以内的，乙方应向甲方交纳每日＿＿%的滞纳金；逾期 7 日以上的，乙方属于违约，应偿付机器设备总额的＿＿%作为违约金。

七、争议处理

1. 因设备质量问题引发争议，应由国家质量鉴定单位进行鉴定。设备不符合标准的，鉴定费由乙方承担，并赔偿甲方与此相关的损失。

2. 凡与本合同关联的争议，双方友好协商解决，协商未果的，任何一方均可诉请法院解决。

八、其他约定

1. 本合同其他附件与本合同具有同等法律效力。

2. 本合同一式两份，双方各执一份，签字盖章后生效。

甲方（公章）：　　　法定代表人（签字）：

　　　　　　　　　　　　　年　月　日

乙方（公章）：　　　法定代表人（签字）：

　　　　　　　　　　　　　年　月　日

1.5.2 按照承包方式分类

工程合同按照其承包方式的不同，可以分为以下几类。

1. 劳务合同

1）定义

劳务合同的含义有广义和狭义的理解。有学者认为，根据给付的标的，合同可以分为三大类，第一类是以财产为给付标的的合同，例如买卖合同、赠与合同、借款合同；第二类是以劳务为给付标的的合同，例如承揽合同、委托合同、保管合同、雇佣合同；第三类是以共同从事一定工作为目的的合同，例如合伙合同。第二类合同可以看作广义的劳务合同。广义的劳务合同是指一切与提供活劳动服务（即劳务）有关的协议。广义的劳务合同大部分已成为有名合同，受《民法典》的调整，有行纪、中介、保管、运输、承揽、建设工程合同等。

狭义的劳务合同仅指一般的雇佣合同，是劳务提供人（劳务方）与劳务接受人（用工方）依照法律规定签订协议，劳务方向用工方提供劳务活动，用工方向劳务方支付劳动报酬的合同。劳务合同纠纷即为以一方当事人提供劳务为合同标的，在履行合同过程中，因劳务关系发生的纠纷，是一种民事案由。

2）劳务合同与劳动合同的区别

（1）主体资格不同。劳动合同的主体一方是企业、个体经济组织、民办非企业单位等，即用人单位，另一方则是劳动者个人；劳务合同的主体双方当事人可以同时都是法人、组织、公民。

（2）主体性质及其关系不同。劳动合同的双方主体间存在着经济关系，还存在着人身关系，即行政隶属关系，劳动者除提供劳动外，还要接受用人单位的管理，服从其安排，遵守其规章制度等，成为用人单位的内部职工；劳务合同的双方主体之间存在经济关系，但不存在行政隶属关系，劳务方提供劳务服务，用工方支付劳务报酬，各自独立、地位平等。

（3）雇主的义务不同。为了保护劳动者的合法权益，《中华人民共和国劳动法》给用人单位强制性地规定了许多义务，如必须为劳动者缴纳养老保险、医疗保险、失业保险、工伤保险、生育保险，用人单位支付劳动者工资不得低于政府规定的当地最低工资标准等，这些必须履行的法定义务，不得协商变更；劳务合同的雇主一般没有上述义务，双方可以自由约定上述内容。

（4）调整的法律不同。劳务合同主要由《民法典》调整，而劳动合同由《中华人民共和国劳动法》和《中华人民共和国劳动合同法》规范调整。

（5）不履行合同的法律责任不同。不履行劳动合同所产生的责任不仅有民事责任，还有行政责任，如用人单位支付劳动者的工资低于当地最低工资标准，劳动行政部门限期用人单位补足低于标准部分的工资，拒绝支付的，劳动行政部门还可以给用人单位警告等行政处分；不履行劳务合同所产生的责任只有民事责任——违约责任和侵权责任，不存在行政责任。

（6）纠纷的处理方式不同。劳动合同纠纷发生后，当事人应当依照《中华人民共和国劳动争议调解仲裁法》的规定，先到劳动争议仲裁委员会仲裁，除仲裁终局的案件外，不服仲裁裁决的可以在法定期内到人民法院起诉，劳动仲裁是前置程序；但劳务合同纠纷出现后，可以经双方当事人协商解决，也可以直接起诉。

3）主要合同条款

劳务合同包括的主要合同条款，可参考下面的劳务合同范本。

劳务合同

甲方（用工方）

乙方（劳务方）

经甲乙双方友好协商，在平等、自愿、公平、诚信的基础上订立本合同。

一、劳务地点
略。

二、劳务费

劳务费暂定____元/天（大写：人民币）。劳务费中已包含：住宿费、生活费、生活水电费、劳务工意外保险费及一切不可抗力费用等。

三、劳务服务期

乙方的劳务服务期暂定为____月（按甲方的施工进度计划的要求执行）。如因甲方要求并书面认可需要项目工期延长的，则劳务服务期可顺延，顺延期间甲方据实结算及支付劳务费；除了前述原因导致项目工期及劳务服务期延长的，由乙方自行负责。

四、甲方权利义务

1. 负责对乙方的劳务工的全面管理，负责监督乙方的劳务进度、生产质量、工期、安全文明生产。

2. 负责与该工程的监理及设计单位沟通、协调及处理日常事务。

3. 负责对乙方提供的劳务工作量进行最终审核，每月依乙方及其劳务工的实际出勤天数发放劳务费。

4. 负责对乙方及其劳务工给予技术指导、安全文明生产教育。

5. 负责向乙方提供生产材料、生产场地、生产用水用电（费用由乙方负责）。

6. 提供完整的施工图纸，并负责进行图纸交底。

五、乙方权利义务

1. 乙方须配合和服从甲方项目部的管理，服从甲方指派的现场人员的协调，并有义务配合监理单位、设计单位、质量和安全监督部门的管理工作。

2. 负责定期对其劳务工进行安全文明生产教育，对其劳务工的安全负直接责任。

3. 负责对其劳务工进行现场设备操作规程及生产工艺培训，保证执行操作规程和生产工艺。

4. 负责为其劳务工办理工伤保险和人身意外伤害保险。

5. 乙方在劳务工进入生产现场的 2 日前向甲方提供劳务工的名单并附身份证复印件（交原件核对），作为甲方发放基本劳务费的依据。

六、付款方法

1. 每月的 10 号前按实际出勤人数支付劳务费。

2. 甲方付至合同劳务费工程款的 80% 后，不再支付劳务费，工程款项待项目及甲方验收合格后，双方结算确认后 30 日内付至结算价的 95%，留 5% 作为保修金，保修期为 2 年，以竣工报告为准。

七、争议解决

甲乙双方在履行本协议过程中发生争议，应先尽量协商解决，协商不成，则任何一方均应向甲方所在地管辖法院提起诉讼。

八、其他条款

1. 本协议及其履行不构成甲方与乙方劳务工之间产生劳动关系的证明，乙方在甲方指导下直接管理劳务工，劳务工因工资发放、人身损失等产生的纠纷概由乙方自行处理，如导致甲方直接或间接承担相关责任的，甲方有权向乙方追偿。

2. 本协议一式两份，甲方执一份，乙方执一份，自双方签章或授权代表人签字之日起正式生效，至乙方提供的劳务服务结算完毕，本协议自动失效。协议附件包括乙方代表身份证复印件。

　　甲方（公章）：　　　　法定代表人（签字）：

　　　　　　　　　　　　　　　　　　年　月　日

　　乙方（公章）：　　　　法定代表人（签字）：

　　　　　　　　　　　　　　　　　　年　月　日

4）劳务合同的特点

（1）主体的广泛性与平等性。劳务合同既可以是法人、组织之间签订，也可以是公民个人之间、公民与法人或组织之间签订，一般不作特殊限定，具有广泛性。双方签订合同时应依据《民法典》的公平原则进行。合同双方完全遵循市场规则，地位平等。

（2）合同标的的特殊性。劳务合同的标的是一方当事人向另一方当事人提供的活劳动，即劳务，它是一种行为。劳务合同都是以劳务为给付标的的合同，只不过每一具体的劳务合同的标的对劳务行为的侧重方面要求不同而已，或侧重于劳务行为本身，即劳务行为的过程，如运输合同；或侧重于劳务行为的结果，即提供劳务所完成的劳动成果，如承揽合同。

（3）内容的任意性。除法律有强制性规定外，合同双方当事人完全可以以其自由意志决定合同的内容及相应的条款，就劳务的提供与使用作出约定，内容既可以属于生产、工作中的某项专业，也可以属于家庭生活。双方签订合同时应依据《民法典》的自愿原则进行。

（4）合同是双务合同、非要式合同。在劳务合同中，一方必须为另一方提供劳务，另一方则必须为提供劳务的当事人支付相应的劳务报酬，故劳务合同是双务有偿合同。大部分劳务合同为非要式合同，法律有特别规定者除外。

5）劳务合同违约责任的承担

（1）继续履行。合同义务没有履行或者履行不符合约定的，守约方可以要求违约方按照合同约定继续履行，直至达到合同目的。此种情况多适用于标的物是特定的必须履行的、不得替代履行的情况，比如委托加工特定的半成品、特种型号或规格的元器件。

（2）采取补救措施。补救措施在履行债务的标的物品质不符合合同约定的条件，但不需继续履行而只需采取适当补救措施即可达到合同目的或守约方认为满意的目的时采取。比如交付的产品质量不符合约定的，受损害方可以根据标的的性质以及损失的大小，合理选择要求对方承担修理、更换、重作、退货、减少价款或者报酬等违约责任。

（3）违约金。违约金是合同各方在合同中约定的一方或各方违约时，违约方要支付给守约方一定数额的货币，以弥补守约方损失同时兼有惩罚违约行为作用的责任承担方式。承担违约责任后，是否还要继续履行或采取补救措施，可由合同各方协商确定。但是，违约方延迟履行约定违约金的，违约方支付违约金后，还应当履行债务。

（4）赔偿金。赔偿金是合同各方在合同中约定的一方因违约给对方造成实际损害的，按实际损害数额给予赔偿的责任承担方式。违约方在继续履行或者采取补救措施后，守约方还有其他损失的，应当赔偿损失。

2. 包工合同

1）定义

包工合同在《民法典》上被规定为承揽合同，指的是承揽人按照定作人的要求完成工作，交付工作成果，定作人给付报酬的合同。

法律依据：

《民法典》第七百七十条　承揽合同是承揽人按照定作人的要求完成工作，交付工作成果，定作人支付报酬的合同。承揽包括加工、定作、修理、复制、测试、检验等工作。

《民法典》第七百七十一条　承揽合同的内容一般包括承揽的标的、数量、质量、报酬，承揽方式，材料的提供，履行期限，验收标准和方法等条款。

2）主要合同条款

（1）工程概况。包括工程名称和工程地点。

（2）承包内容。说明承包的工程内容。

（3）承包方式及单价。包括承包方式和工程量计算。

（4）工程进度。主要条款内容如下。

① 承揽人须按定作人方案的进度按时完成施工。

② 如定作人因材料不到位造成施工延期或中止，定作人应及时通知承揽人，因延期或中止施工造成的经济损失由定作人承担。

（5）双方职责。包括定作人职责和承揽人职责。

（6）付款方式。

（7）其他未尽事宜。

3. 总包合同

1）定义

总包合同也称总承包合同，指约定一家承包人组织实施某项工程或某阶段工程的全部任务，对发包人承担全部责任的合同。总承包模式由当事人约定，如设计 – 施工总承包、设计 – 采购 – 施工总承包等。

2）主要合同条款

（1）词语含义及合同条件。对合同中常用的或容易引起歧义的词语进行解释，赋予它们明确的含义。对合同文件的组成、顺序及合同使用的标准，也应作出明确的规定。

（2）总承包的内容。合同对总承包的内容作出明确规定，一般包括从工程立项到交付使用的工程建设全过程，具体应包括可行性研究、勘察设计、设备采购、施工管理、试车考核等内容。

（3）双方当事人的权利义务。合同对双方当事人的权利义务作出明确规定，这是合同的主要内容，规定应当详细、准确。发包人一般应当承担以下义务。

① 按照约定向承包人支付工程款。

② 向承包人提供现场。

③ 协助承包人申请有关许可、执照和批准。

④ 如果发包人单方要求终止合同，没有承包人的同意，发包人在一定时期内不得重新开始实施该工程。

承包人一般应当承担以下义务。

① 完成和满足发包人要求的工程内容及相关的工作。

② 提供履约保证。

③ 负责工程的协调与恰当实施。

④ 按照发包人的要求终止合同。

（4）合同履行期限。合同应当明确规定交工的时间，同时也应对每个阶段的工作期限作出明确规定。

（5）合同价款。合同应规定合同价款的计算方式、结算方式及支付期限等。

（6）工程质量与验收。合同应当明确规定对工程质量的要求，对工程质量的验收方法、验收时间及确认方式。工程质量检验的重点应当是竣工检验，通过竣工检验后发包人可以接受工程。合同也可以约定竣工后的检验。

（7）合同的变更。工程建设的特点决定了合同在履行中往往会出现一些事先没有估计到的情况。一般在合同履行期限内的任何时间，发包人代表可以通过发布或者要求承包人递交建议书的方式提出变更。如果承包人认为这种变更是有价值的，也可以在任何时候向发包人代表提交此类建议书。批准权在发包人。

（8）风险、责任和保险。承包人应当保障和保护发包人、发包人代表以及雇员免遭由工程导致的一切索赔、损害和开支。由发包人承担的风险合同中应作出明确的规定。合同对保险的办理、保险事故的处理等都应作出明确的规定。

（9）工程保修。合同按国家的规定写明保修项目、内容、范围、期限及保修金额和支付办法。

（10）对设计、分包人的规定。承包人进行并负责工程的设计，设计应当由合格的设计人员进行。承包人还应当编制足够详细的施工文件，编制和提交竣工图纸、操作和维修手册。承包人应对所有分包人遵守合同的全部规定负责，任何分包人、分包人的代理人或者雇员的行为或者违约，完全视为承包人自己的行为或者违约，并负全部责任。

（11）索赔和争议的处理。合同应明确索赔的程序和争议的处理方式。对争议的处理，一般应以仲裁作为解决的最终方式。

（12）违约责任。合同应明确双方的违约责任，包括发包人不按时支付合同价款的责任、超越合同规定干预承包人工作的责任等；也包括承包人不能按合同约定的期限和质量完成工作的责任等。

3）工程总承包的优点

工程总承包并不是一般意义上施工承包的重复式叠加，它是区别于一般土建承包、专业承包，具有独特内涵的一种建设方式。工程总承包以向发包人交付最终产品或服务为目的，对整个工程项目实行整体构思、全面安排、协调运行，将过去分阶段分别管理的模式变为各阶段通盘考虑的系统化管理模式，使工程项目管理更加符合建设规律。工程总承包具有如下优点。

（1）设计和施工深度交叉，降低了工程造价。设计阶段是对工程造价影响最大的环节。工程造价的90%在设计阶段就已经确定，施工阶段的投入仅占项目投资的5%左右。所以在设计阶段实行限额设计，通过优化方案降低工程造价的效果十分显著。在传统承包模式下，施工和设计是分离的，双方难以及时协调，常常产生造价和使用功能上的损失。工程总承包模式下设计和施工过程的深度交叉，能够在保证工程质量的前提下大幅度地降低成本。同时，设计属于案头工作，实行设计修改优化的成本是很低的，但是对项目投资的影响却是决定性的。

（2）设计和施工深度交叉，还有利于缩短建设周期，提升工程质量。设计和施工的交叉利于实现设计、采购、施工、试运行全过程的质量控制，能够在很大程度上消除质量的不稳定因素。同时，设计、采购、施工、试运行各阶段的深度合理交叉，利于在设计阶段就积极引用新技术、新工艺，考虑到施工的便于操作性，在施工前就发现图纸可能存在的问题，从而保证了工程质量，对于缩短建设周期也大有裨益。

4.分包合同

1）定义

分包合同是指承包人为将总包合同中某些专业工程施工交由另一承包人（分包人）完成而与其签订的合同。

法律依据：

《建筑法》第二十九条　建筑工程总承包单位可以将承包工程中的部分工程发包给具有相应资质条件的分包单位；但是，除总承包合同中约定的分包外，必须经建设单位认可。施工总承包的，建筑工程主体结构的施工必须由总承包单位自行完成。建筑工程总承包单位按照总承包合同的约定对建设单位负责；分包单位按照分包合同的约定对总承包单位负责。总承包单位和分包单位就分包工程对建设单位承担连带责任。禁止总承包单位将工程分包给不具备相应资质条件的单位。禁止分包单位将其承包的工程再分包。

2）分包方式

从法律关系上，工程分包有分别承包和联合承包两种方式。在实践中，这两种分包方式被广泛地使用，但它们的法律效果很不相同。

（1）分别承包，即各分包人均独立地与承包人建立合同关系，各分包人之间并不发生法律关系。在分别承包中，各分包人单独地对承包人负责，相互之间不发生任何法律关系。

（2）联合承包，即分包人相互联合为一体，与承包人签订总包合同，然后各个分包人之间再签订若干个分包合同，将工程项目中的各个单项工作落实到每一个分包人。在联合承包中，分包人共同对承包人负责，分包人之间发生连带之债的法律关系。

3）合同类别

分包合同一般包括如下几种。

（1）地基与基础合同。地基是指建筑物所处的支撑基础的土体或岩体。而基础则是指承受建筑物重量的结构部分，通常是建筑物下面的一层结构，包括基础底座、基础柱、基础梁和基础板等。地基与基础是建筑物的重要组成部分，它们的质量和稳定性直接影响到建筑物的安全使用寿命。

（2）建筑装饰装修合同。建筑装饰装修指为保护建筑物的主体结构、完善建筑物的使用功能和美化建筑物，采用装饰装修材料或饰物，对建筑物的内外表面及空间进行的各种处理。

（3）建筑幕墙合同。幕墙是建筑物的外墙围护，不承重，像幕布一样挂在建筑物上，是现代大型和高层建筑常用的带有装饰效果的轻质墙体。幕墙由面板和支承结构体系组成，相对主体结构有一定位移能力或自身有一定变形能力，包括建筑幕墙、构件式建筑幕墙、单元式幕墙、玻璃幕墙、石材幕墙、金属板幕墙、全玻幕墙、点支承玻璃幕墙等。

（4）钢结构合同。钢结构是指用钢板通过热轧、冷弯或用焊接型材连接而成的能承受和传递荷载的结构形式，是主要的建筑结构类型之一。在建筑行业，钢结构通常可分为轻型钢结构、高层钢结构、住宅型钢结构、空间型钢结构和桥梁型钢结构五类，除此之外，还可以用作钢厂房、钢闸门、各种大型管道容器、塔轨结构等。

（5）机电安装合同。在一项工程中，机电安装是很重要的一部分。机电安装指机电设备的组装。

（6）电梯安装合同。电梯安装是指电梯生产单位出厂后的产品，在施工现场装配成整机至交付使用的过程。

（7）消防设施安装合同。消防设施是指建筑物内的火灾自动报警系统、室内消火栓、室外消火栓等固定设施。消防设施安装关乎人民群众的生命财产安全，安装要求非常严格。

（8）建筑防水合同。建筑防水是为了避免水对建筑物的危害，在外围护结构和地下室等部位所采取的防御措施。其主要工作包括防水构造处理和防水材料的选择。

（9）建筑防腐保温合同。防腐保温是指防腐工程和保温绝热工程。防腐工程包括涂料防腐施工、玻璃钢防腐施工、砖板衬里施工、橡胶衬里施工、塑料板衬里施工、电化学保护施工。保温绝热工程包括保温工程和保冷工程施工，具体分为岩棉保温、硅酸铝保温、浇筑料保温、聚氨酯保冷施工。施工的对象可以是设备、管道、构筑物、钢结构等。

（10）园林古建筑合同。园林古建筑是指建造在园林和城市绿化地段内供人们游憩或观赏用的建筑物，常见的有亭、榭、廊、阁、轩、楼、台、舫、厅堂等。

（11）爆破与拆除合同。爆破在工程上的应用如石方开挖、采矿开山、修铁路公路、开掘隧道等。拆除工程是指对已经建成或部分建成的建筑物或构筑物等进行拆除的工程。

（12）电信工程合同。电信工程是利用无线电、有线电、光等电磁系统传递符号、文字、图像或语言等信息的工程。其基本特点是技术性强。

（13）管道（新建、改扩建等）合同。管道工程是指建设输送油品、天然气和固体料浆的管道的工程，包括管道线路工程、站库工程和管道附属工程。管道工程在广义上还包括器材和设备供应。

4）合同内容及注意事项

分包合同主要包括以下内容。

（1）合同标的。

（2）分包单价、区域、数量。

（3）付款方式。

（4）验收方式。

（5）双方的权利和义务。

在分包合同中，要注意以下两点。

（1）分包人仅对承包人负责，与发包人没有合同关系。

（2）承包人对分包人的责任归属要清楚。

1.5.3 按照计价方式分类

工程合同按照其计价方式的不同，可以分为以下几类。

1. 总价合同

总价合同也称总价固定合同，是指在合同中确定一个完成项目的总价，承包人依此完成合同的全部工作。

在这种合同形式下，总价被承包人接受以后一般不得变动，因此在使用时要注意以下三个方面。

（1）工程招标要满足三个条件：详细而全面地准备好设计图纸和各项说明；工程风险不大，技术不太复杂，工程量较小，工期较短；在合同条件允许范围内给承包人以各种方便。

（2）承包人在投标报价时要仔细分析风险因素，在报价中考虑一定的风险费。

（3）发包人应确保承包人承担的风险是可以承受的。

采用总价合同，在投标时承包人就必须报出各单项工程的价格，在合同执行过程中，对较小的单项工程，在完工后一次支付；对较大的单项工程，则按施工过程分阶段支付；一些单项工程也可按完成工程量的百分比支付。

1）总价合同的种类

（1）固定总价合同。这是普遍使用的一种合同形式。总价一次包死，不得变动，所以工程在招标前必须已基本完成设计工作，工程量和工程范围已十分明确；如图纸及工程要求不变动则总价固定，若有变动则总价也要变更。

这种合同形式承包人承担全部风险，一般报价较高，适合于工期较短、对工程要求十分明确的项目。

（2）调值总价合同。这是在报价及订合同时，以招标文件的要求及当时的物价计算总价的合同。但在合同条款中双方应商定：如果在执行合同中由于通货膨胀引起工料成本增加达到某一限度，合同总价应相应调整。

这种合同形式，发包人承担了通货膨胀这一不可预见的费用因素的风险，承包人承担其他风险。工期较长的项目适合采用这种合同形式。

（3）固定工程量总价合同。这种合同形式由发包人或其咨询单位将发包工程按图纸和规定、规范分解成若干分项工程量，由承包人据以标出分项工程单价，然后将分项工程单价与分项工程量相乘，得出分项工程总价，再将各个分项工程总价相加，构成合同总价。发包人的分项工程量表也可以作为工程实施期间由于工程变更而调整价格的一个固定基础，若有变动，则用合同中已确定的单价来计算新的工程量和调整总价。

这种合同形式对发包人有利，一是便于发包人审查标价，二是若物价上涨，新增加的项目按已确定单价计算，由承包人承担损失。但是在这种合同中，划分和计算分项工程量将会占用很多的时间，从而延长了设计周期，拖延了招标准备时间。固定工程量总价合同的特点是只有当设计变更或工程量变化时，才会变更合同总价，其适合于工程量变化较小的项目。

（4）管理费总价合同。管理费总价合同是指发包人雇用某一承包公司的管理专家对发包工程的施工进行管理和协调，由发包人向承包人支付一定的管理费用的合同。采用这种合同的重要环节是明确具体的管理工作范围。

2）总价合同的优点

（1）可以在最大竞争状态下确定项目造价并使之固定下来。

（2）发包人在主要开支发生前，对工程成本能够做到大致有数。

（3）评标时易于选定最低报价单位。

（4）在施工进度上极大地调动了承包人的积极性。

（5）发包人更容易、更有把握对项目进行控制。

3）总价合同的缺点

（1）招投标周期长。

（2）竞争不充分时工程报价偏高。

（3）承包人承担较多的风险。

（4）合同制订不完善容易引起矛盾。

2. 单价合同

单价合同是以工程量清单或工料清单计价的合同。清单中的单价通常是固定的，最后依据实际发生的工程量和清单中约定的单价计算最终的合同价格。

单价合同形式适合在施工图不完整或当准备发包的工程项目内容、技术经济指标一时尚不能明确、具体地予以规定时所采用。

1）单价合同的种类

（1）估计工程量单价合同。这种合同由发包人在招标文件中列出工程量表及估算的工程量，承包人投标时填入各项单价，据之计算出合同总价。采用这种合同形式对双方风险都不大，是比较常见的一种形式，但应注意以下几点。

① 月结账时，以实际完成的工程量结算；工程全部完成时，以竣工图最终结算工程总价。

② 当某一单项工程的实际工程量与招标文件中的工程量相差一定百分比时，双方可以讨论改变单价，但单价的调整比例最好在订立合同时即作出规定，以免以后发生纠纷。

（2）纯单价合同。在纯单价合同下，发包人只给出各分项工程和工程范围，不规定工程量，承包人只需对各项目报出单价，将来施工时按实际工程量计算。有时也可由发包人在招标文件中列出单价，承包人提出修正意见，双方磋商后确定最后的承包单价。

纯单价合同适用于设计单位还来不及提供施工详图的情况，或虽有施工图但由于某些原因不能比较准确地计算工程量的情况。

（3）单价与包干混合合同。这种合同以单价合同为基础，仅对某种不易计算工程量的分项工程采用包干办法，其余均要求报出单价，并按实际工程量结算。

在合同条件中，一般规定在开工后数周内，由承包人向监理工程师递交一份包干项目分析表，将包干项目分解为若干子项，列出每个子项的合理价格。该表经监理工程师批准后作为包干项目实施时的支付依据。

2）单价合同的优点

（1）在招标前，发包人无须对工程范围作出完整、详尽的规定，从而可以缩短招标准备时间。

（2）能鼓励承包人提高工作效率，因为一般低于工程单价的节约算作"成本节约"，节约的工程成本便是承包人的利润。

（3）发包人只按分项工程量支付费用，因而可以减少意外开支。

（4）合同结算时，只需对那种不可预见的、未预先规定的工程单价进行调整，结算程序比较简单。

3）单价合同的缺点

由于合同留下大量可变动的空间，承包人往往会寻找造价增长的机会，因此给发包人的管理提出更高的要求，如无相应的管理水平，则容易造成投资失去控制。

3. 成本加酬金合同

成本加酬金合同也称成本补偿合同，是发包人向承包人支付实际工程成本中的直接费，按事先协议好的某一方式支付管理费及利润的一种合同方式。

这种合同主要适用于在工程内容及其技术经济指标尚未全面确定，投标报价的依据尚不充分的情况下，发包人因工期要求紧迫，必须发包的工程；或者发包人和承包人之间具有高度的信任，承包人在某些方面具有独特的技术、特长和经验的工程；或是完全崭新的工程，以及施工风险很大的工程。

1）成本加酬金合同的种类

（1）成本加固定费用合同。即根据双方同意的结算成本，加上固定数目的管理费及利润。这一合同对人工、材料、机械台班费等直接成本实行实报实销，有如下特点。

① 当设计变更或新增项目较大时，若直接费超出原定估算成本的10%，则固定的费用应增加。

② 不能鼓励承包人关心降低成本，为了尽快得到酬金，承包人可能会赶工缩短工期。

③ 可在固定费用之外根据工程质量、工期和节约成本等因素，给承包人另加奖金。

④ 可分几个阶段谈判付给固定费用。

⑤ 适合于工程总成本一开始估计不准，可能变化较大的情况。

（2）成本加定比费用合同。即工程成本中的直接费加一定比例的报酬费，报酬费的比例在签订合同时由双方确定。这一合同报酬随成本加大而增加，不利于缩短工期和降低成本，因而采用较少。

（3）成本加奖金合同。即直接费加奖金，奖金是根据报价书的成本概算指标制订的，概算指标可以是总工程量的工时数的形式，也可以是人工和材料成本的货币形式。在合同中，概算指标被规定了一个底点（工程成本概算的60%～75%）和一个顶点（工程成本概算的 110% ~ 135%），承包人在顶点下完成工程即可得到奖金，其数额按照低于指标顶点的情况而定；成本超过顶点时，要对超出部分支付罚款，直到总费用降低到概算指标的顶点为止，最大罚款限额不超过原先议定的最高奖金值；如果成本控制在底点之下，则可加大奖金值或奖金百分比。

成本加奖金合同适用于招标前设计图纸、规范等准备不充分，不能据以确定合同价格，而仅能制订一个概算指标的情况。

（4）成本加固定最大酬金合同。采用这一合同，承包人得到的支付有三方面：包括人工、材料、机械台班费及管理费在内的全部成本；占人工成本一定百分比的增加费；酬金。在这种形式的合同中通常有三笔成本总额：报价指标成本、最高成本总额、最低成本总额，支付方法如下。

① 当实际工程成本总额低于最低成本总额时，发包人支付承包人所花费的全部成本和杂项费用，并支付其应得酬金。

② 当实际工程成本总额在最低成本总额与报价指标成本之间时，发包人只支付工程成本和杂项费用。

③ 当实际工程成本总额在报价指标成本与最高成本总额之间时，发包人只支付全部成本。

④ 当实际工程成本总额超过最高成本总额时，发包人将不予支付超出部分。

（5）成本加保证最大酬金合同。这种合同也叫成本加固定奖合同，发包人补偿承包人所花费的人工、材料、机械台班费等成本，另加付人工及利润的涨价部分，支付总额最高可达为完成招标文件中规定的标准和范围而给的保证最大酬金额度。这种合同形式一般用于设计达到一定的深度，可以明确规定工作范围的工程项目。

（6）成本补偿加费用合同。在这种合同下，发包人向承包人支付全部直接成本并支付一笔费用，这笔费用是对承包人所支付的全部间接成本、管理费用、杂项费用及利润的补偿。

（7）工时及材料补偿合同。在工时及材料补偿合同下，承包人在工作中所完成的工时用一个综合的工时费率（包括基本工资、保险、纳税、工具、监督管理、现场及办公室的各项开支及利润等）来计算，并据此予以支付，材料补偿以承包人实际支付的材料费为准。

2）成本加酬金合同的优点

（1）可以分段施工，缩短工期，而不必等待所有施工图完成才开始招标和施工。

（2）可以减少承包人的对立情绪，承包人对工程变更和不可预见条件的反应会比较积极和快速。

（3）可以利用承包人的施工技术专家，帮助改进或弥补设计中的不足。

（4）发包人可以根据自身力量和需要，较深入地介入和控制工程施工和管理，也可以通过确定最大保证价格约束工程成本不超过某一限值，从而转移一部分风险。

3）成本加酬金合同的缺点

由于这种形式合同是按照一定比例提取管理费及利润的，而成本越高，管理费及利润也越高，承包人对降低成本不感兴趣，发包人无法有效控制造价，因此该种合同形式使用的范围极其有限。

习　　题

一、单项选择题

1. 18世纪，（　　　）创造了"工程"一词。
A. 欧洲　　　　　B. 亚洲　　　　　C. 非洲　　　　　D. 美洲

2. 工程项目是以（　　　）为载体的项目，是作为被管理对象的一次性工程建设任务。
A. 工程建设　　　B. 工程开工　　　C. 工程竣工　　　D. 工程施工

3. 项目可研阶段，是对工程项目在（　　　）上是否可行进行科学分析和论证。
A. 技术和商务　　　　　　　　B. 技术和经验
C. 技术和经济　　　　　　　　D. 经济和成本

4. 招投标活动应当遵循（　　　）和诚实信用的原则。
A. 公开、公平、公证　　　　　B. 公共、公平、公正
C. 公开、公平、公正　　　　　D. 公开、公共、公证

二、填空题

1. 工程市场的主体包括＿＿＿＿＿、＿＿＿＿＿和＿＿＿＿＿。

2. 设计阶段是根据拟建项目设计的＿＿＿＿＿和＿＿＿＿＿，将设计工作分阶段进行。

3. ＿＿＿＿＿是工程项目完成建设目标的重要标志，也是全面考核基本建设成果、检验设计水平和工程质量的重要步骤。

4. 工程项目后评价是在工程项目竣工投产、生产运营一段时间后，再对项目的＿＿＿＿＿＿、＿＿＿＿＿、＿＿＿＿＿、＿＿＿＿＿、＿＿＿＿＿、＿＿＿＿＿全过程进行系统总结评价的一种技术活动。

5. 工程招标是指发包人对自愿参加的投标人进行审查、＿＿＿＿＿、优选的过程。

三、问答题

1. 简述工程项目建设的一般程序。

2. 工程项目建设准备阶段的准备工作包括哪些（列举5种）？

在线答题

拓展习题

第 2 章
招投标制度

知识结构图

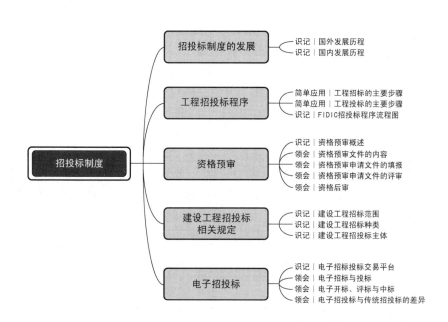

招投标制度是一种公开、公平、公正、透明的采购制度，以促进政府采购、企业投资项目的顺利实施，保障财政资金的安全合理使用与满足社会需求。现在，招投标制度已普及到政府机关、企事业单位、社会组织等领域，成为一种常见的公共采购制度。

2.1　招投标制度的发展

2.1.1　国外招投标制度发展历程

政府采购制度起源于 18 世纪的欧洲，到 20 世纪末，随着世界贸易组织的建立而出现了较大的发展变化，更具开放性和国际性。

招投标活动起源于英国。18 世纪后期英国政府的公用事业部门实行"公共采购"，形成公开招标的雏形。1782 年英国政府成立文具公用局，规定凡属于各个机关公文之印刷、用具之购买，均归其司掌。随着政府采购规模的扩大，后来发展为物资供应部，主要负责政府采购活动，此为近代政府采购制度的发端。19 世纪初英法战争结束后，英国军队需要建造大量军营，为了满足建造速度快且节约开支的要求，政府决定每一项工程由一个承包人负责，由该承包人统筹安排工程中的各项工作，并通过竞争报价方式来选择承包人，结果有效地控制了建造费用。这种竞争性的招标方式由此受到重视。最初的竞争招标要求每个承包人在工程开始前根据图纸计算工程量并做出估价，到 19 世纪 30 年代发展为以发包人提供的工程量清单为基础进行报价，从而使投标的结果具有可比性。1830 年，英国政府正式明令实行招投标制度。

美国也是世界上实行政府采购制度较早的国家之一，至今已有 200 多年的历史。美国的政府采购制度起源于自由市场经济时期，完善发展于现代市场经济。1809 年，美国通过了第一部要求密封投标的法律。1861 年，美国通过了一项联邦法案，规定超过一定金额的联邦政府采购都必须使用公开招标方式，并要求一项采购至少需要 3 个投标人。1868 年，美国国会确定了公开招标和公开投标的程序。

进入 20 世纪，招投标在西方发达国家已成为重要的采购方式，在工程承包、咨询服务及货物采购中被广泛应用。联合国有关机构和一些国际组织对于应用招投标方式进行采购也作出了明确的规定。20 世纪 30 年代，美国颁布了对其招标采购发生重大影响的《联邦政府采购法》和《购买美国产品法》，往后的几十年又通过不断完善招投标的法律来规范招投标活动，使其经济和社会效益不断增加，成为世界上招投标制度比较完善和规范的国家之一。

2.1.2　我国招投标制度发展历程

我国清朝末期已有了关于招投标活动的文字记载。中华人民共和国成立后在计划经济体制下，政府部门、公有企业及其相关的公共部门，其基础建设和采购任务都由主管部门用指令计划下达，企业经营活动由主管部门安排，招投标一度被中止。我国正式进入国际招投标市场是在 1979 年以后。改革开放后，市场经济的发展以及政府对招投标工作的重视，使我国的招投标活动日益深入发展。

我国最早采用招投标方式承包工程的是 1902 年张之洞创办的湖北制革厂，5 家营造商参加开价比价，结果张之洞以 1270.1 两白银的开价中标，并签订了以质量保证、施工工期、付款办法为主要内容的承包合同。1918 年汉阳铁厂的两项扩建工程曾在《汉口新闻报》刊登广告，公开招标。1929 年，当时的武汉市采办委员会曾公布招标规则，规定公有建筑或一次采购物料大于 3000 元（当时货币）者，均须通过招标决定承办厂商。

20 世纪 80 年代中期，招标管理机构在全国各地陆续成立，有关招投标方面的法规建设开始起步。招标方式基本以议标为主。招投标很大程度上还流于形式，公正性得不到有效监督。

20 世纪 90 年代初期到中后期，全国各地相继成立招投标监督管理机构，招投标法治建设步入正轨。自 1995 年起，全国各地陆续开始建立建设工程交易中心。1999 年颁布的《招标投标法》，明确了我国招标方式只有公开招标和邀请招标两种，不再包括议标。招投标法律法规和规章不断完善和细化，招标程序不断规范，全国范围内开展整顿和规范工程市场工作和加大对工程建设领域违法违纪行为的查处力度，招投标管理全面纳入工程市场管理体系，其管理的手段和水平得到全面提高。

我国招投标制度的发展历程可以划分为以下三个时期。

1. 探索初创期

这一时期从改革开放初期到社会主义市场经济体制改革目标的确立（1979 年至 1991 年）。

十一届三中全会前，我国实行高度集中的计划经济体制，招投标作为一种竞争性市场交易方式，缺乏存在和发展所必需的经济体制条件。1980 年 10 月，国务院发布《关于开展和保护社会主义竞争的暂行规定》，提出对一些合适的工程建设项目可以试行招投标。随后，吉林省和深圳市于 1981 年开始工程招投标试点。1982 年，鲁布革水电站引水系统工程成为我国第一个利用世界银行贷款并按世界银行规定进行项目管理的工程，极大地推动了我国工程建设项目管理方式的改革和发展。1983 年，城乡建设环境保护部出台《建筑安装工程招标投标试行办法》。20 世纪 80 年代中期以后，根据党中央有关体制改革的精神，国务院及国务院有关部门陆续进行了一系列改革，企业的市场主体地位逐步明确，推行招投标制度的体制性障碍有所缓解。

这一阶段的招投标制度有以下几个特点。

（1）基本原则初步确立，但未能有效落实。受当时关于计划和市场关系认识的限制，招投标的市场交易属性尚未得到充分体现，招标工作大多由有关行政主管部门主持，有的部门甚至规定招标公告发布、招标文件和标底编制以及中标人的确定等重要事项，都必须经政府主管部门审查同意。

（2）招标领域逐步扩大，但进展很不平衡。招标领域由最初的房屋建筑，逐步扩大到铁路、公路、水运、水电、广电等专业工程；由最初的建筑安装工程，逐步扩大到勘察设计、工程设备等工程建设项目的各个方面；由工程招标逐步扩大到机电设备、科研项目、土地出让、企业租赁和承包经营权转让。但由于没有明确、具体的强制招标范围，不同行业之间招投标活动开展很不平衡。

（3）相关规定涉及面广，但过于简略。在招标方式的选择上，大多没有规定公开招标、邀请招标、议标的适用范围和标准，在允许议标的情况下，招标很容易流于形式；在评标方面，缺乏基本的评标程序，也没有规定具体的评标标准，在招标领导小组自由裁量权过大的情况下，难以实现择优选择的目标。

2. 快速发展期

这一时期从确立社会主义市场经济体制改革目标到《招标投标法》颁布（1992 年至 1999 年）。

1992 年 10 月，十四大确立了建立社会主义市场经济体制的改革目标，进一步解除了束缚招投标制度发展的体制障碍。1994 年 6 月，国家计委牵头启动列入八届全国人大立法计划的《招标投标法》起草工作。1997 年 11 月 1 日，八届全国人大常委会审议通过了《建筑法》，在法律层面上对建筑工程实行招标发包进行了规范。

这一阶段的招投标制度有以下几个特点。

（1）当事人市场主体地位进一步加强。1992 年 11 月，国家计委发布了《关于建设项目实行业主责任制的暂行规定》，明确由项目业主负责组织工程设计、监理、设备采购和施工的招标工作，自主确定投标、中标单位。

（2）对外开放程度进一步提高。国际组织和外国政府贷款、援助资金项目的招投标活动增加，专门规范国际招标的规定明显增多，招标的对象不再限于机电产品，施工、监理、设计等也可以进行国际招标。

（3）招标领域和采购对象进一步扩大。除计划、经贸、铁道、建设、化工、交通、广电等行业外，煤炭、水利、电力、工商、机械等行业部门也相继制定了专门的招投标管理办法。除施工、设计、设备等招标外，还推行了监理招标。

（4）对招投标活动的规范进一步深入。除了制定一般性的招投标管理办法，有关部门还针对招标代理、资格预审、招标文件、评标专家、评标等关键环节，以及串通投标等突出问题，出台了专门管理办法，大大增强了招投标制度的可操作性。

3. 规范完善期

这一时期从《招标投标法》实施到现在（2000 年至今）。

我国实施招投标制度以后，经过 20 年的发展，一方面积累了丰富的经验，为国家层面的统一立法奠定了实践基础；另一方面，招投标活动中暴露的问题也越来越多，如招标程序不规范、做法不统一，虚假招标、泄露标底、串通投标、行贿受贿等问题较为突出，特别是政企不分问题仍然没有得到有效解决。针对上述问题，九届全国人大常委会于 1999 年 8 月 30 日审议通过了《招标投标法》（已于 2017 年 12 月 27 日十二届全国人大常委会第三十一次会议修订）。这是我国第一部规范公共采购和招投标活动的专门法律，标志着我国招投标制度进入了一个新的发展阶段。

按照公开、公平、公正和诚实信用原则，《招标投标法》对此前的招投标制度做了重大改革。

（1）改革了缺乏明晰范围的强制招标制度。《招标投标法》从资金来源、项目性质等方面，明确了强制招标范围，同时允许法律法规对强制招标范围作出新的规定，保持强制招标制度的开放性。

（2）改革了政企不分的管理制度。按照充分发挥市场在资源配置中的决定性作用的要求，大大减少了行政审批事项和环节。

（3）改革了不符合公开原则的招标方式。规定公开招标和邀请招标两种招标方式，取消了议标方式。

（4）改革了分散的招标公告发布制度。规定招标公告应当在国家指定的媒介上发布，并规定招标公告应当具备的基本内容，提高了招标采购的透明度，降低了潜在投标人获取招标信息的成本。

（5）改革了以行政为主导的评标制度。规定评标委员会由招标人代表以及有关经济、技术专家组成，有关行政监督部门及其工作人员不得作为评标委员会成员。

（6）改革了不符合中介定位的招标代理制度。明确规定招标代理机构不得与行政机关和其他国家机关存在隶属关系或者其他利益关系，使招标代理从工程咨询、监理、设计等业务中脱离出来，成为一项独立的专业化中介服务。

随着《招标投标法》《中华人民共和国政府采购法》《中华人民共和国合同法》（该法自 2021 年 1 月 1 日起已由《民法典》废止）等国家层面有关招投标法律的相继颁布，国务院也公布了《中华人民共和国招标投标法实施条例》《中华人民共和国政府采购法实施条例》，财政部等有关部门陆续出台《政府采购非招标采购方式管理办法》《政府采购进口产品管理办法》《招标公告发布暂行办法》《政府采购评审专家管理办法》《政府采购货物和服务招标投标管理办法》《政府采购促进中小企业发展管理办法》等。各省市等地区在国家法律法规的基础上进一步细化，根据各地的实际情况颁布了适用于本地的地方性法规。

电子招投标是将交易中重要的交易信息发布、招标文件制作、投标文件制作、招标文件审批、项目开标、专家评标、行政部门监管等环节全程电子化。这种新模式在节能减排、提高效率、有效遏制围标串标等不正当行为方面有巨大优势。自 2000 年我国在政府采购领域开始试行电子化采购系统以来，全国许多省市已将房屋建筑及市政工程招投标活动付诸电子化招标实践，并积累了宝贵的运行经验。2013 年，国家发改委、工信部、住建部等八部委颁布实施《电子招标投标办法》，对电子化环境下的招投标规则进行了明确，进一步推动了电子招投标事业的发展。

2022 年，党的二十大报告指出：“我们以巨大的政治勇气全面深化改革，打响改革攻坚战，加强改革顶层设计，敢于突进深水区，敢于啃硬骨头，敢于涉险滩，敢于面对新矛盾新挑战，冲破思想观念束缚，突破利益固化藩篱，坚决破除各方面体制机制弊端，各领域基础性制度框架基本建立，许多领域实现历史性变革、系统性重塑、整体性重构，新一轮党和国家机构改革全面完成，中国特色社会主义制度更加成熟更加定型，国家治理体系和治理能力现代化水平明显提高。”我国招投标制度经过四十余年的发展完善，已实现上述三个时期的历史性变革，以党的二十大精神为统领，我国招投标制度必将在法治轨道上持续健康有序发展。

2.2　工程招投标程序

从总体上，可将招投标分为以下三个阶段。

（1）招标准备阶段：从办理招标申请开始到发出招标公告或投标邀请书为止的时间段。

（2）招标阶段：也是投标人的投标阶段，从发布招标公告之日起到投标截止之日为止的时间段。

（3）决标成交阶段：从开标之日起到与中标人签订承包合同为止的时间段。

下面分别介绍工程招标与工程投标的主要步骤。注意，招标与投标不是独立的过程，而是一个过程的两个方面。

2.2.1 工程招标的主要步骤

1. 编制招标文件和标底，制定评标、决标办法

招标人到综合招投标交易中心领取并填写《招标申请表》，并将项目审批、土地规划、资金证明、工程担保、施工图审核等前期手续报招投标管理办公室和行政主管部门核准或备案。

2. 发出招标公告或投标邀请书

根据招标方式，招标人或委托代理机构发布招标公告或发出投标邀请书，招标公告经招投标管理办公室和行政主管部门备案后，由综合招投标交易中心在指定媒介统一发布。

3. 审查投标人资格

招标人向合格的投标人分发招标文件及其必要的附件；招标人需要对潜在投标人进行资格预审的，应当在招标公告或者投标邀请书中载明预审条件、预审方法和获取预审文件的途径，由招标人在综合招投标交易中心组织资格预审。

4. 组织投标人赴现场踏勘并主持招标文件答疑会

招标人组织合格的投标人进行现场踏勘，并对投标人提出的与招标文件相关的问题进行说明。

5. 接受投标文件

招标人按约定的时间、地点、方式接受投标文件；提交《评标专家抽取申请表》和《合格投标人明细表》报招投标管理办公室和行政主管部门备案，并在其现场监督下，从省市或其他综合性评标专家库中随机抽取专家名单，组建评标委员会，负责相关招标项目的评标工作。

6. 开标

招标人主持开标会议并审查投标书及其保函；投标人在规定截标时间前递交投标文件并签到；招标人在行政主管部门的监督下按程序组织开标、评标。

7. 评标和决标

评标委员会应当按照招标文件确定的评标标准和方法，对投标书进行评审和比较；设有标底的，应当参考标底。评标委员会完成评标后，应当向招标人提出由评标委员会全体成员共同签字的书面评标报告，并推荐合格的中标候选人。

招标人根据评标委员会提出的书面评标报告和推荐的中标候选人确定中标人。招标人也可以授权评标委员会直接确定中标人。

依法必须进行招标的项目，招标人应当自收到评标报告之日起3日内公示中标候选人，公示期不得少于3日。投标人或者其他利害关系人对依法必须进行招标的项目的评标结果有异议的，应当在中标候选人公示期间提出。招标人应当自收到异议之日起3日内作出答复；作出答复前，应当暂停招投标活动。

8. 公布中标结果

招标人发出中标与落标通知书，并与中标人谈判，最终签订承包合同。公示期内没有异议或异议不成立的，招标人经相关行政主管部门和招投标管理办公室备案后向中标人发出中标通知书，同时通知未中标人，并在 30 日内按照招标文件和中标人的投标文件与中标人订立书面合同。

依法必须进行招标的项目，招标人应当自确定中标人之日起 15 日内，向有关行政主管部门提交招投标情况的书面报告。

2.2.2 工程投标的主要步骤

1. 投标前的准备工作

投标人进行投标前的准备，包括投标环境调查、物色代理人、寻求合作伙伴以及办理注册手续等。

2. 报名

投标人对照招标公告，认真准备报名资料，如果是资格预审，需要带全所要证书证件；如果是资格后审，则要按资格后审的要求办理。注意投标保证金和工本费等投标费用的缴纳要求。

3. 投标报价准备工作

投标人进行投标报价的准备，包括组织报价小组、研究招标文件、参加标前会议并进行现场踏勘等工作，具体工作如下。

（1）仔细阅读招标文件。投标人需明晰投标的时间节点、承包人的责任和报价范围、各项技术要求、需使用的特殊材料和设备，并充分考虑工期、误工赔偿、保险、付款条件、税收等因素。

（2）周全考虑施工现场的自然条件。对施工场地的地形地貌、地质、局部性气候等施工条件，临时设施的布局，供水、供电、场内外交通、通信设施，施工材料供应，以及社会治安等情况都要进行考察。

（3）仔细核算工程量，尽可能准确无误。工程量的大小直接影响报价的高低，对于总价合同，计算核对好工程量尤为重要。工程量的漏算或者错算将会产生严重的后果，其带来的经济损失或将难以弥补。所以，审核环节必不可少。

4. 投标报价

投标人进行投标报价，包括编制施工规划、计算标价、分析并调整标价、编制投标文件等，最后提交投标文件。在编制施工规划时，要在保证工期和工程质量的前提下，尽可能控制工程成本为最低、投标价格合理。同时精心编制工程预算，编制预算应结合本单位的施工管理、财务管理、成本核算等情况，总结已经完工工程的工料机消耗量以及各类费用的使用情况，一次预测所投工程的成本，也就是我们常说的"保本价"。分析费用和各组成部分，找出可降低的成本、增加盈利的措施，再对工程总价做出必要的调整，以报价的优势争取中标。

2.2.3 FIDIC 招投标程序流程图

FIDIC（Fédération Internationale Des Ingénieurs Conseils，国际咨询工程师联合会）于 1913 年由欧洲三国（比利时、法国和瑞士）独立的咨询工程师协会在比利时根特成立，是国际上最有权威的、被世界银行认可的咨询工程师组织。

一般国际工程的招投标从邀请投标人参加资格预审到授予合同可分为十二步，FIDIC 对这个过程编制了程序流程图，如图 2.1 所示。

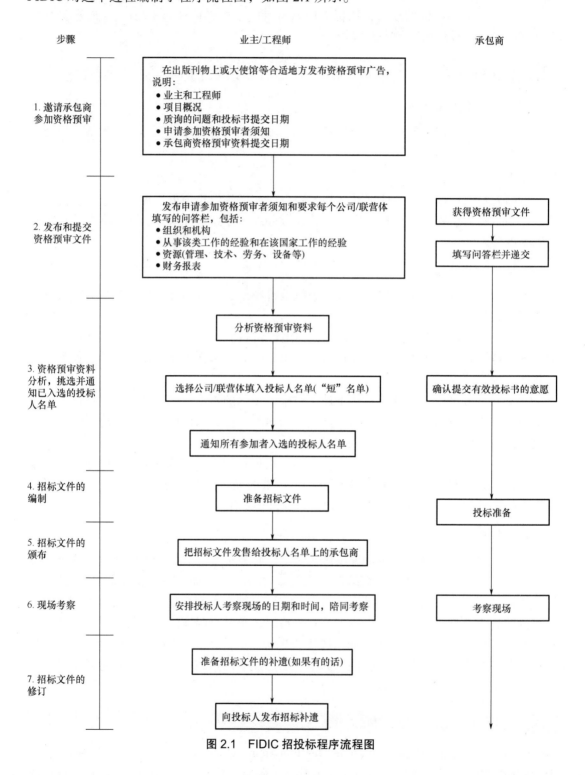

图 2.1　FIDIC 招投标程序流程图

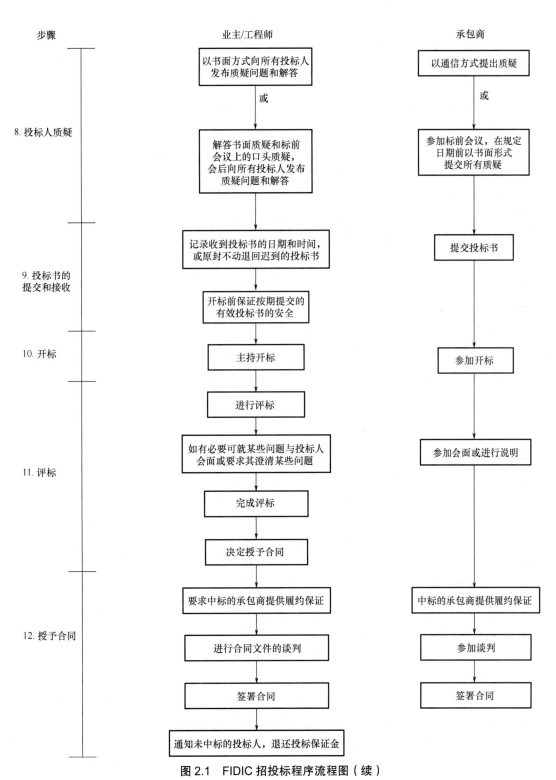

图 2.1　FIDIC 招投标程序流程图（续）

注：图中按照国际工程管理惯例将发包人称为业主，承包人称为承包商。

* 联营体

由于 FIDIC 推荐的招投标程序流程图中提到了联营体，在这里对其进行简要介绍。

在国内或在国际上，为了在激烈的投标竞争中取胜，一些公司往往相互联合组成一个临时性的或长期性的联合组织，以发挥各个公司的特长，增强竞争实力。这类联合组织的形式如下。

（1）合资公司：正式组织成一个新的法人单位，进行注册并进行长远的经营活动。

（2）联合集团（consortium）：各公司单独具有法人资格，但联合集团不一定以集体名义注册为一家公司，它们可以联合投标和承包一项或多项工程。

（3）联营体（joint venture，JV）：为了特定的项目组成的非永久性团体，对该项目进行投标、承包和施工。

在美国等国家，多采用联营体形式，共同施工的成分多一些；在欧洲，多采用联合集团形式，分担施工的成分多一些。

1. 联营体的优点

在工程投标，特别是大型、技术复杂的工程投标中，往往有很多联营体参加，这是因为联营体有以下优点。

（1）可增大融资能力。减轻每一家公司的资金负担，实现以较少资金参加大型建设项目的目的，其余资金可以再承包其他项目。

（2）分散风险。大型建设项目，特别是国际项目，其风险因素很多，如果由一家公司承担是很危险的，依靠联营体则可以分散风险。

（3）弥补技术力量的不足。同技术力量雄厚、经验丰富的公司联合成立联营体，各个公司的技术专长可以互相取长补短。

（4）报价可互相检查。投标报价可由各个合伙人单独制订、互查报价，也可由合伙人之间互相交流和检查后制订。

（5）确保项目按期完工。通过联营体合同（联营协议），联营体共同承担项目，提高按期完工的可靠性，同时对发包人来说也提高了项目合同、各项保证、融资贷款等的安全度和可靠性。

（6）提高发展中国家施工企业的水平。通过成立联营体，发展中国家的施工企业有资格参加大型国际项目，从而在合同管理、施工技术等方面提高水平，为以后独立承担国际项目打下基础。

2. 联营体注意事项

（1）由于联营体是几个公司临时合伙，有时在工作中难以迅速做出判断，如协作不好则会影响项目的实施，这就需要在制订联营体合同时明确职责、权利和义务，组成一个强有力的领导班子。

（2）联营体一般是在资格预审前即开始组织并制订内部合同与规程，如果投标成功，则贯彻在项目实施全过程；如果投标失败，则联营体立即解散。

（3）联营体本身不具备一个单独的法人资格，因而向发包人递送的投标书、合同等均要由全体合伙人签名。

3. 联营体的类型和特点

1）分担施工型联营体

分担施工型联营体是合伙人各自分担一部分作业，并按照各自的责任实施作业。分担方法可以按设计、设备采购和安装调试、土建施工分，也可以按工程项目或设备分，即把土建工程分为若干部分，由各家分别独立施工，设备也可根据情况分别采购、安装调试。分担施工型联营体的特点如下。

（1）一般采用各合伙人代表参加的联营体会议来决定重要事项，采用什么决定方式（如全体一致通过或多数通过等）要事先确定。

（2）项目合同的大的变更和修改要得到全体合伙人的同意；一般的变更和修改可由联营体特定的领导者（各合伙人共同商定）来处理。在项目合同中要明确规定这个特定的领导者具有代表全体合伙人的权限，以使发包人放心。

（3）从发包人处承包项目后，定下各自分担的部分，按照各自的责任，对分担的范围进行施工和结算。

（4）每一个合伙人对分担的施工范围，原则上和单独投标一样，要做出报价和提出条件，签订合同时确定价格；承包后，承担该施工范围内的贷款回收的风险。

（5）每个合伙人所分担的施工范围内的责任称为内部责任，包括以下三方面：一是按照项目合同完成所分担施工范围内的责任；二是由于某个合伙人的原因，给其他合伙人带来损害的责任；三是对发包人及第三者的损失赔偿责任。内部责任基本由各合伙人独立承担。

2）联合施工型联营体

联合施工型联营体是合伙人不分担作业，而是一同制订参加项目的内容及分担的权利、义务、利润和损失。因而合伙人关心的是整个项目的利润或损失和以此为基础的正确决算，即使有具体事项的分歧，但最终目的、权益还是共同的。联合施工型联营体的特点如下。

（1）也采用合伙人代表会议方式决定重要事项，由一位推举的领导者负责，但该类型联营体领导者的职责、权限更具有权威性。

（2）施工是作为一个整体来安排的，用联营体的经费、人员和器材来统一实施项目，分包合同和采购合同也以联营体名义签订。

（3）合伙人之间按所定的比例进行利润分配或损失分担，联营体所有的周转资金也由合伙人根据股份比例提供，这一点是各个合伙人最基本的，也是最重要的义务。

（4）联营体的工作人员可由各合伙人提供，但也可以直接从外部雇用。

（5）内部责任包括以下三方面：一是合伙人不及时提供周转资金时的责任；二是由合伙人派遣的人员引起对联营体造成损失的责任；三是由合伙人提供的器材不符合标准等引起的损失责任。如果某一合伙人反复发生这类责任事故，一般不马上除名而是停止其作为合伙人的权利。

2.3 资格预审

2.3.1 资格预审概述

1. 资格预审的概念

所谓资格预审是指招标人在发出投标邀请书或者发售招标文件前，按照事先确定的资格条件标准对申请参加投标的投标申请人进行审查，选择合格投标人的活动。资格预审也可以定义为投标前对获取资格预审文件并提交资格预审申请文件的潜在投标人进行资格审查的一种方式。

招标人根据工程的特点、规模、地理位置和时间要求，按照公开性原则，以文件形式明确资格条件标准、资格预审申请文件的格式和内容，投标申请人按招标人要求的格式和内容提供资料，招标人按照资格预审文件中公开的评审方法进行评审，按照择优选择的原则确定合格投标人名单。理论上讲，合格投标人名单中的任何一个投标人都应当具备能够按照合同要求完成招标项目的能力。

2. 资格预审的目的

资格预审的目的是编制一份具有适当的经验、资源、能力和愿意承建该工程的候选承包人的名单。

对于工程发包人 / 招标代理来说，事先通过资格预审，可以筛选出少数几家确有实力和经验的承包人参加第二轮竞争——投标。由于进行了资格预审，淘汰了一大批不合格的承包人，从而可以大大简化评标工作，工程发包人 / 招标代理对潜在的中标人也能够心中有数。

对于承包人来说，通过预审，至少可以减少一批投标竞争对手；同时，由于投标的开支和费用较大，如果第一轮竞争失败，未能获得投标资格，也可以避免花费一大笔投标费用去参加徒劳无获的投标竞争。

3. 资格预审的作用

（1）能够确保招投标活动的竞争效率。投标人实力和水平差距过大，将大大降低竞争的效率，只有当竞争是在具有同比竞争力的投标人之间进行时，才能最大限度地调动相互竞争的投标人的潜能。资格预审通过对投标人的资质、业绩、技术水平、财务状况、人员状况等的评审，能够发挥"过滤"作用，确保投标的竞争性。

（2）可以有效降低招投标的社会成本。过多的投标人参与投标，累计的招投标投入太大，而中标人只能有一个，未中标人的投标成本不可避免地会转嫁到他们今后投标并中标的工程中，必然会增大社会成本和其他投资人的负担。

（3）可以减少评标工作量，提高评标效率，从而提高招投标工作的效率，确保招投标目的的顺利实现。

资格预审的这些作用，在按照择优原则通过资格预审活动限制投标人数量时更为明显。

4.资格预审的意义

实行建设工程招投标制度是我国社会主义市场经济发展的一种竞争形式，也是市场经济发展的必然要求。市场经济就是按照价值规律，通过价格杠杆和竞争机制实现资源合理配置的经济运行形式。资格预审为招投标工作的开展把好重要的第一关。

招投标制度将建筑企业全面引入竞争机制，给予建筑企业压力和动力，促使建设工程按经济规律办事，促进建筑业结构优化，实现优胜劣汰。资格预审体现的择优原则，可帮助实现社会资源优化配置，从而促进社会生产力的发展。通过资格预审，招标人可以了解投标人的财务能力、技术状况及类似工程的施工经验，选择在财务、技术、施工经验等方面优秀的投标人参加投标，淘汰不合格或资质不符的投标人，还能排除将合同授予没有经过资格预审的投标人的风险，为招标人选择一个优秀的中标人打下良好的基础，从而使建设工程的工期、质量、造价各方面都获得良好的经济效益和社会效益。

5.资格预审的基础依据

资格预审是国际工程招投标的通常做法。

世界银行通常要求对于大型或复杂的工程，或在其他准备详细的投标文件成本很高不利于竞争的情况下，诸如专为用户设计的设备、工业成套设备、专业化服务，以及交钥匙合同、设计和施工合同或管理承包合同等，应对投标人进行资格预审。

亚洲开发银行对于多数土建工程合同、交钥匙合同，以及制造昂贵的、技术上复杂的项目合同，要求对投标人进行资格预审，以确保只有在技术上和资金上有能力的公司应邀投标。

FIDIC 也将资格预审活动列为其所推荐的招投标程序的一个主要环节，并给出了承包人资格预审文件的示范文本（*Standard Prequalification Forms for Contractors*）。

在国外一些国家，资格预审主要有两种途径。一种是经常投资工程建设的发包人一般都有一份合格承包人名单（*A Standing List of Approved Contractors*），在招标发包时，招标人根据工程的特点和要求从合格承包人名单中选择投标人，而合格承包人名单中的承包人都已经通过了此前各类工程的资格预审。招标人的一项重要工作就是监控并定期更新合格承包人名单，剔除履约表现不好的公司，吸纳质量水平和技术能力合格、具有承担工程施工所需的财务能力和财务稳定性的新公司。另一种是为具体工程确定一个一次性的合格投标人名单（*One-off Project Lists*），该名单中的投标人通常从一定范围内的承包人中选择而来，以发布公告的形式邀请名单中的投标人递送投标申请，进行资格预审。

我国现行法律法规对资格预审作出了明确规定。

法律依据：

《中华人民共和国招标投标法实施条例》第十五条　招标人采用资格预审办法对潜在投标人进行资格审查的，应当发布资格预审公告、编制资格预审文件。编制依法必须进行招标的项目的资格预审文件和招标文件，应当使用国务院发展改革部门会同有关行政监督部门制定的标准文本。

《中华人民共和国招标投标法实施条例》第十六条　招标人应当按照资格预审公告、招标公告或者投标邀请书规定的时间、地点发售资格预审文件或者招标文件。资格预审文件或者招标文件的发售期不得少于 5 日。招标人发售资格预审文件、招标文件收取的费用应当限于补偿印刷、邮寄的成本支出，不得以营利为目的。

《中华人民共和国招标投标法实施条例》第十七条　招标人应当合理确定提交资格预审申请文件的时间。依法必须进行招标的项目提交资格预审申请文件的时间，自资格预审文件停止发售之日起不得少于 5 日。

《中华人民共和国招标投标法实施条例》第十八条　资格预审应当按照资格预审文件载明的标准和方法进行。国有资金占控股或者主导地位的依法必须进行招标的项目，招标人应当组建资格审查委员会审查资格预审申请文件。

《中华人民共和国招标投标法实施条例》第二十一条　招标人可以对已发出的资格预审文件或者招标文件进行必要的澄清或者修改。澄清或者修改的内容可能影响资格预审申请文件或者投标文件编制的，招标人应当在提交资格预审申请文件截止时间至少 3 日前，或者投标截止时间至少 15 日前，以书面形式通知所有获取资格预审文件或者招标文件的潜在投标人；不足 3 日或者 15 日的，招标人应当顺延提交资格预审申请文件或者投标文件的截止时间。

《中华人民共和国招标投标法实施条例》第二十二条　潜在投标人或者其他利害关系人对资格预审文件有异议的，应当在提交资格预审申请文件截止时间 2 日前提出。

《中华人民共和国招标投标法实施条例》第二十三条　招标人编制的资格预审文件、招标文件的内容违反法律、行政法规的强制性规定，违反公开、公平、公正和诚实信用原则，影响资格预审结果或者潜在投标人投标的，依法必须进行招标的项目的招标人应当在修改资格预审文件或者招标文件后重新招标。

《中华人民共和国政府采购法实施条例》第二十一条　采购人或者采购代理机构对供应商进行资格预审的，资格预审公告应当在省级以上人民政府财政部门指定的媒体上发布。已进行资格预审的，评审阶段可以不再对供应商资格进行审查。资格预审合格的供应商在评审阶段资格发生变化的，应当通知采购人和采购代理机构。资格预审公告应当包括采购人和采购项目名称、采购需求、对供应商的资格要求以及供应商提交资格预审申请文件的时间和地点。提交资格预审申请文件的时间自公告发布之日起不得少于 5 个工作日。

6. 资格预审的程序

1）编制资格预审文件

资格预审文件的编制者一般是招标人或设计、咨询公司。资格预审文件通常是一系列表格，尽管不同的项目资格预审文件内容可能有所不同，但一般应包括工程项目总体描述、简要合同规定、资格预审文件说明、要求填写的各种报表和工程主要图纸这几部分。

2）刊登资格预审公告

资格预审公告应刊登在国内外有影响力的、发行面比较大的报纸或刊物上。资格预审公告应涵盖以下内容。

（1）工程项目名称。

（2）资金来源。

（3）工程规模（工程量）。

（4）工程分包情况。

（5）投标人的合格条件。

（6）购买资格预审文件的日期、地点、价格。

（7）递交资格预审文件的日期、地点、期限。

3）出售资格预审文件

在指定的时间、地点开始出售资格预审文件。售价不能太高，以免影响投标人的积极性，以补偿印刷、邮寄的成本支出为准。资格预审文件的发售时间为从开始发售时起至截止接受资格预审申请时为止。

4）对资格预审文件的答疑

在潜在投标人编制资格预审申请文件的过程中，招标人（包括招标代理）应负责回答潜在投标人对于资格预审文件的疑问，一般包括：潜在投标人的疑问，对文件的理解困难；招标人在编写文件中的错误。

答疑应采取书面形式：电传、电报、传真、信件等，符合资格预审文件中的相关要求即可。

这里需要注意，对任何潜在投标人的任何问题的答复，招标人都要发送给所有潜在投标人，即所有购买了资格预审文件的公司。

5）报送资格预审申请文件

潜在投标人应在规定的提交资格预审申请文件的截止时间之前报送资格预审申请文件。在截止时间之后，招标人不接受任何迟到的资格预审申请文件，潜在投标人不能对已报的资格预审申请文件进行修改。

6）澄清资格预审申请文件

招标人在接受潜在投标人报送的资格预审申请文件后，可以要求潜在投标人澄清资格预审申请文件中的各种疑点，潜在投标人应按实际情况回答，但不允许潜在投标人修改资格预审申请文件的实质性内容。

7）评审资格预审申请文件

由招标人负责组织评审委员会，对资格预审申请文件进行完整性、有效性及正确性的资格预审。

8）向潜在投标人通知评审结果

招标人以书面形式向所有参加资格预审者通知评审结果，在规定的日期、地点向通过资格预审的潜在投标人出售招标文件。

2.3.2 资格预审文件的内容

资格预审文件一般包括工程项目总体描述、简要合同规定、资格预审文件说明、要求填写的各种报表和工程主要图纸等主要内容。

1. 工程项目总体描述

工程项目总体描述使潜在投标人能够理解本工程项目的基本情况，做出是否参加资格预审和投标的决策，一般包括以下内容。

（1）工程内容介绍：工程性质、工程数量、质量要求、开工时间、工程进度要求、竣工时间。

（2）资金来源：政府投资、私人投资、国际金融组织贷款。资金落实程度要写清楚，是已经得到资金还是正在申请资金。

（3）当地自然条件：当地气候、降雨量（年平均降雨量、最大降雨量、最小降雨量）发生的月份、气温、风力、冰冻期、水文地质方面的情况。

（4）工程合同的类型：是单价合同还是总价合同，或是交钥匙合同，是否允许分包工程。

2. 简要合同规定

简要合同规定对潜在投标人提出具体要求和限制条件，如对当地材料和劳务的要求等。

（1）投标人的合格条件。根据国别、资质确定。利用国际金融组织贷款的工程项目，投标人的资格必须满足该组织的要求。利用世界银行或亚洲开发银行贷款的工程，投标人必须来自世界银行或者亚洲开发银行的会员国。

（2）当地材料和劳务。规定潜在投标人应详细调查和了解工程项目所在地材料和劳务的价格、比例等情况。

（3）投标保证金和履约保证金。规定潜在投标人提交投标保证金和履约保证金的币种、数量、投保形式、种类。

（4）联营体的资格预审。联营体的资格预审应遵循下述条件。

① 资格预审的申请可以由各公司单独提交，或两个或多个公司作为合伙人联合提交，但应符合下述③款的要求。两个或多个公司联合提交的资格预审申请，如不符合对联营体的有关要求，其申请将被拒绝。

② 任何公司可以单独申请，同时又以联营体的一个合伙人的名义申请资格预审，但不允许任何公司以本公司或合伙人的名义重复投标，任何投标违背这一原则将予拒绝。

③ 联营体所递交的申请必须满足下述要求。

a. 联营体的每一方必须递交自身资格预审申请的完整文件。

b. 资格预审申请中必须确认：资格预审后，申请人如果投标，其投标书（如果中标）及其签订的合同应在法律上对全部合伙人有连带的和分别的约束；联营体的联营协议要同投标书一同提交，协议中应申明联营体各方对合同的所有方面所承担的连带的和各自的义务。

c. 资格预审申请中必须包括有关联营体各方所拟承担的工程及其义务的说明。

d. 资格预审申请中要指定一个合伙人为负责方，由他代表联营体与招标人联系。

（5）仲裁条款。在资格预审文件中应写明在招标人与潜在投标人之间出现争执或分歧时，应通过哪一个仲裁机构进行仲裁调解。

3. 资格预审文件说明

（1）准备申请资格预审的潜在投标人必须回答资格预审文件所附全部提问，并按其提供的格式填写。

（2）招标人根据资格预审文件判断潜在投标人的资格能力，包括财务、人员、设备、施工经验四个方面。

（3）资格预审的评价前提和标准。

① 前提：对所提供资料和说明负责。

②标准：如采用评分法，即每项评价内容均达到最低合格分数线，累计分数不少于60分。

4.要求填写的各种报表

1）资格预审申请书

资格预审申请书示例如下。

资格预审申请书

（申请人或联营体主办人的抬头信纸，包括邮政地址的全称、电话、传真、电传和电报地址）

日期：

致：×××招标公司

（招标公司地址）

先生/女士，

1.经授权作为代表，并以（申请人的名称）（以下简称"申请人"）的名义，同时基于对资格预审资料做了检查和充分的理解，下述签字人在此以×××项目下列合同的投标人身份，向你方提出资格预审申请：

合同号	合同名称
1	
...	
n	

注：申请人应注明其所希望申请资格预审的合同组合。

2.本函后附有以下内容的正本文件的复印件（参加资格预审申请且业已存在的联营体及其各成员应共同和分别单独提供以下相关资料，其主办人须明确，联营体成员应在申请书上签字）：

（1）申请人的法人地位；

（2）业务总部所在地；

（3）总公司所在地（适用于申请人是集团公司的情形），或所有者的注册地和国籍（适用于申请人是合伙或独资公司的情形）。

3.我方授权你方代理及其授权代表调查、审核我们递交的与此申请相关的报告、文件和资料，并通过我们的银行和客户澄清申请文件中有关财务和技术方面的问题，该申请书还将授权给提供与申请有关的资料的任何个人或机构及其授权代表，按你方代理的要求，提供必要的相关资料以核实本申请中提交的或与申请人的资金来源、经验和能力有关的报告和资料。

4.你方代理及其授权代表可通过下列人员得到进一步的资料（联营体申请人应分别单独提供以下相关资料）：

一般质询和管理方面的质询	
联系人 1：	电话：
联系人 2：	电话：

有关人员方面的质询	
联系人 1：	电话：
联系人 2：	电话：

有关技术方面的质询	
联系人 1：	电话：
联系人 2：	电话：

有关财务方面的质询	
联系人 1：	电话：
联系人 2：	电话：

5. 本申请书充分理解下列情况。

（1）资格预审合格申请人的投标，必须以投标时提供所有资格预审材料的更新为前提。

（2）你方代理保留如下的权力：更改本项目合同标的规模和金额，在这种情况下，投标仅面向资格预审合格且能满足变更后要求的投标人；废除或接受任何申请，取消资格预审和废除全部申请。

（3）你方代理将不对其上述行为承担责任，亦无义务向申请人解释其原因。

6. 申请书签字人确认，本申请人满足国内优惠的资格要求，并请求据此进行评审。

注：在评标中无权得到国内优惠的申请人应删除第 6 条，并将后续段落重新编号。

7. 随此申请，我们提供联营体或组织各方的详细情况，包括本金投入和盈利／亏损协议。我们还将说明各方在每个合同价中以百分比形式表示的财务方面以及合同执行方面的责任。

8. 我们确认如果我方投标，则我方的投标书与之相应的合同将：

（1）得到签署，从而使联营体各方共同地和分别地受到法律约束；

（2）随同一份联营协议同时递交；该协议将规定，如果我方被授予合同，联营体各方应承担的共同的和分别的责任。

注：非联营体的申请人应删除第 7、8 条，并将后续段落重新编号。

9. 下述签字人在此声明，申请书中所提交的报告和资料在各方面都是完整的、真实的和准确的。

签名：	签名：
姓名：	姓名：
兹代表（申请人或联营体主办人）	兹代表（联营体成员 1）

注：申请人或联营体各方均应签字并加盖公章。

2）管理人员表

应介绍投标人的总部主要领导成员和技术负责人的姓名、年龄、文化程度和经验简历，介绍该公司各类技术人员的数量及劳动素质。有的招标项目还要求投标人填报拟在本项目中负责的总部主管人员和现场主要人员的姓名、年龄、文化程度和经验简历。

3）施工机具设备表

填报公司拥有的各类施工机具、设备和运输车辆的名称、规格（能力）和数量，有时要求注明已使用年限和目前存放地点，以及用于本招标项目的可能性。有些需要特殊或大型施工机具的工程，可能要投标人填报取得这些施工机具的方法，如自有、新购和租赁，且应就每一项施工机具出具所有权或租赁协议。

4）财务状况报表

应说明近3年来公司经营财务情况，附有近3年经过审计的资产负债表、利润表等，重点说明年营业额、总资产、流动资产、总负债和流动负债，并填报与公司有较多金融往来的银行名称、地址，最好取得这些银行的资信证明信件，有的还需要写明可能取得信贷资金的银行名称。为了衡量公司当前的资金应用和近期内的收益，还需填报在建工程项目的合同金额，已完成和尚未完成部分合同金额的百分比。

5）最近若干年完成工程的合同表（施工经验记录）

列表说明近若干年（如5年或10年）内完成各类工程（包括类似工程合同经验、类似现场条件合同经验）的名称、性质、规模、价格（该项目的总价及本承包人承担部分的价格）、施工起讫日期、发包人名称和国别等。对于与本招标项目类似的工程施工经验可以单独专门列出其发包人对工程施工的评价，以引起资格预审评审人员的重视。

6）联营体意向声明

联营体意向声明或表示为联营体组成单位情况表，参见表2-1。

表 2-1　联营体组成单位情况表

申报项目名称：　　　　　　　　　　　　　　　　　　　　　项目总投资：万元

序号	单位名称	工作任务（150字以内）	出资比例	收益比例
1				
2				

说明：1. 单位名称请按在联营体中的地位和作用依次填写。

　　　2. 工作任务是指本单位在攻关项目中主要充当的角色和主要工作任务。

　　　3. 出资比例是指本单位根据申报项目的总投资额而出具资金所占的比例。

联营体单位盖章处：

（经协商一致，特组成联营体申报该项目）

7）其他资料表

如银行信用证明、公司的质量保证体系、争端诉讼案件和情况等。

8）宣誓表

即对填写情况真实性的确认。

5. 工程主要图纸

现阶段可以提供的主要图纸，如工程总体布置图、主要建筑物剖面图等。

2.3.3 资格预审申请文件的填报

投标人要明确填报好资格预审申请文件的意义重大，这是决定能否购买招标文件、获得投标权的第一步，因此一定要严肃、认真、全面、细致，注意平时对原始资料的准备，包括财务方面、人员方面、设备方面、施工经验方面等资料的积累。

1. 填报前的准备工作

1）财务方面

公司近几年的财务状况，主要是一些原始数据、债权及债务、现有流动资金，对于投标的项目，流动资金是否够用，是否需要在银行开一个贷款保函，即一旦中标，可用银行贷款作为流动资金，用于中标项目。

2）人员方面

公司主要人员的姓名、年龄、学历、工作经验、职务、职称等情况，特别是主要人员的施工经验，要写出参与过的项目名称、项目的特点及性质、合同价值和项目总造价、项目所在地、项目工期、在项目中担任的职务及所负的责任、是否有专门的职责。如果本公司中标，要详细填写派往施工的每一个人员拟任何职。

3）设备方面

准备好公司施工设备清单，清单中应写明设备名称、数量、类别、厂家、型号、能力、目前状态、使用年限、目前在何处。此外，还应说明如果中标，是否准备购置新的设备，说明新设备的名称、数量、类别、厂家、型号、能力、大约价格、原产地；是否准备租赁设备，说明租赁原因。

4）施工经验方面

要详细准备公司近5～10年来所完成工程的项目名称、项目地点、所承担的工程、工程中所任角色是总承包人还是分包人、是联营体负责人还是联营体合伙人、承担的合同价值及资金来源、开工日期、合同中原规定的完工日期、实际完工日期、延期完工原因、发包人名称及地址，以及公司高级职员及专门工作人员在此项目中的职务、作用及责任。

2. 填报方法及注意事项

（1）在填报过程中，对于资格预审文件中要求的每一个细节必须重视，表格中的所有问题都必须回答，如果有必要，可以增加附页详细回答。同时更应注意招标人的一些特别要求，除要求投标人签署誓言，保证填写的真实性外，有些招标人还要求提供其他的证明资料。

（2）除按招标人的要求填报资料外，投标人应当根据该项工程的特点，分析招标人对投标人资格评审的重点，对可能占评分比例较高的重点内容应有针对性地多报资料，并在报送资料的致函中用恰当的词句强调本公司的优势。

（3）另外应附上各种展示投标人实力和业绩的图片表册，最好附上这些工程的发包人签发的竣工合格证书及各种荣誉、获奖的证书。

（4）填报时要本着实事求是的原则，既不要夸大本公司各方面的实力，因为夸大就意味着不真实，也不要缩小本公司的实力，这会影响本公司的竞争力。

（5）注意所有送审的文件内容应简洁准确，装帧美观大方，使招标人看到投标人是讲求质量和认真负责的。

2.3.4 资格预审申请文件的评审

1. 评审委员会的组成

评审委员会的技术服务素质的高低，是否参加过评审工作，直接影响到评审结果。为了保证评审工作的科学性和公正性，评审委员会必须由各方面的专家组成，具有权威性。

评审委员会一般由招标人代表和有关技术、经济等方面的专家，以及有关主管部门、资金提供部门、设计咨询部门等人员组成，成员人数为 5 人以上单数，其中技术、经济方面的专家不得少于成员总数的 2/3。与潜在投标人有利害关系的人员不得进入该评审委员会。评审委员会名单在评审结果未确定之前应当保密。

2. 评审内容

资格预审的目的是检查、衡量潜在投标人是否有能力执行合同。评审内容主要包括潜在投标人的财务能力、技术能力和施工经验。

1）财务能力方面

评价潜在投标人能否有足够的资金承担本工程，其必须有一定数量的流动资金。可以从以下几个方面评价。

（1）贴现率。贴现率是指流动资产和流动负债的比率。如果贴现率太小，表明潜在投标人无力偿还到期欠款；如果贴现率太大，说明潜在投标人现金管理不善，资金呆滞。也可以用速动资金作为分子来计算贴现率，以便较准确地测算出潜在投标人的贴现率。速动资金包括现金、银行存款、上市股票和其他应收款等，但已经成为"死账"的应收款除外。速动资金的贴现率大于 1 即可，如果是延期付款项目，则要求大于 2。

（2）盈利率。盈利率是指收益率与资金年周转率的比率，用于评价潜在投标人的获利能力。公司的盈利率一般是税前利润率，因此即使大于 25%，也不算高；如果是税后的盈利率，则不宜超过 10%，因为目前国际承包工程的净利润率一般不超过 10%。

（3）资产收益率。资产收益率是指税前利润与净流动资产的比率。此比率越大越好，说明潜在投标人使用流动资金恰当，财务管理水平较高。较好的资产收益率一般可达到 5%～10%。

（4）营运资本收益率。营运资本收益率是指税前利润与投入资本之比。此比率越大，表明潜在投标人用少量资金投入就可获得较大的利润，也说明公司有能力加快资金的周转。总的来说，公司的营运资本收益率相当于资产收益率的 50% 较好。

（5）信贷额度。信贷额度是考核潜在投标人获得银行贷款能力的重要指标。银行一般不会给信誉不好的公司贷款，因此，如果潜在投标人能够得到全球一流银行的信贷额度的证明，那么说明潜在投标人的融资能力很强，是公司财务能力强的一种表现。潜在投标人负债经营并不一定是坏事，如果公司的借贷负债是用合同收入来偿还的，反而说明这个公司的经营状况良好。

2）技术能力方面

评价潜在投标人所具有的工程技术人员和管理人员的数量、工作经验和能力是否满足本工程的要求，特别是派往本工程的项目经理的资历能否满足要求；潜在投标人所拥有的施工设备能否满足工程的要求。此外，潜在投标人须具有守合同、重信誉的良好记录，才能通过招标人的资格预审。可以从以下几个方面评价。

（1）关键人员。招标项目的管理人员是决定项目是否能够顺利实施的重要因素之一。招标人不仅要审查潜在投标人在资格预审中呈报的总部高级管理人员及部门经理等的姓名、年龄、学历和工作经验等情况，更要重点审查潜在投标人拟在项目中担任项目经理、总工程师等管理人员的详细履历，分析潜在投标人施工管理和各类专业技术人员的数量和搭配情况。

（2）现场管理。审查和分析潜在投标人的组织管理结构图，以及与总部的关系和总部的授权范围。现场管理人员的文化程度、工作经验，现场组织管理机构设置及授权范围都可以反映潜在投标人的现场管理水平。

（3）机具设备。潜在投标人自有设备和用于本工程的大型设备、专用设备以及品质是招标人考核潜在投标人技术能力方面的重要内容。

（4）分包工程。有些招标项目并不是单一工程，而是专业门类复杂的综合性工程，因此招标人要求潜在投标人填写承包人拟定分包或转包的计划，并介绍分包人的名称、性质、国别和联系方式等。大量分包将会增加潜在投标人的管理难度，招标人将分析考核潜在投标人承担招标项目工程中的份额和分包或转包的比例。

3）施工经验方面

潜在投标人是否有与招标项目性质和规模类似的施工经验是资格预审的一项重要考核内容。此外，潜在投标人是否有在与招标项目类似气候和地质下施工的经验也是考核潜在投标人能否承担招标项目的一个重要方面。一般要求潜在投标人列表说明近 5 年或近 10 年内完成各类工程的名称、种类、价格、合同额、发包人名称、发包人国别和施工起讫日期等。发包人签发的竣工合格证书和评价是考核潜在投标人施工经验的重要参考资料。

3. 评审方法

招标人首先对接收的资格预审申请文件进行整理，检查资格预审申请文件的完整性，看潜在投标人是否对资格预审文件做出了实质性的响应，即是否满足资格预审文件的要求，只有具备了对资格预审文件做出实质性响应的潜在投标人才能参加评审。

一般情况下，资格预审都采用评分法，按评分标准逐项进行。评审时，先淘汰资料不完整的潜在投标人，再对满足填报资格预审申请文件要求的潜在投标人逐项打分评审。每项评价内容均须达到最低合格分数线。最低合格分数线的选定要根据参加资格预审的潜在投标人的数量来决定。如潜在投标人的数量比较多，则可适当提高最低合格分数线。

目前比较普遍采用的方法有定项评分法，即用较为简单的百分制打分。这种方法把对潜在投标人的各项资格评价转换为数字概念，使评价要素具有可比性，也使得主观判断的程度和影响降到最低点。如可将影响投标的因素分为三组，即财务能力、技术能力和施工经验，然后根据项目的特点和各种因素对项目的影响程度来分配打分比例。资格预审分数的定项分配应当由项目的性质和特点来确定，可以按 3∶3∶4 分配，也可以按 4∶3∶3 分配，或其他分配方式，举例如下。

	满分	最低分
1 财务能力	30	17
2 技术能力	30	18
3 施工经验	40	25
总　计	100	60

为了更加准确地审查潜在投标人的投标资格，招标人可以将评价要素进一步细化，对潜在投标人的财务能力、技术能力和施工经验三个方面再次定项打分，如对技术能力进一步细分，举例如下。

```
2 技术能力
  （1）关键人员
       a  人员分配
            不充分              0
            充分                2
       b  专业技术组合情况
            不满意              0
            满意                2
       c  能力
            不能接受            0
            差                  2
            一般                4
            高                  6
       可能最高分          2+2+6=10
  （2）现场管理
       a  机构
            不满意              0
            满意                1
            非常满意            2
       b  能力
            不满意              0
            满意                1
            非常满意            2
       c  授权范围
            不满意              0
            满意                1
            非常满意            2
       可能最高分          2+2+2=6
  （3）机具设备
       a  现有主要设备
```

不适用	1	
适用	4	
b　主要设备来源		
无自有设备	0	
50% 自有	1	
51%～75% 自有	2	
75% 以上自有	3	
c　主要设备平均使用年限		
>10 年	0	
5～10 年	1	
<5 年	2	
d　运输车辆平均使用年限		
>3 年	0	
≤3 年	1	
可能最高分	4+3+2+1=10	
（4）分包工程		
a　分包人数量		
>4	0	
0～4	1	
b　工程划分情况		
对工程主要部分分包	0	
无分包或只对特殊工作分包	3	
可能最高分	1+3=4	

4．评审报告

评审委员会对评审结果写出书面报告，评审报告的主要内容如下。

（1）工程项目概要。

（2）资格预审简介。

（3）资格预审评审标准。

（4）资格预审评审程序。

（5）资格预审评审结果。

（6）资格预审评审委员会名单及附件。

（7）资格预审评分汇总表。

（8）资格预审分项评分表。

（9）资格预审详细评审标准等。

2.3.5　资格后审

对一些开工要求比较早、工程不算复杂的工程项目，为了早日开工，可不预先进行资格预审，而进行资格后审。

法律依据：

《工程建设项目施工招标投标办法》（九部委第 23 号令）第十七条　资格审查分为资格预审和资格后审。资格预审，是指在投标前对潜在投标人进行的资格审查。资格后审，是指在开标后对投标人进行的资格审查。进行资格预审的，一般不再进行资格后审，但招标文件另有规定的除外。

资格后审是相对于资格预审而言的，是将原先招标人在开标前对投标人的投标资格审核步骤后移至开标后进行。资格后审也叫细审，主要是对投标人能否胜任、机构是否健全、有无良好信誉、有无类似工程经验、人员是否合格、机具设备是否适用、资金是否足够周转等方面做实质性的审核，以保证将来招标人与中标人签订的合同的履行。

资格后审的审查主体是评标委员会。未进行资格预审的招标项目需要对投标人进行资格审查的，应当在开标后由评标委员会根据招标文件规定的标准和方法进行资格后审。

1. 资格后审的特点

资格后审的优点如下。

（1）简化招标流程，缩短招标周期。在资格后审方式下，招标人对投标人的资格审查环节后移，不再单独设置开标前的资格评审，去除了此前资格预审方式下的复杂环节内容。投标人无须提前编制资格预审申请文件，招标人也避免"一标两招"，直接节省了下一个完整的开评标及结果公示周期。

（2）避免信息泄露，遏制围串标。资格后审在招标流程中隐去投标人的相关信息，减少了开标前的人员信息接触，有效避免了招标信息泄露。同时可实现全流程线上化操作、全过程数据留痕、信息可追溯查询，也进一步避免了信息泄露、围串标、人为操纵等风险问题，有利于加强市场监管，规范市场秩序。

资格后审的缺点是资审文件的评审工作可能会受到投标人标价的影响。

2. 资格后审招标公告

实行资格后审，需在招标文件中加入资格审查的内容，投标人在报送投标书的同时报送审查资料，开标后进行审查。资格后审招标公告范本如下。

招标公告

招标工程项目编号：（项目编号）

1.（招标人名称）的（招标工程项目名称），已由（项目批准机关名称）批准建设。现决定对该项目的工程施工进行公开招标，选定承包人。

2. 本次招标工程项目的概况如下：

2.1（说明招标工程项目的性质、规模、结构类型、招标范围、标段及资金来源和落实情况等）。

2.2 工程建设地点为（工程建设地点）。

2.3 计划开工日期为（开工年）年（开工月）月（开工日）日，计划竣工日期为（竣工年）年（竣工月）月（竣工日）日，工期（工期）日历天。

2.4 工程质量要求符合（工程质量标准）标准。

3.凡具备承担招标工程项目的能力并具备规定的资质条件的施工企业，均可参加上述（一个或多个）招标工程项目（标段）的投标。

4.投标申请人须是具备建设行政主管部门核发的（行业类别）（资质类别）（资质等级）及以上资质，以及安全生产许可证（副本）原件及复印件的法人或其他组织。自愿组成联营体的各方均应具备承担招标工程项目的相应资质条件；相同专业的施工企业组成的联营体，按照资质等级低的施工企业的业务许可范围承揽工程。

5.投标单位拟派出的项目经理须是具备建设行政主管部门核发的（行业类别）（资质类别）（资质等级）及以上资质，拟派出的项目管理人员应无在建工程，否则按废标处理。

6.拒绝列入政府不良行为记录期间的企业或个人投标。

7.本工程对投标申请人的资格审查采用资格后审方式，主要资格审查标准和内容详见招标文件中的资格审查文件，只有资格审查合格的投标申请人才有可能被授予合同。

8.投标申请人可从（获取招标文件地址）处获取招标文件、资格审查文件和相关资料，报名时投标申请人须持单位介绍信、身份证原件及复印件购买招标文件。时间为（获取开始年）年（获取开始月）月（获取开始日）日至（获取结束年）年（获取结束月）月（获取结束日）日，每天上午（获取上午开始时）时（获取上午开始分）分至（获取上午结束时）时（获取上午结束分）分，下午（获取下午开始时）时（获取下午开始分）分至（获取下午结束时）时（获取下午结束分）分（公休日、节假日除外）。

9.招标文件每套售价为人民币＿＿＿元，售后不退。投标申请人需交纳图纸押金人民币＿＿＿元，当投标申请人退还全部图纸时，该押金将同时退还给投标申请人（不计利息）。本公告第8条所述的资料如需邮寄，可以书面形式通知招标人，并另加邮费每套＿＿＿元。招标人在收到邮购款后＿＿＿日内，以快递方式向投标申请人寄送上述资料。

10.投标申请人在提交投标文件时，应按照有关规定提供不超过投标总价2%的投标保证金或投标保函。

11.投标文件提交的截止时间为（投标文件提交截止年）年（投标文件提交截止月）月（投标文件提交截止日）日（投标文件提交截止时）时（投标文件提交截止分）分，提交到（提交投标文件地址）。逾期送达的投标文件将被拒绝。

12.招标工程项目的开标将于上述投标截止的同一时间在（开标地点）公开进行，投标人的法定代表人或其委托代理人应准时参加。

13.有效投标人不足三家时，招标人另行组织招标。

14.当投标人的有效投标报价超出招标人设定的拦标价时，该投标报价视为无效报价。

招标人：
办公地址：
邮政编码：　　　　联系电话：
传　　真：　　　　联系人：

```
招标代理机构：
办公地址：
邮政编码：              联系电话：
传    真：              联系人：
购买招标文件联系电话：
购买招标文件联系人：
日期：____年____月____日
```

3. 资格后审与资格预审的区别

采用资格后审或资格预审各有其优劣势，二者的对比见表 2-2。

表 2-2　资格预审和资格后审对比

对比内容	资格预审	资格后审
开始时间	早	迟
对项目开工的影响	较小	较大
对投标人名声的影响	积极	消极
对竞争的影响	积极	可能消极
对招标人投入精力的要求	较高	较低
使用投标人资源的有效性	较高	较低
使用招标人资源的有效性	较高	不确定
避免法律诉讼	可以	不能

资格预审与资格后审的主要区别如下。

（1）审查开始时间：资格预审是在发布资格预审文件后的规定开标日进行审查；资格后审是在购买招标文件后的规定开标日进行审查。

（2）审查条件：公告报名单位在 15 家及以上时可以采用资格预审或资格后审；公告报名单位在 15 家以下时可以采用资格后审。

（3）审查人员：资格预审需由资格预审评审委员会或建设单位相关人员评审；资格后审需由抽取后的评审专家组评审。

（4）审查发布时间：资格预审是在公告结束后最少 10 天（日历天，包括 5 天的文件售卖时间以及 5 天准备申请文件的时间）进行预审开标的；资格后审是在公告结束后最少 20 天（日历天，包括 5 天的文件售卖时间以及 15 天准备投标文件的时间）进行开标的。

（5）适用范围：资格预审需要时间较长，一般适用于较大工程、投标人较多的项目；资格后审能够节约招标时间，简化招标流程，适用于较小工程、投标人较少的项目。

2.4 建设工程招投标相关规定

2.4.1 建设工程招标范围

1. 强制招标的范围

凡在中华人民共和国境内进行下列工程建设项目，包括项目的勘察、设计、施工、监理以及与工程建设有关的重要设备、材料等的采购，必须进行招标。

（1）大型基础设施、公用事业等关系社会公共利益、公共安全的项目。

（2）全部或者部分使用国有资金投资或者国家融资的项目。

（3）使用国际组织或者外国政府贷款、援助资金的项目。

法律依据：

《招标投标法》第四条　任何单位和个人不得将依法必须进行招标的项目化整为零或者以其他任何方式规避招标。

《招标投标法》第五条　招标投标活动应当遵循公开、公平、公正和诚实信用的原则。

《招标投标法》第六条　依法必须进行招标的项目，其招标投标活动不受地区或者部门的限制。任何单位和个人不得违法限制或者排斥本地区、本系统以外的法人或者其他组织参加投标，不得以任何方式非法干涉招标投标活动。

2. 应当采用邀请招标的工程范围

依法必须进行公开招标的项目，有下列情形之一的，可以邀请招标。

（1）项目技术复杂或有特殊要求，或者受自然环境限制，只有少量潜在投标人可供选择。

（2）涉及国家安全、国家秘密或者抢险救灾，适宜招标但不宜公开招标。

（3）采用公开招标方式的费用占项目合同金额的比例过大。

3. 可以不进行招标的工程范围

依法必须进行施工招标的工程建设项目有下列情形之一的，可以不进行施工招标。

（1）涉及国家安全、国家秘密、抢险救灾或者属于利用扶贫资金实行以工代赈需要使用农民工等特殊情况，不适宜进行招标。

（2）施工主要技术采用不可替代的专利或者专有技术。

（3）已通过招标方式选定的特许经营项目投资人依法能够自行建设。

（4）采购人依法能够自行建设。

（5）在建工程追加的附属小型工程或者主体加层工程，原中标人仍具备承包能力，并且其他人承担将影响施工或者功能配套要求。

（6）国家规定的其他情形。

4. 我国建设工程招标范围

我国建设工程招标范围的相关规定见表2-3。

表 2-3　我国建设工程招标范围

序号	项目类别	具体范围
1	关系社会公共利益、公众安全的基础设施项目	煤炭、石油、天然气、电力、新能源等能源项目； 铁路、公路、管道、水运、航空以及其他交通运输业等交通运输项目； 邮政、电信枢纽、通信、信息网络等邮电通信项目； 防洪、灌溉、排涝、引（供）水、滩涂治理、水土保持、水利枢纽等水利项目； 道路、桥梁、地铁和轻轨交通、污水排放及处理、垃圾处理、地下管道公共停车场等城市设施项目； 生态环境保护项目； 其他基础设施项目
2	关系社会公共利益、公众安全的公用事业项目	供水、供电、供气、供热等市政工程项目； 科技、教育、文化等项目； 体育、旅游等项目； 卫生、社会福利等项目； 商品住宅，包括经济适用房； 其他公用事业项目
3	使用国有资金投资项目	使用各级财政预算资金的项目； 使用纳入财政管理的各种政府性专项建设资金的项目； 使用国有企业事业单位自有资金，并且国有资产投资者实际拥有控制权的项目
4	国家融资项目	使用国家发行债券所筹资金的项目； 使用国家对外借款或者担保所筹资金的项目； 使用国家政策性贷款的项目； 国家授权投资主体融资的项目； 国家特许的融资项目
5	使用国际组织或者外国政府贷款、援助资金的项目	使用世界银行、亚洲开发银行等国际组织贷款的项目； 使用外国政府及其机构贷款的项目； 使用国际组织或者外国政府援助资金的项目

2.4.2　建设工程招标种类

1. 建设工程项目总承包招标

（1）交钥匙承包方式。交钥匙承包方式的中标人将工程基本建设、设备安装与调试运行合格后，把整个工程项目的管理使用权交给招标人。

（2）从项目建议书开始，包括可行性研究、勘察设计、设备材料询价与采购、工程施工、生产准备、投料试车，直到竣工投产、交付使用全面实行招标。

（3）工程总承包单位根据招标人提出的工程使用要求，对项目建议书、可行性研究、勘察设计、设备询价与选购、材料订货、工程施工、职工培训、试生产、竣工投产等全面投标报价。

2. 建设工程勘察招标

招标人就拟建工程的勘察任务发布公告，以法定方式吸引勘察单位参加竞争，经招标人审查获得投标资格的勘察单位按照招标文件的要求，在规定的时间内向招标人填报投标书，招标人从中选择条件优越者完成工程勘察任务。

3. 建设工程设计招标

招标人就拟建工程的设计任务发布公告，以法定方式吸引设计单位参加竞争，经招标人审查获得投标资格的设计单位按照招标文件的要求，在规定的时间内向招标人填报投标书，招标人从中择优确定中标人来完成工程设计任务。

4. 建设工程施工招标

招标人就拟建的工程发布公告或者邀请，以法定方式吸引建筑施工企业参加竞争，经招标人审查获得投标资格的建筑施工企业按照招标文件的要求，在规定的时间内向招标人填报投标书，招标人从中选择条件优越者完成工程建设任务。

5. 建设工程监理招标

招标人为了监理任务的完成，以法定方式吸引监理单位参加竞争，招标人从中选择条件优越者向其委托监理任务。

6. 建设工程材料设备招标

招标人就拟购买的材料设备发布公告或者邀请，以法定方式吸引建设工程材料设备供应商参加竞争，招标人从中选择条件优越者购买其材料设备。

2.4.3 建设工程招投标主体

1. 招标人

1）招标人概念

建设工程招标人是依法提出招标项目、进行招标的法人或者其他组织。它是建设工程项目的投资人（即发包人），包括各类企业单位、事业单位、机关、团体、合资企业、独资企业和外国企业及企业分支机构等。

2）招标人资质

（1）有进行项目招标的相应资金或者资金来源已经落实，并应当在招标文件中如实载明。

（2）具有编制招标文件和组织评标能力的，必须设立专门的招标组织办理招标事宜。但对于强制性招标项目，自行办理招标事宜的，应当向有关行政监督部门备案。

（3）有权自行选择招标代理机构，委托其办理招标事宜。

3）施工招标的招标人自行办理招标事宜应当具备的条件

（1）具有项目法人资格。

（2）具有与招标项目规模和复杂程度相适应的工程技术、财务和管理方面专业技术力量。

（3）有从事同类建设工程项目招标的经验。

（4）设有专门的招标机构或者拥有 3 名以上专职招标业务人员。

（5）熟悉和掌握《招标投标法》和有关法律法规。

4）招标人的权益和职责

（1）权益：自行组织招标或委托招标代理机构进行招标；自由选择招标代理机构并核验其机构证明；要求投标人提供有关资质情况的资料；确定评标委员会，并根据评标委员会推荐的候选人确定中标人。

（2）职责：不得侵犯投标人、中标人、评标委员会等的合法权益；委托招标代理机构进行招标时，应向其提供招标所需的有关资料和支付委托费；接受招投标行政监管机构的监督管理；与中标人订立并履行合同。

2. 投标人

1）投标人概念

建设工程投标人是建设工程招投标的另一主体，它是指响应招标并购买招标文件，参加投标的法人或者其他组织。投标人应当具备承担招标项目的能力，不是所有感兴趣的法人或者其他组织都可以参加投标。建设工程投标人主要包括勘察设计单位、建筑施工企业、建筑装饰装修企业、工程材料设备供应（采购）单位、工程总承包单位以及咨询、监理单位等。

2）投标人资质

投标人资质是指建设工程投标人参加投标所必须具备的条件和素质，包括资历、业绩、人员素质、管理水平、资金数量、技术力量、技术装备、社会信誉等几个方面。

对投标人资质的管理，主要是政府主管机构对投标人资质提出认定和划分标准，确定具体等级，发放相应证书，并对证书的使用进行监督检查。投标人必须获得相应等级的资质证书，并在其许可的范围内从事相应的工程建设活动。

3）投标人的条件

（1）必须有与招标文件要求相适应的人力、物力和财力。

（2）必须有符合招标文件要求的资质证书和相应的工作经验与业绩证明。

（3）符合法律法规规定的其他条件。

4）投标人的权益和职责

（1）权益：平等地获得招标信息；要求招标人或招标代理机构对招标文件的疑难之处进行解释；控告检举招标过程中的违法行为。

（2）职责：保证所提供的投标文件的真实性；按照招标人或招标代理机构的合理要求对投标文件进行答疑；提供投标担保；中标后与招标人订立合同，未经招标人同意不得转让合同或订立分包合同。

3. 建设工程招标代理机构

建设工程招标代理，是指建设工程招标人将建设工程招标事务委托给相应中介服务机构，由该中介服务机构在招标人委托授权的范围内，以委托的招标人的名义，向他人独立进行建设工程招标活动，由此产生的法律效果直接归属于委托的招标人的一种制度。

1）招标代理机构概念

建设工程招标代理机构是受招标人的委托，代为从事招标组织活动的社会中介组织。招标代理机构必须依法成立，从事招标代理业务并提供相关服务，实行独立核算、自负盈亏，具有法人资格，如工程招标公司。

2）招标代理机构条件

（1）有从事招标代理业务的营业场所和相应资金。

（2）有能够编制招标文件和组织评标的相应专业力量。

（3）有健全的组织机构和内部管理的规章制度。

3）招标代理机构的权益和职责

（1）权益：组织和参与招标活动，其行为对招标人或投标人产生效力；依据招标文件规定审定投标人的资质；依法收取招标代理费。

（2）职责：依据其等级从事相应的招标代理业务；维护招标人和投标人的合法权益；组织编制、解释招标文件或者投标文件；接受招投标行政监管机构的监督管理。

4. 招投标行政监管机构

建设工程招投标涉及国家利益、社会公共利益和公众安全，因此必须对其实行强有力的政府监管。我国实行由住房城乡建设部作为全国最高招投标管理机构，在住房城乡建设部的统一监管下，省、市、县三级建设行政主管部门分别监管所管辖行政区内建设工程招投标的分级属地管理制度，有利于提高招投标工作效率和质量。

1）招投标行政监管机构概念

招投标行政监管机构是指经政府或政府主管部门批准设立的隶属于同级建设行政主管部门的省、市、县建设工程招投标办公室。

2）监管工作程序

（1）办理建设工程项目报建登记。

（2）审查发放招标人资质证书、标底编制单位的资质证书。

（3）接受招标人申报的招标申请书，对招标项目应当具备的招标条件、招标人的招标资质、采用的招标方式进行审查认定。

（4）接受招标人申请的招标文件并对其进行审查认定。

（5）对投标人的投标资质进行复查。

（6）对标底进行审查，也可委托建设银行及其他有能力的单位审核后再审定。

（7）对评标、决标办法及全过程进行现场监督。

（8）核发中标通知书。

（9）调解招标人和投标人在招投标活动中或履行合同过程中发生的纠纷。

（10）查处建设工程招投标方面的违法行为，依法实施相应的行政处罚。

2.5　电子招投标

电子招投标是以数据电文形式完成的招投标活动。通俗地说，就是部分或者全部抛弃纸质文件，借助计算机和网络完成招投标活动。

为了规范电子招投标活动，促进电子招投标健康发展，根据《招标投标法》《中华人民共和国招标投标法实施条例》，国家发展改革委、工业和信息化部、监察部、住房城乡建设部、交通运输部、铁道部、水利部、商务部联合制定了《电子招标投标办法》及相关附件，自 2013 年 5 月 1 日起施行。

2.5.1　电子招标投标交易平台

电子招标投标交易平台按照标准统一、互联互通、公开透明、安全高效的原则以及市场化、专业化、集约化方向建设和运营。依法设立的招投标交易场所、招标人、招标代理机构以及其他依法设立的法人组织可以按行业、专业类别，建设和运营电子招标投标交易平台。国家鼓励电子招标投标交易平台平等竞争。

1. 电子招标投标交易平台的主要功能

（1）在线完成招投标全部交易过程。

（2）编辑、生成、对接、交换和发布有关招投标数据信息。

（3）提供行政监督部门和监察机关依法实施监督和受理投诉所需的监督通道。

（4）其他功能。

2. 电子招标投标交易平台建立和运行的原则

（1）电子招标投标交易平台应当按照技术规范规定，执行统一的信息分类和编码标准，为各类电子招投标信息的互联互通和交换共享开放数据接口、公布接口要求。

（2）电子招标投标交易平台接口应当保持技术中立，与各类需要分离开发的工具软件相兼容对接，不得限制或者排斥符合技术规范规定的工具软件与其对接。

（3）电子招标投标交易平台应当允许社会公众、市场主体免费注册登录和获取依法公开的招投标信息，为招投标活动当事人、行政监督部门和监察机关按各自职责和注册权限登录使用交易平台提供必要条件。

（4）电子招标投标交易平台应当依照《中华人民共和国认证认可条例》等有关规定进行检测、认证，通过检测、认证的电子招标投标交易平台应当在省级以上电子招标投标公共服务平台上公布。

（5）电子招标投标交易平台服务器应当设在中华人民共和国境内。

（6）电子招标投标交易平台运营机构应当是依法成立的法人，拥有一定数量的专职信息技术、招标专业人员。

（7）电子招标投标交易平台运营机构应当根据国家有关法律法规及技术规范，建立健全电子招标投标交易平台规范运行和安全管理制度，加强监控、检测，及时发现和排除隐患。

（8）电子招标投标交易平台运营机构应当采用可靠的身份识别、权限控制、加密、病毒防范等技术，防范非授权操作，保证交易平台的安全、稳定、可靠。

（9）电子招标投标交易平台运营机构应当采取有效措施，验证初始录入信息的真实性，并确保数据电文不被篡改、不遗漏和可追溯。

（10）电子招标投标交易平台运营机构不得以任何手段限制或者排斥潜在投标人，不得泄露依法应当保密的信息，不得弄虚作假、串通投标或者为弄虚作假、串通投标提供便利。

3. 电子招标投标交易平台应当及时公布的信息

（1）招标人名称、地址、联系人及联系方式。

（2）招标项目名称、内容范围、规模、资金来源和主要技术要求。

（3）招标代理机构名称、业务范围、项目负责人及联系方式。

（4）投标人名称、资质和许可范围、项目负责人。

（5）中标人名称、中标金额、签约时间、合同期限。

（6）国家规定的公告、公示和技术规范规定公布和交换的其他信息。

另外，国家鼓励招投标活动当事人通过电子招标投标交易平台公布项目完成质量、期限、结算金额等合同履行情况。

2.5.2 电子招标与投标

1. 电子招标

招标人或者其委托的招标代理机构在其使用的电子招标投标交易平台注册登记，选择使用除招标人或招标代理机构之外第三方运营的电子招标投标交易平台的，还应当与电子招标投标交易平台运营机构签订使用合同，明确服务内容、服务质量、服务费用等权利和义务，并对服务过程中相关信息的产权归属、保密责任、存档等依法作出约定。电子招标投标交易平台运营机构不得以技术和数据接口配套为由，要求潜在投标人购买指定的工具软件。

招标人或者其委托的招标代理机构在资格预审公告、招标公告或者投标邀请书中载明潜在投标人访问电子招标投标交易平台的网络地址和方法。依法必须进行公开招标项目的上述相关公告应当在电子招标投标交易平台和国家指定的招标公告媒介同步发布。

招标人或者其委托的招标代理机构及时将数据电文形式的资格预审文件、招标文件加载至电子招标投标交易平台，供潜在投标人下载或者查阅。除符合规定的注册登记外，任何单位和个人不得在招投标活动中设置注册登记、投标报名等前置条件限制潜在投标人下载资格预审文件或者招标文件。

数据电文形式的资格预审公告、招标公告、资格预审文件、招标文件等应当标准化、格式化，并符合有关法律法规以及国家有关部门颁发的标准文本的要求。

在投标截止时间前，电子招标投标交易平台运营机构不得向招标人或者其委托的招标代理机构以外的任何单位和个人泄露下载资格预审文件、招标文件的潜在投标人名称、数量以及可能影响公平竞争的其他信息。

招标人对资格预审文件、招标文件进行澄清或者修改的，通过电子招标投标交易平台以醒目的方式公告澄清或者修改的内容，并以有效方式通知所有已下载资格预审文件或者招标文件的潜在投标人。

2. 电子投标

投标人在资格预审公告、招标公告或者投标邀请书载明的电子招标投标交易平台注册登记，如实递交有关信息，并经电子招标投标交易平台运营机构验证。

投标人通过资格预审公告、招标公告或者投标邀请书载明的电子招标投标交易平台递交数据电文形式的资格预审申请文件或者投标文件。电子招标投标交易平台运营机构以及与该机构有控股或者管理关系可能影响招标公正性的任何单位和个人，不得在该交易平台进行的招标项目中投标和代理投标。

投标人按照招标文件和电子招标投标交易平台的要求编制并加密投标文件。投标人未按规定加密的投标文件，电子招标投标交易平台应当拒收并予以提示。投标人也可离线编制投标文件。

投标人在投标截止时间前完成投标文件的上传递交，并可以补充、修改或者撤回投标文件。投标截止时间前未完成投标文件上传的，视为撤回投标文件。投标截止时间后送达的投标文件，电子招标投标交易平台应当拒收。

电子招标投标交易平台收到投标人送达的投标文件后，即时向投标人发出确认回执通知，并妥善保存投标文件。在投标截止时间前，除投标人补充、修改或者撤回投标文件外，任何单位和个人不得解密、提取投标文件。

资格预审申请文件的编制、加密、上传、递交、接收、确认等参考上述投标文件。

2.5.3 电子开标、评标与中标

1. 电子开标

电子开标应当按照招标文件确定的时间，在电子招标投标交易平台上公开进行，所有投标人均应当准时在线参加开标。

开标时，电子招标投标交易平台自动提取所有投标文件，提示招标人和投标人按招标文件规定方式按时在线解密。解密全部完成后，向所有投标人公布投标人名称、投标价格和招标文件规定的其他内容。

因投标人原因造成投标文件未解密的，视为撤销其投标文件；因投标人之外的原因造成投标文件未解密的，视为撤回其投标文件，投标人有权要求责任方赔偿因此遭受的直接损失。部分投标文件未解密的，其他投标文件的开标可以继续进行。招标人可以在招标文件中明确投标文件解密失败的补救方案，投标文件应按照招标文件的要求做出响应。

完成开标后，电子招标投标交易平台生成开标记录并向社会公众公布，但依法应当保密的除外。

2. 电子评标

电子评标应当在有效监控和保密的环境下在线进行。

根据国家规定应当进入依法设立的招投标交易场所的招标项目，评标委员会成员在依法设立的招投标交易场所登录招标项目所使用的电子招标投标交易平台进行评标。

评标中需要投标人对投标文件澄清或者说明的，招标人和投标人应当通过电子招标投标交易平台交换数据电文。

评标委员会完成评标后，通过电子招标投标交易平台向招标人提交数据电文形式的评标报告。

3. 电子中标

依法必须进行招标项目的中标候选人和中标结果应当在电子招标投标交易平台进行公示和公布。

招标人确定中标人后，通过电子招标投标交易平台以数据电文形式向中标人发出中标通知书，并向未中标人发出中标结果通知书。

招标人与中标人通过电子招标投标交易平台，以数据电文形式签订合同。

另外，国家还鼓励招标人、中标人等相关主体及时通过电子招标投标交易平台递交和公布中标合同履行情况的信息。

2.5.4 电子招投标与传统招投标的差异

1. 招标公告载明的内容不同

电子招投标的招标公告会载明电子投标的网络地址和方法、获取招标文件的方式，并要求在交易平台注册登记。

传统招投标的招标公告则载明线上或线下获取招标文件的方式，并注明线下开标的时间、地点等信息。

2. 招标文件澄清方式不同

电子招投标招标文件的澄清和答疑通过交易平台发布和进行。

传统招投标招标文件的澄清和答疑则由招标人或招标代理机构通过书面文件通知各投标人。

3. 投标文件提交方式不同

电子招投标的投标文件依据招标文件和交易平台的要求进行编制、加密、签名、上传、递交。

传统招投标的投标文件则依据招标文件的要求，线下纸质打印、签字盖章、封标，在截止时间前交至招标代理机构或招标人。

4. 投标文件修改与撤回程序不同

电子招投标的投标文件可以在交易平台直接撤回，投标人对电子投标文件进行修改，修改好的文件按要求进行加密和签名，重新上传即可。

传统招投标的投标文件则需在投标截止时间前去招标代理机构或招标人处撤回，并书面通知招标人。

5. 开标方式不同

电子招投标的开标是线上开标，开标前在交易平台对递交的加密投标文件进行解密。传统招投标则需要线下参加开标。

6. 评标方式不同

电子招投标的评标在交易平台上在线进行。评标需要投标人澄清或说明的，通过交易平台交换数据电文；评标委员会完成评标，提交数据电文形式的评标报告；对评标有异议的，异议的答复也均通过交易平台进行。

传统招投标的评标则以书面的形式线下进行。

习　题

一、单项选择题

1. 政府采购制度起源于 18 世纪的（　　　）。
A.欧洲　　　　　　B.亚洲　　　　　　C.非洲　　　　　　D.美洲

2. 招投标活动起源于（　　　）。
A.英国　　　　　　B.美国　　　　　　C.法国　　　　　　D.日本

3. 我国（　　　）末期已有了关于招投标活动的文字记载。
A.唐朝　　　　　　B.宋朝　　　　　　C.明朝　　　　　　D.清朝

4. 我国正式进入国际招投标市场是在（　　　）年以后。
A.1976　　　　　　B.1978　　　　　　C.1979　　　　　　D.1980

5. 建设工程招标人是依法提出招标项目、进行招标的（　　　）或者其他组织。
A.法人　　　　　　B.企业　　　　　　C.行为人　　　　　　D.责任人

二、填空题

1. 资格预审评审委员会的成员人数为_____人以上单数，其中技术、经济方面专家不得少于成员总数的_____。

2. 目前国际上比较普遍采用的资格预审评审方法是_____，并且用较为简单的_____打分。

3. 在资格预审评审中，一般将影响投标的因素分为三组，即_____、_____和_____。

4. 资格后审，即在_____中加入资格审查的内容，投标人在报送_____的同时报送审查资料，_____后进行审查。

5. FIDIC 合同中规定通过资格预审的最低分数为_____分，总分在最低分数线以下的承包商应该被淘汰。同时，如果申请资格预审的承包商在三组要素的某一单项中最低分小于该组分数的_____，则其资格预审也不应通过。

三、问答题

1. 简述工程招标的主要步骤。
2. 简述工程投标的主要步骤。

在线答题　　　　拓展习题

第 3 章

工程招标条件与规则

知识结构图

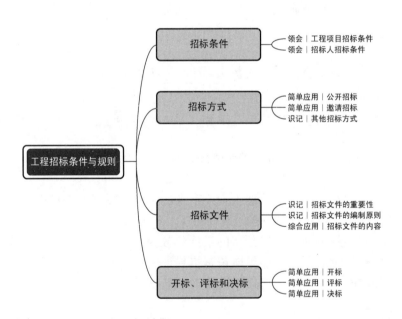

3.1 招标条件

招标条件包括两方面的内容：一是工程项目招标必须具备的条件，二是招标的建设单位（下文统称招标人）应具备的条件。

法律依据：

《招标投标法》第九条 招标项目按照国家有关规定需要履行项目审批手续的，应当先履行审批手续，取得批准。招标人应当有进行招标项目的相应资金或者资金来源已经落实，并应当在招标文件中如实载明。

《招标投标法》第十六条 招标人采用公开招标方式的，应当发布招标公告。依法必须进行招标的项目的招标公告，应当通过国家指定的报刊、信息网络或者其他媒介发布。招标公告应当载明招标人的名称和地址、招标项目的性质、数量、实施地点和时间以及获取招标文件的办法等事项。

工程招标条件与规则（一）

工程招标条件与规则（二）

3.1.1 工程项目招标条件

根据《中华人民共和国招标投标法实施条例》，按照国家有关规定需要履行项目审批、核准手续的依法必须进行招标的项目，其招标范围、招标方式、招标组织形式应当报项目审批、核准部门审批、核准。项目审批、核准部门应当及时将审批、核准确定的招标范围、招标方式、招标组织形式通报有关行政监督部门。

1. 施工招标条件

根据《房屋建筑和市政基础设施工程施工招标投标管理办法》，工程施工招标应当具备下列条件。

（1）按照国家有关规定需要履行项目审批手续的，已经履行审批手续。

（2）工程资金或者资金来源已经落实。

（3）有满足施工招标需要的设计文件及其他技术资料。

（4）法律、法规、规章规定的其他条件。

2. 勘察设计招标条件

根据《工程建设项目勘察设计招标投标办法》，依法必须进行勘察设计招标的工程建设项目，在招标时应当具备下列条件。

（1）招标人已经依法成立。

（2）按照国家有关规定需要履行项目审批、核准或者备案手续的，已经审批、核准或者备案。

（3）勘察设计有相应资金或者资金来源已经落实。

（4）所必需的勘察设计基础资料已经收集完成。

（5）法律法规规定的其他条件。

3.1.2 招标人招标条件

《招标投标法》规定，招标人具有编制招标文件和组织评标能力的，可以自行办理招标事宜。

根据《中华人民共和国招标投标法实施条例》，招标人具有编制招标文件和组织评标能力，是指招标人具有与招标项目规模和复杂程度相适应的技术、经济等方面的专业人员。

3.2　招　标　方　式

《招标投标法》规定，招标分为公开招标和邀请招标。

3.2.1　公开招标

公开招标，是指招标人以招标公告的方式邀请不特定的法人或者其他组织投标。

公开招标也称无限竞争性招标。这种招标方式先由招标人在国内外有关报纸刊物及网络上刊登招标广告，凡对此招标项目感兴趣的投标人，都有同等的机会了解投标要求，进行投标，以形成尽可能广泛的竞争格局。

公开招标方式多用于政府投资的工程，也是世界银行贷款项目招标采购方式之一。公开招标具有代表性的做法有世界银行贷款项目的公开招标方式和英国、法国的公开招标方式。

1.世界银行贷款项目的公开招标方式

世界银行贷款项目的公开招标方式包括国际竞争性招标和国内竞争性招标两种。

1）国际竞争性招标

国际竞争性招标，是世界银行贷款项目的一种主要招标方式，该行规定，限额以上的货物采购和工程合同，都必须采用此种招标方式。对一般借款国，限额界限在10万～25万美元。我国在世界银行的贷款项目金额都比较大，故对我国的限额放宽一些，目前我国和世界银行商定，限额在100万美元以上的采用国际竞争性招标。

国际竞争性招标有很多特点，但有三点是最基本的。

（1）广泛地通告投标机会，使所有合格的国家里一切感兴趣并且合格的企业都可以参加投标。通告可以用各种方式进行，经常是多种形式结合使用：在一种官方杂志上公布；在国内报纸上登广告；通知驻工程所在国的各国使馆；（对于大的、特殊的或重要的合同）在国际发行的报纸或有关的外贸杂志或技术杂志上登广告。世界银行、美洲开发银行、亚洲开发银行和联合国开发计划署现在还要求必须通过联合国《发展论坛商业版》的"总采购通知"一栏公布采购机会。

（2）必须公正地表述准备购买的货物或将要进行的工程的技术说明书，以保证不同国籍的合格企业能够尽可能广泛地参与投标。

（3）必须根据招标文件中具体说明的评标标准，一般是将评标价格最低的合格投标人作为中标人。这条规则对于保证竞争程序公平地进行是很重要的。

国际竞争性招标最适用于采购大型设备及大型土木工程施工，对于这些项目不同国籍的企业都会有兴趣参加投标。虽然耗时长，但国际竞争性招标目前还是各国在采购场合中达到采购目的的最佳方式。

2）国内竞争性招标

国内竞争性招标，顾名思义，是通过在国内刊登广告，按照国内招标办法进行的公开招标方式。在不需要或不希望外商参加投标的情况下，政府倾向于采用国内竞争性招标；也有些工程规模小、地点分散或属于劳动密集型的工程，外商对此缺乏兴趣，也可采用国内竞争性招标。

国内竞争性招标与国际竞争性招标的不同点表现在以下两个方面。

（1）广告仅限于刊登在国内报纸或官方杂志上，广告语言可用本国语言，不必通知驻工程所在国的外国使馆。

（2）招标文件和投标文件均可用本国文字编写；投标银行保函可由本国银行出具；投标报价和付款一般使用本国货币；评标价格基础可为货物使用现场价格；不实行国内优惠和借款人规定的其他优惠；履约银行保函可由本国银行出具；仲裁在本国进行；从刊登广告或发出招标文件到投标截止的投标准备时间为：设备采购不少于 30 日，工程项目不少于 45 日。

除上述不同点外，国内竞争性招标的其他程序与国际竞争性招标相同，也必须考虑公开、经济和效益因素。

2. 英国、法国的公开招标方式

英国和法国的公开招标方式也具有一定的代表性。

1）英国的公开招标方式

英国的公开招标方式，是由招标人公开发布广告或登报，投标人自愿投标，投标人的数目不限。投标人报的投标书均原封保存，直至招标截止时才由有关负责人当众启封，按照这种招标方式，往往会形成谁报价最低谁中标的局面。英国公开招标方式多用于政府投资工程，目的是避嫌，私人投资工程一般不采用这种方式。

2）法国的公开招标方式

法国的公开招标有两种方式，即价格竞争性公开招标和竞争性公开招标。公开招标需在官方公报发表通告，有意愿参加投标的法人企业均可申报。价格竞争性公开招标规定工程上限价格，招标只能在此范围内进行；竞争性公开招标则不规定工程上限价格，而是综合考虑价格及其之外的其他要素后决定中标人，但实际上，90% 的招标仍是最低价者中标。

3. 公开招标的特点

（1）公开招标体现了市场机制公开信息、规范程序、公平竞争、客观评价、公正选择以及优胜劣汰的本质要求，为一切有能力的承包人提供一个平等的竞争机会。

（2）公开招标因为投标人较多、竞争充分，且不容易串标、围标，有利于招标人从广泛的竞争者中选择合适的中标人并获得最佳的竞争效益。发包人可以选择一个比较理想的承包人，如有丰富的工程经验、必要的技术条件、良好的资金状况等。

（3）公开招标有利于降低工程造价。

（4）有可能出现投机商，应加强资格预审，认真评标。这些投机商会故意压低报价以挤掉其他态度严肃、认真而报价较高的承包人，也可能在中标后在某一施工阶段以各种借口要挟发包人。

3.2.2 邀请招标

邀请招标，是指招标人以投标邀请书的方式邀请特定的法人或者其他组织投标。

邀请招标也称有限竞争性选择招标。这种招标方式一般不在报纸上登广告，招标人根据自己的经验和资料或请咨询公司提供承包人的情况，然后根据企业的信誉、技术水平、过去承担过类似工程的质量、资金、设备能力、经营能力等条件，邀请某些承包人来参加投标。

1. 邀请招标的步骤

邀请招标基本步骤如下。

（1）招标人在自己熟悉的承包人（供货商）中选择一定数量（最少3家）的企业，或者采取发布通告的方式在报名的企业中选定，然后审查选定企业的资质，做出初步选择。

（2）招标人向初步选中的企业征询是否愿意参加投标，在规定的最后答复日期之前，选择一定数量同意参加投标的企业，制订邀请名单。

确定邀请企业的数量要适当，不宜过多。限制邀请投标人的数量可以减少审查投标书等工作量和节省招标费用。企业参加投标后，需做大量的工作：现场踏勘、参加标前会议、编制投标书等，都需要支付较高的费用。邀请的企业越多，耗费的招标费用越高。对不中标的企业来说，支出的费用最终要在其他工程项目中得到补偿，这就必然导致工程造价的提高。所以，对一些投标报价较高的特殊工程，邀请的企业还可适当减少。

制订邀请名单要经过慎重选择，应尽可能保证选定的企业都是符合招标条件的，这样在评标时就可以主要依靠报价（或性价比）的高低来选定中标人。对那些未被选中的企业，应当及时通知它们。

（3）向名单上的企业发出正式邀请和招标文件。

（4）投标人递交投标文件，选定中标人。

2. 邀请招标的限制条件

这种方式由于投标人的数量有限，不仅可以节省招标费用，缩短招标的时间，也增加了投标人的中标概率，对双方都有一定的好处。但这种方式限制了竞争范围，可能会把一些很有实力的竞争者排除在外，因此很多国家和地区对在招标中使用邀请招标方式制定了严格的限制条件。这些条件如下。

（1）项目性质特殊，只有少数企业可以承担。

（2）公开招标的费用占项目合同金额的比例过大。

（3）公开招标未能产生中标人。

（4）因工期紧迫和保密等特殊要求，不宜公开招标。

在国外，私人投资的项目多采用邀请招标。在国内，有时也可采用邀请招标，但同时需要加强对招标和投标的监督，防止各种欺诈和腐败现象发生。

3.2.3　其他招标方式

1. 两阶段招标

两阶段招标，也称两段招标，其实质上是一种公开招标和邀请招标综合起来的招标方式。第一阶段按公开招标方式进行招标，经过开标和评标之后，再邀请最有资格的数家投标人进行第二阶段投标报价，最后确定中标人。世界银行的两步招标法及法国的指定招标就属于这种方式。

法律依据：

《中华人民共和国招标投标法实施条例》第三十条　对技术复杂或者无法精确拟定技术规格的项目，招标人可以分两阶段进行招标。

第一阶段，投标人按照招标公告或者投标邀请书的要求提交不带报价的技术建议，招标人根据投标人提交的技术建议确定技术标准和要求，编制招标文件。

第二阶段，招标人向在第一阶段提交技术建议的投标人提供招标文件，投标人按照招标文件的要求提交包括最终技术方案和投标报价的投标文件。

招标人要求投标人提交投标保证金的，应当在第二阶段提出。

两阶段招标是国际通行的一种招标方式。联合国《贸易法委员会货物、工程和服务采购示范法》第 19 条和第 46 条，以及世界银行《货物、工程和非咨询服务采购指南》第 2.6 款均对两阶段招标作出规定。

1）两阶段招标的适用范围

国际上一般不具体界定两阶段招标的适用范围，由招标人根据项目的具体特点和实际需要自主确定。世界银行规定的两阶段招标适用范围可供参考：一是需要以总承包方式采购的大型复杂设施设备；二是复杂特殊的工程；三是由于技术发展迅速难以事先确定技术规格的信息通信技术。我国两阶段招标一般适用于下列两种情况。

（1）在第一阶段报价、开标、评标之后，如最低标价超出标底 20%，且经过减价之后仍达不到要求，则可邀请其中标价较低的数家商谈，再做第二阶段投标报价。

（2）对一些大型的、复杂的项目，可先要求投标人投技术标，即进行技术方案招标，评标后淘汰其中技术不合格者，技术标评标通过者，才允许投商务标。有时也可以在投标时将技术标与商务标分两袋密封包装，评标时先评技术标，技术标通过者，则打开其商务标进行综合评定，技术标未通过者，商务标原封不动地退还给投标人。

2）两阶段招标的特点

（1）常用于一些专业化强的项目，如一些大型化工设备安装就常常采用这种方式。

（2）投标过程较长，在十分必要时才采用。

2. 议标

国外在建筑领域里还有一种使用较为广泛的采购方法，被称为议标。议标，也称谈判招标或指定招标，由招标人与几家潜在的投标人就招标事宜进行协商，达成协议后将工程委托承包（或指定供货），不具有公开性和竞争性。我国不允许议标。

从实践来看，公开招标和邀请招标的采购方式要求对报价及技术性条款不得谈判，议标则允许就报价等进行一对一的谈判。因此，一些小型项目采用议标方式目标明确，省时省力，比较灵活；对服务招标而言，由于服务价格难以公开确定，服务质量也需要通过谈判解决，采用议标方式不失为一种恰当的采购方式。但议标因不具有公开性和竞争性，采用时容易产生幕后交易，暗箱操作，滋生腐败，难以保障采购质量。《招标投标法》根据招标的基本特性和在我国实践中存在的问题，未将议标作为一种招标方式予以规定，因此，议标在我国不是一种法定招标方式。

1）议标的特点

议标的优点是不需要准备完整的招标文件，节约时间，可以较快地达成协议，开展工作。虽然议标的优点很明显，但由于议标背离了公开竞争的原则，必然导致一些弊病，如招标人反复压价；招投标双方互相勾结，损害国家的利益；招标过程不公开、不透明，失去了公正性。

2）议标的适用范围

由于议标的以上缺点，世界各国对议标项目都作出相应规定，一般来说，只有特殊工程才能议标确定中标人。这里所说的特殊工程主要包括以下几种情况。

（1）因需要专门经验或设备，以及为了保护专利等特定理由。

（2）工程性质特殊、内容复杂，发包时不能确定其技术细节和工程量。

（3）与已开发的工程相连且难以分割的小型工程项目。

（4）公开招标或邀请招标未能决定中标人，难以重新进行。

（5）军事保密性工程或设备。

3）议标的程序

（1）招标委员会确定议标日程。

（2）招标人与投标人进行议标，参加议标人员为双方的技术、经济和法律专家。议标所涉及的问题包括投标书中的商务、技术、法律问题和其他方面问题。

（3）议标的结论要用完善、准确的措辞以书面形式记载，以便纳入合同文件。双方应各由一名高级代表审阅议标形成的文件，并在文件的每一页上签字。

（4）如果议标时间过长，超出了投标有效期，招标人会要求几位有希望的候选人延长投标保函的有效期。如果投标人拒绝，则其投标书失效。

3.3 招 标 文 件

3.3.1 招标文件的重要性

1.招标文件是提供给投标人的投标依据

招标文件应明白无误地向投标人介绍工程项目有关内容的实施要求，包括工程基本情况、工期或供货期要求、工程或货物质量要求、支付规定等方面的各种信息，以便投标人据之投标。

2. 招标文件是签订工程合同的基础

招标文件中 95% 左右的内容会成为合同的内容。尽管在招标过程中，招标人一方可能会对招标文件的内容和要求提出补充和修改的意见，在投标和谈判过程中，投标人一方也会对招标文件提出一些修改的要求和建议，但是无论如何，招标文件是招标人一方对工程或货物采购的基本要求，是不会有大的变动的，而合同则是在整个项目实施和完成过程中的最重要的文件，因此编制好招标文件十分重要。

3.3.2　招标文件的编制原则

1. 遵守国家法律法规

招投标是基本建设领域促进竞争的全面经济责任制形式。与招标工作相关的常用法律法规主要有《招标投标法》《工程建设项目施工招标投标办法》《工程建设项目货物招标投标办法》《机电产品国际招标投标实施办法（试行）》《必须招标的工程项目规定》《招标公告和公示信息发布管理办法》《评标委员会和评标方法暂行规定》《工程建设项目招标投标活动投诉处理办法》等。如果招标文件的规定不符合国家法律法规，则有可能导致招标作废，有时招标人一方还要赔偿损失。

法律依据：

《招标投标法》第四十九条　违反本法规定，必须进行招标的项目而不招标的，将必须进行招标的项目化整为零或者以其他任何方式规避招标的，责令限期改正，可以处项目合同金额千分之五以上千分之十以下的罚款；对全部或者部分使用国有资金的项目，可以暂停项目执行或者暂停资金拨付；对单位直接负责的主管人员和其他直接责任人员依法给予处分。

《招标投标法》第五十条　招标代理机构违反本法规定，泄露应当保密的与招标投标活动有关的情况和资料的，或者与招标人、投标人串通损害国家利益、社会公共利益或者他人合法权益的，处五万元以上二十五万元以下的罚款；对单位直接负责的主管人员和其他直接责任人员处单位罚款数额百分之五以上百分之十以下的罚款；有违法所得的，并处没收违法所得；情节严重的，禁止其一年至二年内代理依法必须进行招标的项目并予以公告，直至由工商行政管理机关吊销营业执照；构成犯罪的，依法追究刑事责任。给他人造成损失的，依法承担赔偿责任。

另外，在国际工程中还要注意遵照国际惯例，如国际金融组织贷款的有关规定、规定的审核批准程序等。

2. 正确处理招标人和投标人的利益

招标文件中，应注意公正地处理招标人和投标人的利益，尤其是投标人一方利益与风险的关系，即要使投标人获得合理的利润。如果不恰当地将过多的风险转移给投标人一方，势必迫使投标人加大风险费，提高投标报价，最终还是招标人一方增加支出。

3. 反映项目客观情况

招标文件应正确、详尽地反映项目的客观情况，以使投标人的投标报价建立在可靠的基础上，减少履约中的争议。

4.内容准确，用语严谨

招标文件包括许多内容，从投标人须知、合同条件到规范、图纸、工程量清单，这些内容应该力求统一，尽量减少和避免备份文件之间的矛盾，招标文件的矛盾会为投标人创造许多索赔的机会。招标文件用语应力求严谨、明确，以便在产生争端时易于根据合同文件判断解决。

3.3.3 招标文件的内容

关于招标文件的内容，我国《招标投标法》中有明确规定。

法律依据：

《招标投标法》第十九条　招标人应当根据招标项目的特点和需要编制招标文件。招标文件应当包括招标项目的技术要求、对投标人资格审查的标准、投标报价要求和评标标准等所有实质性要求和条件以及拟签订合同的主要条款。国家对招标项目的技术、标准有规定的，招标人应当按照其规定在招标文件中提出相应要求。招标项目需要划分标段、确定工期的，招标人应当合理划分标段、确定工期，并在招标文件中载明。

《招标投标法》第二十条　招标文件不得要求或者标明特定的生产供应者以及含有倾向或者排斥潜在投标人的其他内容。

招标文件的内容和篇幅大小与项目的规模和类型有关。一般货物采购的招标文件要简单些，建设工程招标的内容要复杂些，特别是一些大型项目，其招标文件的篇幅可能长达数千页。不同项目的招标文件的内容虽然有所不同，但一般包括下列十部分：投标邀请书、投标人须知、合同条件、规范、图纸、工程量清单、投标书和投标保证格式、补充资料表、合同协议书、各类保证。在具体的招标文件中，这些部分的顺序、命名、归类会有所不同。

1.投标邀请书

投标邀请书，有时也称招标邀请书，用以邀请经资格预审合格的投标人按招标人规定的条件和时间前来投标。

投标邀请书的内容包括：发包（招标）人单位、招标性质；资金来源；工程概况、分标情况、主要工程量、工期要求；投标人为完成本工程所提供的服务内容；发售招标文件的时间、地点和售价；投标文件送交的地点、份数和截止时间；提交投标保证金的规定额度和时间；开标的时间和地点；现场踏勘和召开标前会议的时间和地点。

投标邀请书具体内容可见下列示例。

投标邀请书

日期：

招标编号：

1.（发包人名称）（以下简称"发包人"）安排了一笔以多种货币构成的资金，用以（工程名称）建设费用的合理支付。所有经资格预审合格了的投标人均可以参加本工程的投标。

2.发包人邀请资格预审合格的投标人就下列工程的施工和竣工所需的劳务、材料、设备和服务进行密封投标：（工程概况、主要项目及工程量等）。

3.凡有兴趣的资格预审合格的投标人，可从下列地址获取进一步的信息及查阅招标文件：（查询和发售招标文件的机构名称和地址等）。

4.任何有兴趣的资格预审合格的投标人在向上述机构提交书面申请并支付一笔不可退还的费用（货币名称和数量）可获得一套完整的招标文件。多购的招标文件收费相同。

5.所有投标文件必须于＿＿＿年＿＿＿月＿＿＿日＿＿＿时之前送达下列地址：（投标文件接收地点），同时必须交纳招标文件中规定格式的，数量为2%投标价的投标保证金。

6.开标仪式定于＿＿＿年＿＿＿月＿＿＿日＿＿＿时在下列地点举行：（开标地点），投标人派代表出席。

        发包人名称：
            地址：
            联系人：
            电话：
            传真：
            邮政编码：

2.投标人须知

投标人须知是告知投标人投标时有关注意事项的文件，内容应明确、具体。

1）总则

（1）工程描述。工程描述也可称为工程概述、工程简介等，说明本标段工程的名称、地理位置、主要建筑物名称和尺寸、工程量、工程分标情况、本合同的工作范围、发包人是否提供材料等。工程描述可用附表说明。

（2）资金来源。说明发包人招标项目的资金来源，如为金融机构贷款，应说明机构名称及贷款支付使用的限制条件。

资金来源示例如下。

2.资金来源

2.1 发包人已从世界银行申请得到了一笔信贷／贷款用于本须知前附表所述项目，部分资金将用于本工程合同项下的合格支付。只有在中华人民共和国政府的要求下，经世界银行批准，世界银行才会付款；付款应在各方面符合信贷／贷款协议中的条款和条件。除中华人民共和国以外，其他任何一方不得从信贷／贷款协议得到任何权力，或请求支付信贷／贷款。

2.2 如果世界银行获知，根据联合国宪章第七章联合国安理会禁止有关支付或货物进口，则贷款协议禁止从贷款账户提款向有关个人或团体支付或就有关进口货物支付。

（3）资格与合格条件的要求。这是对投标人的资格要求，要求投标人提交自己法人地位的公证书，以及有官方权威机构或有信誉的银行所签认的近几年财务状况说明。

如果工程项目是由国际金融机构贷款，则要遵循该机构对投标人的资格要求。如世界银行规定凡采用其贷款进行招标的工程，货物采购和服务均须来自世界银行《采购指南》中规定的合法成员国。

如果工程项目是以两家以上联营的联营体形式参加投标，则其中一家主要责任者须符合前述资格要求，并应提交联营体的联营协议书副本。协议书中应明确联营体的主要负责人，同时联营体应提交对主要负责人的资格授权书，授权书应由联营体所有成员的合法代表签署。协议书中还应明确各个成员为了实施合同所共同或分别承担的责任。

资格与合格条件的要求示例如下。

3. 资格与合格条件的要求

3.1 本招标面向已经通过资格预审并为招标人邀请参与投标的投标人。

3.2 投标人被认为具有资格预审条件中规定的资格并具有足够的资产及能力来有效地履行合同，且已在资格预审阶段提供了下列资料，如果下述资审资料有任何遗漏或修改，投标人应随投标文件一并补报。如果下列任何资料是本须知特别要求必须包括在投标文件中的（注意：尤其是评标办法中有提及的，并不是所有资料），则不管是否已在资格预审时已经提交，都应按本须知要求包括在投标文件中。

3.2.1 投标人的营业执照和资质等级证书等的原始复印件，对于境外注册的投标人应提供经国家或本市建设行政主管部门核准的资质文件；投标人应具有住房城乡建设部核准的建筑装修装饰工程专业承包贰级以上（含）资质等级。

3.2.2 拟委派的项目经理资质证书、个人简历、学历、专业技术职称、以往业绩和荣誉，拟用于本工程的其他主要技术和管理人员的个人简历、以往业绩等以及必要的证明文件（除非事先经过招标人的认可或根据招标人提出的更换要求，项目经理和技术负责人必须与资格预审时填报的内容一致）。

3.2.3 投标人在过去 5 年曾经实施和现在正在实施的与本招标工程相类似的工程（指工程规模、结构型式和使用功能）的施工承包经验及其合同履行情况的证明文件，且工程质量等级均被有关机构核定为合格以上。

3.2.4 投标人的财务状况和资信状况，包括最近 3 年的利润表、资产负债表和审计人员的报告，以及银行资信信用等级证书等。

3.2.5 投标人目前涉及的诉讼、仲裁案件的有关资料。

（4）投标费用。投标人应自费支付投标过程中发生的一切费用。无论是否中标，招标人不担负此费用。

（5）现场踏勘。现场踏勘也可称为现场考察或现场勘察。主要说明要求投标人按规定的日期赴现场，考察期间的费用自理，考察期间发生的一切人身及财产伤害、损失自负。

现场踏勘示例如下。

5. 现场踏勘

5.1 投标人应对工程现场及其周围环境进行考察，以获取那些需自己负责的有关投标准备和签署合同所需的所有资料和信息。考察现场的费用由投标人自己承担。

5.2 经招标人允许和事先统一安排，投标人及其代表方能进入现场进行考察。招标人原则上仅按本须知统一规定的时间安排一次现场踏勘，向投标人介绍工程现场的有关情况。在投标截止日期前，任何投标人申请对现场进行追加考察，且招标人认为其理由合理和确实必要，招标人应组织所有投标人进行追加考察。但本须知明确规定，投标人及其代表不得让招标人为现场考察负任何责任。投标人及其代表必须承担那些其进入现场后，由于自身的行为所造成的人身伤害（不管是否致命）、财产损失或损坏的后果和责任。提醒投标人注意各自身份的保密。

5.3 招标人安排的本招标工程现场踏勘的时间和地点：____年____月____日____时在_____。

5.4 现场踏勘过程中，招标人对投标人任何疑问的回答都是口头的，对招标人不具约束力，投标人应在本须知12款规定的时间前以书面形式将所有疑问按规定方式送达给招标人，由招标人以书面形式回复并发给全体获得招标文件的投标人。

2）招标文件的澄清和修改

为招标目的而发出的该招标项目的招标文件，包括所有文件及发出的任何答疑文件和补充修改文件。

（1）招标文件的澄清。说明招标人可以对招标文件中的遗漏、错误、记号含糊等进行澄清。招标文件中应规定提交质询的日期限制（如投标截止日期前30天或标前会议前7天等）。招标人书面答复所有质询的问题送交全部投标人，但不涉及问题的由来。

（2）招标文件的修改。说明招标人可以在投标截止日期以前若干天对招标文件进行修改。如发出修改通知太晚，则招标人应推迟投标截止日期等。所有的修改均应以书面文件形式送交全部投标人。投标人应在收到此修改通知后立即给招标人以回执。

3）投标文件的编写

（1）投标文件的组成。规定投标文件包括：投标书及其附件；投标保证；标价的工程量表；辅助资料表；有关资格证明；提出的替代方案及按投标人须知所要求提供的其他各类文件。

（2）投标报价。合同价格是以投标人提交的单价和总价为依据，计算得出的工程总价格。一切关税、税收等均由投标人支付并包含在投标报价中。

投标人应仔细填写工程量清单中的有关单价和价格。如果忽略填写某子项的单价或价格，则在合同实施时发包人可以不对此子项支付。在与中标人签订合同之前，招标人有权要求中标人对本工程项目提交一份详细的有关单价和价格的清单。

投标人对一个以上的分标"合同段"投标时，可以提出（也可以不提出）一个具体的价格折扣额，即在对一个以上的投标中标时，可按折扣后的价格参与评标。如果中标，则以折扣后的价格作为签订合同的价格。

（3）投标和支付的货币。规定在投标报价时和以后工程实施过程中结算支付时所用的货币种类。

（4）投标有效期。规定从投标截止日起到公布中标日为止的一段时间。

按惯例，一般应为 90～120 天，且一般规定：在此期间，全部投标书均为有效，投标人不得修改或撤销其投标；有效期的长短，应根据工程实际情况而定，即保证招标人有足够的时间对全部投标书进行比较和评价并留有上报审批时间；如果招标人要延长投标有效期，应在有效期终止前征求所有投标人意见，投标人有权同意或拒绝延长投标有效期，招标人不能因此没收投标保证金；同意延长投标有效期的投标人不得要求在此期间修改投标书，而且投标人须同时相应延长其投标保证金的有效期，对投标保证金的各种规定在延长期内同样有效。

（5）投标保证。投标保证一般不支付现金，而采用保函的形式。投标保函（或担保）是由银行（或保险公司）代表投标人向招标人出具的一封保函，保证在投标人不按规定履行其职责时，向招标人支付其因此而受损害的补偿金。

投标保函的格式和提供保函的单位要经招标人事先批准，金额通常为投标总额的 1%～2%。最好是招标人规定一个固定金额作为所有投标人的投标保证金，以避免一些投标人通过探听对手的投标保证金来估计其投标报价。投标保证金的额度不宜太高，否则会打击一些合格投标人的投标积极性。

投标保证的内容主要包括：保证投标人确认自己承担支付投标保证金的义务；阐明上述支付义务和承担条件及义务消失的条件；确认在承担支付义务的条件存在时应支付的额度，按照国际惯例，当投标人在投标有效期内撤回投标或拒绝签订合同时，招标人可与另一家投标人签订合同，投标保证金的金额应能弥补保函所保证的投标人的投标报价和招标人与另外一家投标人正式签订合同的标价的差额（当后者高于前者时），但当上述标价差额大于保函规定的金额时，保函所保证的投标人不负责其超额部分；确认当交付义务的条件存在时，收到招标人的第一次书面要求（应申明要求索赔的原因）即无条件支付上述金额；阐明保函有效期，一般等于投标有效期，也有的招标文件要求保函有效期大于投标有效期一段时间。

投标保证的作用包括：防止投标人在投标期间随意撤回投标；防止中标人拒签正式合同协议；防止中标人不提交履约保证。一旦产生这些情况，招标人便可没收投标保证金以弥补因此而蒙受的损失。

未按规定提交投标保证的投标书，可视为不合格投标而予以拒绝。招标人宣布中标人后，应尽快将投标保证退还给未中标的投标人，中标人则用履约保证换回投标保证，也有些招标文件中直接规定，中标人的投标保证直接转化为履约保证。

（6）替代方案投标。招标文件中仅能写明一种方案。因此投标人须知中可规定，投标人除按原有招标文件的图纸规范及各项规定进行投标外，还允许投标人按招标文件的基本要求提出自己的替代方案，即在满足原基本设计要求的基础上提出的优化方案。并应向投标人指明，即使投了替代方案，对招标文件的原有方案仍然需要投标。

替代方案的内容主要包括：设计图纸、计算方法、技术规范、施工规划、价格分析等。

一般规定只允许提一个替代方案，以减少评标时的工作量。替代方案要单独装订成册。

（7）标前会议。投标人须知中应说明召开标前会议的目的是让招标人澄清投标人对招标文件的疑问，回答投标人提出的各类问题。

一般大型的和较复杂的工程才召开此类会议，而且往往与组织投标人现场踏勘结合进行，还应在投标邀请书中规定好会议的时间和地点。

如果投标人有问题要提出，应在召开会议前一周以书面或电传形式发出。招标人将对提出的问题以及标前会议的记录用书面答复的形式发给每个投标人，并作为正式招标文件的一部分。

（8）投标文件的样式与签署。投标人须知中应规定投标需提供的正本、副本的份数。

正本是指投标人填写所购买的招标文件的表格以及投标人须知中所要求提交的全部文件和资料。副本即正本的复印件。

正本与副本如有不同，以正本为准；正本、副本均应由投标人正式授权的代表签署确认，授权证书应一并递交招标人。对错误之处进行的删减、增加或修改，同样要进行签署。

4）投标文件的递交

（1）投标文件的密封和标记。一般要求投标文件的正本和每一份副本都应分别包装，而且要求用内、外两层信封包装和密封。外信封上写明送达的招标人地址，注明投标工程名称及开标日期前不得启封等字样。内信封是准备将投标文件退还投标人时用的，所以要写上投标人的姓名和地址。如果未按规定书写和密封，招标人对由此引起的一切后果概不负责。

（2）投标文件递交截止日期。应规定投标文件递交的截止日期（投标截止日期）和时刻。如果由于招标人修改招标文件而延误，则招标人应适当顺延递交投标文件的截止日期。双方的权利、义务将按顺延后的截止日期履行。

（3）迟到的投标文件。一般规定投标文件递交截止日期之后递交的投标文件原封不动地退还给投标人。

（4）投标文件的修改和撤销。应规定投标人在投标截止日期之前，可以通过书面形式对已提交的投标文件进行修改或撤销。要求修改投标文件的信函应该按照递交投标文件的有关规定编制、密封、标记和发送。撤销通知书可通过电传或电报发送，随后再及时向招标人递交一份具有投标人签字确认的证明信，收到日期不得晚于投标截止日期。

在投标截止日期之后，投标人不能再对投标文件进行修改。在投标截止日到投标有效期终止日之间，投标人不得撤销投标文件，否则招标人有权没收其投标保证金。

5）开标与评标

（1）开标。规定招标人应按投标邀请书规定的时间、地点举行开标会议；在投标人代表在场情况下公开开标；检查招标文件的密封、签署及完整性，包括是否提交投标保函。

（2）评标过程保密。规定开标之后，在评标过程中应对与此工作无关的人员和投标人严格保密。任何投标人如果企图对评标施加影响将会导致被拒绝投标。

（3）投标文件的澄清。规定在必要时，招标人有权个别邀请投标人澄清其投标文件，包括单价分析，但澄清时不得修改投标文件及价格；对要求澄清的问题及其答复均应用书面通知或电报、电传进行。

（4）确定投标文件的符合性。规定在评标之前，招标人将首先确定每份投标文件是否完全符合招标文件要求。投标文件必须符合招标文件中的全部条文、条件和规范，而且对招标文件不能有重大修改和保留条件。

所谓对招标文件的重大修改和保留条件，是指投标人对合同指定的工程，在其范围、质量、完整性、工期等方面有重大改变，或对招标人的权利和投标人的义务有重大限制。如果招标人接受了有重大修改和保留条件的投标文件，将会影响其他投标人的合理竞争地位。

不符合招标文件要求的投标文件不被招标人接受，也不允许投标人进行修改。

（5）错误的修正。规定对于符合招标文件要求且有竞争力的投标，招标人将对其计算和累加方面的数字错误进行审核和修正。其中，如数字金额与大写金额不符，则以大写金额为准；如单价乘工程量不等于总值，一般以单价为准，除非招标人认为明显是由单价小数点定位错误造成的，则以总值为准。

修正后的投标文件，须经投标人确认，才对其投标具有约束力。如投标人不接受修正，则投标文件将被拒绝，投标保证金也将被没收。

（6）投标文件的评审和比较。规定招标人可以对符合招标文件要求的投标文件进行评价和比较。

6）授予合同

（1）授予合同的标准。惯例规定：投标文件完整且符合招标文件；经评审认为有足够能力和资本完成本合同；一般授予报价最低的投标人（低价中标原则），但招标人有不按最低标价授标的权力。

（2）招标人的权力。招标人有权接受任何投标和拒绝任何或所有的投标，签订合同前有权接受或拒绝任何投标；有权宣布投标程序无效或拒绝所有投标；对因此而受到影响的投标人不负任何责任，也没有义务向投标人说明原因。

（3）授予合同的通知。规定在投标有效期期满之前，招标人以电报或电传通知中标人，并用挂号信寄出正式的中标函；招标人与中标人签订合同，并接受履约保证后，招标人应迅速通知未中标人。

（4）签订协议。规定招标人寄发中标函的同时，应寄去招标文件中所提供的合同协议书格式，中标人在规定的时间内派出全权代表与招标人签署合同协议书。

（5）履约保证。说明按合同规定，中标人在收到中标通知后的一定时间内（一般为15～30天）应向招标人提交一份履约保证。如果中标人未能按照招标人的规定提交履约保证，则招标人有权取消其中标资格，没收其投标保证金，而考虑与另一投标人签订合同或重新招标。

3. 合同条件

合同条件，也称合同条款，主要是论述在合同执行过程中，当事人双方的职责范围、权利和义务，监理工程师的职责和授权范围，遇到各类问题（如工期、进度、质量、检验、支付、索赔、争议、仲裁等）时各方应遵循的原则及采取的措施等。

目前在国际和国内，根据多年积累的经验，已编写了许多合同条件模式，在这些合同条件中有许多通用条件已经标准化、国际化，无论在何处施工，都能适应承发包双方的需要。

目前通用的工程合同条件一般分为两大部分，即"通用条件"和"专用条件"。前者不分具体工程项目，不论项目所在国别均可适用，具有国际普遍适应性；而后者则是针对某一特定工程项目合同的有关具体规定，将通用条件加以具体化，对通用条件进行某些修改和补充。这种将合同条件分为两部分的做法，既可以减少招标人编写招标文件的工作量，又方便投标人投标，投标人只需重点研究"专用条件"部分就可以了。

"通用条件"部分包括如下内容。

（1）基本条款，包含一些定义和解释、工程师及工程师代表、转让与分包、合同文件、指定分包人、劳务、通知等。

（2）技术条款，包含一般义务、材料与设备、工期和进度、暂时停工、缺陷责任、计量、临时工程和材料等。

（3）经济条款，包含证书与支付、特殊风险、暂定金额、费用和法规的变更、货币与兑换率等。

（4）法律条款，包含补救措施、发包人的违约、索赔程序、争端的解决等。

4.规范

规范，也称技术规范或技术规格书。

1）规范的作用

（1）反映招标人对工程项目的技术要求。

（2）施工过程中承包人控制质量和工程师检查验收的主要依据。

（3）拟定施工规划的依据，包括施工方案、施工工序、施工工艺，并据之进行工程计价，确定投标报价。

2）规范的编写说明

在拟定规范时，既要满足设计要求，保证工程的施工质量，又不能过于苛刻。可以引用国家有关各部正式颁布的规范，但一定要结合本工程的具体环境和要求来选用，同时往往需要由咨询工程师再编制一部分具体适用于本工程的技术要求和规定。正式签订合同之后，承包人必须遵循合同中列入的规范要求。

3）规范的内容

（1）工程的全面描述。

（2）工程所采用材料的技术要求。

（3）施工质量要求。

（4）工程记录、计量方法和支付有关规定。

（5）验收标准和规定。

（6）其他不可预见因素的规定。

5.图纸

图纸是投标人拟订施工方案、确定施工方法，以及提出替代方案、计算投标报价必不可少的资料。

图纸的详细程度取决于设计的深度和合同的类型，报价计算的准确程度取决于图纸的详细程度。工程实施过程中往往需要陆续补充和修改图纸，但需经过工程师签字正式下达，才能成为施工及结算的依据。

招标人提供的地质、水文、气象图纸资料也属于参考资料。招标人应对这些资料的正确性负责，而投标人根据上述资料做出自己的分析与判断，据之拟定施工方案，确定施工方法，招标人对这类分析与判断不负责任。

6. 工程量清单

工程量清单，就是对合同规定要实施的工程的全部项目和内容按工程部位、性质等列在一系列表内。每个表中既有工程部位和该部位需实施的各个项目，又有每个项目的工程量和计价要求（单价或包干价），以及每个项目的报价和每个表的总计等，后两个栏目留给投标人去填写。

1）工程量清单的作用

（1）投标报价用，为投标人提供一个共同的竞争性投标的基础。

（2）工程实施过程中，每月结算时可按照表中序号、已实施的项目、单价或价格来计算应付给承包人的款项。

（3）当工程变更增加新项目或处理索赔时，可以选用或参照工程量清单中的单价来确定新项目或索赔项目的单价和价格。

2）工程量清单的计价方式

（1）按单价计价项目，如模板每平方米多少钱，土方开挖每立方米多少钱，投标文件中此栏一般按实际单位计算。

（2）按包干计价项目，如工程保险费、竣工时场地清理费等，也有将某一项设备的安装作为一"项"计价的，如闸门采购与安装（包括闸门、预埋件、启闭设备、电气操作设备及仪表等的采购、安装和调试）。编写这类项目时要在括号内把有关项目写全，最好将所采用的图纸号也注明，以方便投标人报价。

3）工程量清单的内容

（1）前言。前言用于对工程量计量及单价计算的有关问题进行说明，一般应说明下述问题。

① 应将工程量清单与投标人须知、合同条件、规范、图纸等综合起来阅读。

② 工程量清单中的工程量是估算的、临时性的，只能作为投标报价时的依据，付款的依据是实际完成的工程量和订立合同时工程量清单中最后确定的费率。

③ 除合同另有规定外，工程量清单中提供的单价必须包括全部施工设备、劳力、管理、损耗、燃料、材料、安装、维修、保险、利润、税收的费用以及风险费等，所有上述费用均应分摊入单价内。

④ 工程量清单每一行的项目内容中，不论写入工程数量与否，投标人均应填入单价或价格，如果有些项目漏报，则认为此项目的单价和价格已被包含在其他项目之中。

⑤ 规范和图纸上有关工程和材料的简介不必在工程量清单中重复和强调。当计算工程量清单中每个项目的价格时，应参考合同文件中有关章节对有关项目的描述〔但也有的招标文件在工程量清单的前言中对计算各类工程量（如土方开挖、土方回填、混凝土、疏浚、钢结构、油漆等）时应包含什么内容和注意什么问题进行了说明，以避免日后的纠纷〕。

⑥ 测量已完成的工程量用以计算价格时，应根据发包人选定的工程测量标准计量方法或以工程量清单前言中所具体规定的计量方法为准。所有工程量均为完工以后测量的净值。

⑦ 工程量清单中的暂定金额，按照合同条件的规定使用和支付。

（2）各分部分项工程计价表。

（3）汇总表。将各分部分项工程计价表的总额汇总后得出整个工程项目的总报价，写入汇总表。招标人在招标文件中所给出的暂定金额，投标人在汇总时应计入总报价。

（4）计日工表。计日工也称散工或日计工。在招标文件中一般列有人工、材料和施工机械三个计日工表。在工程实施过程中，发包人有一些临时性的或新增加的项目需要按计日（时）使用人工、材料或施工机械时，其计价应按承包人投标时在上述三个表中填写的费率计算。

在编制计日工表时，需对每个表中的工作费用应该包含哪些内容，以及如何计算时间作出说明和规定。如人工工时计算是由到达工作地点开始指定的工作算起，到回到出发地点为止的时间，但不包括用餐和工间休息时间。

有的招标文件不将计日工价格计入总价，这样投标人可以将计日工价格填得很高，一旦使用计日工，招标人需支付高昂的代价。因此在编制计日工表时，招标人最好估计一下使用人工、材料和施工机械的数量，这个估计的数量称为"名义工程量"（nominal quantity）。以投标人填入的计日工单价乘以"名义工程量"，然后将汇总的计日工总价加入投标总报价中，以限制投标人随意提高计日工价格。计日工的支付一般在暂定金额中开支。

4）清单项目确定的原则

（1）编制工程量清单时要注意将不同等级要求的工程区分开；将同一性质但不属于同一部位的工作区分开；将情况不同可能要进行不同报价的项目区分开。

（2）编制工程量清单划分项目时要做到简单明了、善于概括，使表中所列项目既具有高度的概括性，条目简明，又不漏掉项目和应该计价的内容。例如，港口工程中的沉箱预制是一件混凝土方量很大的项目，在沉箱预制中有一些小的预埋件（如小块铁板、塑料管等），在编制工程量清单时不要单列，而应包含在一个项目内，即沉箱混凝土浇筑（包含 ×× 号图纸中列举的所有预埋件）。一份概括很好的工程量清单反映了咨询工程师的编标水平。

按上述原则编制的工程量清单既不影响报价和结算，又大大地节省了编制工程量清单、计算标底、投标报价、复核报价书，特别是工程实施过程中每月结算和最终工程结算时的工作量。

工程量清单示例如下。

前　言

1.本工程量清单应与投标须知、合同条件、技术规范及图纸同时使用。

2.工程量清单列明的数量是根据设计图纸计算的，它是招标文件的组成部分。支付应以设计图纸和按监理工程师指示完成的实际数量为依据。应在监理工程师在场的情况下，由承包人测量，由监理工程师审查确认并按工程量清单的价格和费用支付（如工程量清单适用的话）。另外，未包括在本工程量清单中的工作，应由承包人向监理工程师提出适用单价的建议，经监理工程师批准后执行。

3.除非合同另有规定，本工程量清单中的单价与费用，应包括所有的设备费、劳务费、监理费、管理费、临时工程费、安装费、维护费、税款、利润以及合同明示或暗示的所有一般风险、责任和义务等的费用。

4.无论数量是否标出，本工程量清单中的每一项目均须填入单价或费用。投标人没有填写单价或费用的项目，其费用应视为已分配在相关工程项目的单价与费用之中。

5.本工程量清单所列各项目中，投标人应计入符合合同条件规定的全部费用。未列的项目其费用应视为已分配在相关工程项目的单价与费用之中。

6.对工作和材料的一般指示或说明已写于合同文件和技术规范内。给工程量清单各项目标价前，须参阅合同文件和技术规范的有关部分。

7.在工程量清单中计入和标明的暂定金额，由监理工程师按合同条件第52（4）款和第58款指示和说明全部或部分使用，或根本不予使用。

8.本工程量清单中的金额（价格）均应以人民币元表示。

9.工程量清单中的任何算术性错误，招标人将按下述原则予以调整：

（1）如果用数字表示的数额与用文字表示的数额不一致时，以文字数额为准。

（2）当单价与数量的乘积与总额之间不一致时，通常以标出的单价为准，除非招标人认为有明显的小数点错位，此时应以标出的总额为准，并修改单价。

工程量清单表 1

措施项目清单

序号	项目名称	金额 / 元
1	履约担保手续费	
2	工程保险费	
3	环境保护	
4	文明施工	
5	安全施工	
6	临时设施	
7	夜间施工增加费	
8	赶工措施费	
9	二次搬运	
10	混凝土、钢筋混凝土模板及支架	
11	脚手架	
12	垂直运输机械	
13	大型机械设备进出场及安拆	
14	施工排水、降水	
15	混凝土蒸汽养护费	

（续表）

序号	项目名称	金额／元
16	其他	
	措施项目费合计	

工程量清单表 2

土（石）方工程

单位：元

序号	项目编码	项目名称	计量单位	工程数量	单价	合价
1	010101001001	平整场地	m^2	619.000		
2	010101002001	挖土方	m^3	1628.000		

本工程量清单表 2 小计：

工程量清单表 3 ～表 7 略。

工程量清单汇总表

工程量清单编号	表格名称	各表合计
1	措施项目清单	
2	土（石）方工程	
3	砌筑工程	
4	混凝土及钢筋混凝土工程	
5	装饰装修工程	
6	其他项目清单	
7	零星工程量清单	
表1～表　小计		
计日工总计		
加上表1～表　小计的＿＿＿％作为不可预见费的暂定金额		
投标价格：		

7.投标书和投标保证格式

投标书是由投标人充分授权的代表签署的一份投标文件，是对招标人和投标人双方均有约束力的合同的一个重要组成部分。

投标书包含投标书及其附件，一般都是由招标人或咨询工程师拟定好固定格式，由投标人填写。需要说明的是，投标人必须将所有的空格填满，不能漏填。

投标书格式示例如下。

投标书格式

合同名称：

合同编号：

工程简述：

致：（发包人名称、地址）

经考察现场并研究上述工程的图纸、合同条款、技术规范和工程量清单后，我方愿以人民币_____元的总价或按上述合同条款确定的其他总价并按上述图纸、合同条款、技术规范和工程量清单的条件要求承包上述工程的实施、完工和维修。

一旦我方中标，我方保证在合同专用条款中规定的开工日期开始施工，并在合同专用条款中规定的预计竣工日期完成和交付全部工程。

如果我方中标，我方将按照合同条款的规定提交合同专用条款中规定数额的银行保函作为履约保证金，并对此共同地和分别地承担责任。

我方同意本投标书从投标人须知第20条规定的投标截止日期开始对我方有约束力，并在投标人须知第15条规定的投标有效期截止前一直对我方有约束力且随时可能按此投标书中标。

在签署合同协议书之前，你方的中标通知书和本投标书将构成约束我们双方的契约。

我方推荐_____作为调解员小组的成员，其个人资料见本投标书所附①。

注：如果招标文件规定由项目监理承担调解员的作用，则此项不应填写。

我方理解你们将不受必须接受你们所收到的最低标价或其他任何投标书的约束。

与本次投标有关或与我方中标后合同实施有关，我方已支付或将支付给代理商的佣金或服务费（如果有），如下表所列：

代理商名称和地址	数额	支付佣金或服务费的目的

（如果没有，则填"无"）

投标人法人代表：（签字盖公章）_____

投标保证可以是保函或担保的形式，目前一般不使用现金作为投标保证。

投标保证格式示例如下。

投标保证格式

鉴于_____（投标人名称）（以下称"投标人"）于____年____月____日递交了_____（合同名称）的投标书（以下称"投标书"）。

在中华人民共和国＿＿＿＿＿＿＿＿＿＿＿＿＿（注册办公地点）注册经营的＿＿＿＿＿＿＿＿＿＿＿＿＿＿＿＿（银行名称）（以下称"本行"）在此承担向＿＿＿＿＿＿＿＿＿＿＿（发包人名称）（以下称"发包人"）支付总金额人民币＿＿＿＿＿＿＿＿＿＿＿＿＿＿元的责任，本行及本行的继承人和受让人均承担此责任。

本行以公章签发本保函的日期为＿＿＿年＿＿＿月＿＿＿日。

本担保义务的条件是：

1. 如果提交投标书后投标人须知前附表中规定的投标有效期或根据第 15 条延长的投标有效期内撤回其投标书；

2. 如果投标人在投标有效期内收到发包人的中标通知书后：

（1）不能或拒绝按投标人须知的要求（如果要求的话）签署合同协议书；
或

（2）不能或拒绝按投标人须知的规定提交履约保证金；
或

（3）拒绝按投标人须知第 27 条对其计算错误进行修正。

如果发包人在书面要求中指明由于发生了上述条件内的任一情况而应该支付给发包人的数额，则本行接到发包人的第一次书面要求就支付上述数额之内的任何金额，并不需要发包人证实他的要求。

本保函在投标人须知中规定的投标有效期后或发包人在这段时间内延长的投标有效期后 28 天内（含 28 天）保持有效，本行不要求得到延长有效期的通知，但任何索款要求应在上述期限内送到本行。

银行授权代表：（签字盖公章）

日期：＿＿＿年＿＿＿月＿＿＿日

证人：（签字盖公章）

地址：

8. 补充资料表

补充资料表是招标文件的组成部分，其作用是通过投标人填写咨询工程师在编制招标文件时统一拟定好格式的各类表格，招标人可以得到所需要的相当完整的信息。通过这些信息既可以了解投标人的各种安排和要求，便于在评标时进行比较，又可以在工程实施过程中便于发包人安排资金计划、计算价格调整等。常用的各类补充资料表介绍如下。

（1）与投标书一同递交的文件和图纸。投标时要求投标人将与投标书一同递交的文件和图纸列出清单、编上序号，以使所有的投标人所送文件和图纸一致，便于评标时查找评比。

（2）现金流动表。投标人应根据初步施工计划，估算工程实施期间每季度计划完成的工程的价值和承包人可能得到的净付款，列入现金流动表。净付款指扣除适当的动员预付款、材料预付款和保留金等的剩余值。

（3）价格调整。由招标人列表说明价格调整的相关指数和加权系数。价格调整方法在后文中详述。

（4）施工组织机构和主要人员。投标人应充分说明为履行合同拟建立的领导管理机构和主要人员（含外籍人员），以及上述人员的姓名、资历、经验、现任职务等。

（5）分包人。此表目的是审查分包人的资格，投标人应在表中填入其拟雇用的分包人的名称、地址、以往完成类似工程的经验（包括该工程的规模、地址、造价、竣工年份以及其发包人和工程师的姓名）。

（6）当地材料。要求投标人列出整个工程实施期间各类材料与以每 3 个月为一期的材料估算量。

（7）当地劳务。要求投标人列出整个工程实施期间各类工种与以每 3 个月为一期的劳务估算量。

（8）其他。

9. 合同协议书

合同协议书由招标人在招标文件中拟定好具体的格式，在中标人与招标人谈判直到达成一致协议后签署。投标时不填写。

10. 各类保证

各类保证主要包括履约保证和预付款保证。

1）履约保证

履约保证的形式主要包括银行保函和履约担保。

（1）银行保函。银行保函又叫履约保函，一般占合同总价的 10%，分为无条件和有条件两种。

① 无条件：银行在支付时，无须发包人提供任何证据，发包人认为承包人违约，而且提出的索赔日期和金额在有效期内和保证金限额内，银行无条件支付。承包人不能要求银行止付。

② 有条件：银行在支付之前，发包人必须提出理由，指出承包人执行合同失败，不能执行其义务或违约，并由发包人或工程师出示证据，提供所受损失的计算数值等。

（2）履约担保。招标文件要求中标人提交履约保证金的，中标人应当按照招标文件的要求提交。履约保证金不得超过中标合同金额的 10%，由担保公司或保险公司开具保函。

担保公司要保证整个合同的忠实履行。若发包人认为承包人违约，发包人在要求担保公司承担责任之前，必须证实承包人确已违约。这时担保公司可以采取以下措施之一：要求承包人根据原合同条件完成合同；为了按原合同条件完成合同，可以另选承包人与发包人另签合同完成此工程，在原定合同价以外所增加的费用由担保公司承担，但不能超过规定的担保金额；按发包人要求支付给发包人款额，用以完成原合同，但款额不超过规定的担保金额。

2）预付款保证

如果在招标文件中规定了发包人向承包人提供动员预付款，则承包人应开具银行动员预付款保函，发包人在收到该保函后才能支付动员预付款。

11. 价格调整方法

编制招标文件时，价格调整方法有时放在合同条件第二部分中，有时放在补充资料表中，由于此问题内容较多且重要，故在此单独介绍。

我们知道，工程建设的周期往往比较长，较高层的民用建筑需要 2 ～ 3 年，大型工业建筑、港口工程、高速公路往往需要 3～5 年，而大型水电站工程需要 5～10 年。在这样一个比较长的建设周期中，考虑工程造价时，无论是发包人或承包人都必须考虑与工程有关的各种价格的变化。一般来说，不论在我国或外国，主要问题都是价格上涨，所以下面问题均以价格上涨来讨论，价格下跌也可同样计算。

在工程招标中，施工期限一年左右的项目和实行固定总价合同的项目，一般均不考虑价格调整问题，也就是说以签订合同时的单价和总价为准，物价上涨的风险全部由投标人承担，投标人在投标报价时应根据自己的经验，将物价上涨因素考虑在内。施工期限一年以上的项目，则应考虑某些因素变化引起的价格变化，这些因素主要包括：劳务工资以及材料费用的上涨；外币汇率的不稳定；其他影响工程造价的因素（如运输费、燃料费等价格的变化）；国家或省、市立法的改变引起的工程费用的上涨。这就要求招标人一方面在编制工程概（预）算、筹集资金以及考虑备用金额时，应考虑价格变化的问题；另一方面在编制招标文件时明确地规定出各类费用变化的调价办法，以使投标人在投标报价时不计入价格波动因素，便于招标人在评标时对所有投标人的报价在同一基准线上进行比较，从而优选出最理想的投标人。

价格调整的计算公式，一般说来有两种类型：第一类公式主要用于预估在今后若干年内由于物价上涨引起的工程费用上涨值；第二类是招标人编入招标文件，由监理单位与承包人在结算时采用的公式。现分别叙述如下。

1）第一类公式

$$D = \sum_{i=1}^{n} \left[d_i (1+R)^{t/2} - d_i \right] \tag{3-1}$$

式中：D——工程价格上涨费用估算值；

d_i——标价中各分项费用调价前值；

R——标价中各分项费用年平均上涨率；

t——标价中各分项（材料等）的使用期或按实际情况定的时间；

n——分项费用项目数；

i——1，2，…，n。

此公式可在招标人一方编制概（预）算时使用，可以取工资及主要材料、设备的历年上涨率，并假定工程实施期间物价也保持同样上涨率，估算出在工程实施期间工程价格总的上涨费用，以便在筹集资金时考虑到这一不利因素。要特别指明的是，招标人一方在计算上涨费用时，实施期不仅指施工期，应该为从编制概（预）算开始到预计工程完工的总时间段。

此公式也可用于当招标文件规定在工程实施期间，每月结算不考虑调价时，投标人在投标报价时估算工程实施期间工程价格总的上涨费用，以便在各分项报价中加以考虑，减少或避免由于物价上涨等因素引起的风险。公式中 $(1+R)^{t/2}$ 一项，投标人可以用以在投标报价进行各个项目的单价分析时，把物价上涨因素考虑进去。

如果招标文件明确规定允许月结算调价，则绝不能再用此类公式，以免导致报价过高。

2）第二类公式

此类公式由招标人或其委托的咨询工程师在准备招标文件时编入招标文件，在监理单位与承包人结算时采用。此类公式分别用于施工时的三种情况。

（1）用国内人民币或用工程所在国当地货币支付的价格调整公式。

$$P_1 = P_0\left[a + b\frac{L(1+C_S)}{L_0(1+C_{S0})} + c\frac{PL}{PL_0} + d\frac{T}{T_0} + e\frac{M_1}{M_{10}} + f\frac{M_2}{M_{20}} + \cdots + n\frac{M_n}{M_{n0}}\right] \tag{3-2}$$

式中：

P_0——按合同价格结算时应付给承包人的每月工程结算款总额的当地货币部分；

P_1——价格调整后应付给承包人的每月工程结算款总额的当地货币部分；

L_0——工程所在国劳务工资，订合同时的基本价格指数（basic price index）或每小时工资；

L——工程所在国劳务工资，结算月份的现行价格指数（current price index）或每小时工资；

C_{S0}——订合同时工程所在国政府公布的社会负担系数（与工资挂钩的系数，如退休工程师补助费）；

C_S——结算月份工程所在国政府公布的现行负担系数；

PL_0——订合同时成套设备的基本价格指数或价格；

PL——结算月份成套设备的现行价格指数或价格；

T_0——订合同时每辆卡车的吨公里运输价；

T——结算月份每辆卡车的吨公里运输价；

M_{10}，M_{20}，$\cdots$，M_{n0}——订合同时各种主要材料的基本价格指数或价格；

M_1，M_2，$\cdots$，M_n——结算月份各种主要材料的现行价格指数或价格；

a——固定常数，代表合同支付中不能调整的部分，如管理费、利润以及预计承包人以固定价开支的部分；

b，c，d，e，f，$\cdots$，n——加权系数，代表各有关费用（工资、设备费、运输费、各种材料费等）在合同总价当地货币部分中所占比例的估计值，$a+b+c+d+e+f+\cdots+n=1$。

式（3-2）中［ ］部分为价格调整系数。

式（3-2）的使用说明如下。

① 价格指数为当地政府或商会发布的指数。

② 订合同时的基本价格指数或价格是指投标文件递交截止日前 m 天的数值，而工程结算月份的现行价格指数或价格是指结算月份结算日前 m 天的数值。m 一般为 28 ～ 50。

③ 如上述时间当地政府或商会未发布有关指数或价格，则可由工程师决定暂时采用的指数或价格，待正式公布后再调整。

④ 劳务工资为工程所在国当地政府公布的标准基本工资，是不考虑各种附加成分的工资，如加班费、奖金、津贴等。

⑤ 固定常数 a 正常的变动幅度为 10% ～ 20%，一般为 15%。

⑥ 设备和材料应取大宗的、价值较高的设备和材料。

⑦ 加权系数的确定，一般由招标人在招标文件中规定一个允许范围，要求投标人在投标时即确定，并在价格分析中予以论证；但也有的是由招标人一方在招标文件中即规定了固定数值。

（2）用外币支付部分的价格调整公式。

$$P_1 = P_0'\left[a' + b'\frac{L'}{L_0'} + c'\frac{PL'}{PL_0'} + d'\frac{T_m'}{T_{m0}'} + e'\frac{M_1'}{M_{10}'} + f'\frac{M_2'}{M_{20}'} + \cdots + n\frac{M_n'}{M_{n0}'}\right] \tag{3-3}$$

式中：

P_0'——按合同价格结算时应付给承包人的每月工程结算款总额的外币部分；

P_1'——价格调整后应付给承包人的每月工程结算款总额的外币部分；

L_0'——订合同时外国劳务工资的基本价格指数或每小时工资；

L'——结算月份外国劳务工资的现行价格指数或每小时工资；

PL_0'——订合同时进口成套设备的基本价格指数或价格；

PL'——结算月份进口成套设备的现行价格指数或价格；

M_{10}'，M_{20}'，$\cdots$，M_{n0}'——订合同时各种进口材料的基本价格指数或价格；

M_1'，M_2'，$\cdots$，M_n'——结算月份各种进口材料的现行价格指数或价格；

T_{m0}'——订合同时国际海运费用的基本价格指数；

T_m'——结算月份国际海运费用的现行价格指数；

a'——同式（4-2）中的 a；

b'，c'，d'，e'，f'，$\cdots$，n'——加权系数，代表与外币支付有关的费用在合同总价外币部分中所占比例的估计值，$a'+b'+c'+d'+e'+f'+\cdots+n'=1$。

式（3-3）的使用说明如下。

① 当发包人每月向承包人结算工程支付款时，用工程所在国以外的外币支付时调整价格使用。外籍人员的工资价格指数要参照外国承包人总公司所在国有关工程技术人员及工人工资的官方指数。

② 基本价格指数和现行价格指数的计算日期规定同式（3-2）。

③ 设备价格指数是指进口设备生产国及其主要部件生产国的官方价格指数。材料价格指数也是指进口材料出售国的有关官方价格指数。

④ 如果承包人未从其投标时在投标书有关表格中开列的国家采购设备、部件或材料，而且工程师认为这种改变没有充分的理由，则选择价格指数时以对发包人有利为准。

⑤ 海运费用价格指数应为航运工会的价格指数。如果承包人愿意选用其他海运公司运输，则在调价时选取二者中对发包人有利的海运费用价格指数。

⑥ 如果合同价格的外币部分不同于采用价格指数的那个国家的外币，则应按发包人批准的兑换率进行核算，将合同价格的外币部分折换成实际支出所用外币。

⑦ 如果有关国家颁布的价格指数不止一个或者价格指数不是由被正式认可的代理机构颁布的，则这种价格指数需经发包人批准。

（3）用于大型设备订货时的价格调整公式。

$$P_1'' = P_0''\left[a'' + b''\frac{L''}{L_0''} + c''\frac{M''}{M_0''}\right] \tag{3-4}$$

式中：P_1''——应付给供货人的价格；

P_0''——合同价格；

L_0''——特定设备加工工业人工成本的基本价格指数；

L''——合同执行期间相应人工成本的现行价格指数；

M_0''——主要材料的基本价格指数；

M''——主要材料的现行价格指数；

a''——固定常数；

b''、c''——分别为劳务、材料的加权系数，$a''+b''+c''=1$。

式（3-4）的使用说明如下。

① 一般在设备订货时多采用固定价格合同，由供货人承担物价风险，但对专门定制的大型成套设备或交货期一年以上的大型成套设备，有时可以允许进行价格调整，本公式即是为此目的而设的。

② 基本价格指数的计算日期规定同式（3-2）和式（3-3）。现行价格指数则是采用合同中规定的货物装运前 3 个月时的指数或货物制造期间的平均价格指数，在招标文件中应明确规定。

③ 当有几种主要材料时可增加材料项数。

④ 在订合同时就应将公式中的有关系数确定下来，以免结算时发生纠纷。

3）对价格调整公式的总体说明

（1）价格调整公式一般不应该规定"封顶"值，即不应规定调价最高上限。

（2）调价开始日期，对大型工程而言，一般在开工一年以后，当物价变动大时可考虑适当缩短。

（3）工程如因承包人方面的原因而延期，则在原合同规定完工日期以后的施工期限内不再考虑价格上调，但可下调；如因发包人方面的原因而延期，则在延长的施工期内仍应考虑价格上调。

（4）在大型工程合同中，咨询工程师在编制招标文件时应按下述步骤编制价格调整公式：首先，分析施工中各项成本投入，包括国内和国外投入，以决定选用哪一个或几个公式；其次，选择能代表主要投入的因素；再次，确定公式中固定常数和不同投入因素的加权系数的范围；最后，规定公式的应用范围和注意事项。

3.4　开标、评标和决标

3.4.1 开标

开标是向所有投标人和公众保证招标程序公平合理的最佳方式。开标应在招标文件规定的时间、地点公开进行，投标人或其代表应参加开标。

开标会议程序一般如下。

（1）投标人出席开标会议的代表签到。

（2）开标会议主持人宣布开标会议开始。

（3）开标会议主持人介绍主要与会人员。

（4）主持人宣布会议程序、会议纪律和当场废标的条件。

（5）核对投标人授权代表的相关资料。

（6）招标人领导讲话（可无）。

（7）主持人介绍招标文件、补充文件或答疑文件的组成和发放情况，投标人确认。

（8）主持人宣布投标文件截止和实际送达时间。

（9）招标人和投标人的代表共同（或由公证机关）检查各投标文件密封情况。

（10）主持人宣布开标和唱标次序。

（11）开标会议纪要签字确认。

（12）公布标底。

（13）送封闭评标区封存。

（14）主持人宣布开标会议结束。

开标时，由招标人当众打开密封的投标文件，进行唱标。公开公布投标人名称、投标价格、投标价格修改（折扣）、投标撤销、有无投标保证或招标人认为有必要公开的其他情况。投标人可以记录，但不得查阅投标书。开标后，投标人不得更改投标书的实质性内容，但在招标人要求时可做一般性说明和不改变投标实质的澄清。

开标时，招标人不解答任何问题。任何装有替换、修改或撤回投标内容的信封均应予以宣读，包括读出关键细节（如价格的变化）。若未能读出这些信息，并且未将其写入开标记录，则可能导致该标不能进入评标。如某投标已被撤回，仍应将其读出，并且在撤标通知的真实性被确认之前，不应将该标退回投标人。

对包含设备安装和土建工程的招标，或是大型成套设备的采购和安装的招标，有时分两个阶段开标。即投标文件同时提交，但分两包包装，一包为技术标，一包为商务标。技术标的开标实质上是对技术实施方案的审查，只有在技术标通过后才开商务标，技术标不通过则商务标将被原封退回。

对未按规定日期送达的投标文件，原则上均应被视为废标而予以原封退回。但如果迟到时间不长，且延误并非由于投标人的过失（如邮政、罢工等原因），招标人也可以考虑接受该迟到的投标文件。

开标时要做好记录。开标会议纪要通常包括招标人名称、工程名称、招标号、会议时间、会议地点、与会人员签到表、评标委员会组成、工程概况、会议纪律、注意事项等内容。开标会议纪要示例如下。

开标会议纪要

招标人： 工程名称： 招标号：

会议时间： 会议地点：

一、招标人、投标人代表和见证服务的部门代表签到

1. 招标人：

2. 投标人：

3. 招投标监督部门：

4.公证机构：

5.纪检监察机关：

6.主持人：　　　　　　　　工作单位：

7.记录员：

8.唱标人：　　　　　　　　工作单位：

9.监标人：

二、工程概况

本项目位于_____，面积（长度）为_____，结构类型为_____，工程预算经造价部门编制（或审核），预算价为_____元。

三、会议纪律

1.为维护开标会场秩序，保持会场安静，请与会人员自行关闭随身携带的通信工具，并交由工作人员负责保管。

2.与会人员未经许可不得离开开标会场。

违反上述纪律者，取消本次投标资格，并视情节轻重，给予相应处罚。

四、随机抽取专家，组建评标委员会

评标委员会成员签到：

评标委员会负责人：

五、开标、评标

1.当场废标情况。

2.评标纪律及报价注意事项：

（1）评标委员会成员评审必须独立完成，不得相互商量。

（2）招标人代表或相关人员不得发布任何具有倾向性、诱导性的见解或意见，不得对评标委员会的评审意见施加任何影响。

（3）评标委员会以无记名报价，以百分率报价不允许报整数，小数点后保留两位有效，涂改无效。

招标单位（盖章）：

法定代表人（签名或盖章）：

　　　　年　　月　　日

开标时一般不立刻作出决定，只宣布各家报价名次。开标后即进入评标阶段。

3.4.2 评标

1.成立评标组织

通常在招标机构中专门设置由招标机构组织的评标委员会或评审小组进行评标工作。评标委员会或评审小组必须具有权威性，一般均由招标人、咨询设计单位、资金提供单位等单位的代表以及邀请的各有关方面的专家组成。评标委员会或评审小组的成员不代表各自的单位或组织，也不应受任何个人或组织的干扰。

有些招标机构可能采取多途径评标的方式，即将所有投标书轮流和分别递送给咨询设计单位、招标人的有关管理部门和专家小组，由他们各自独立进行评审，并分别提出评审意见；而后由招标机构的评标委员会进行综合分析，写出评审对比和分析报告，交招标委员会讨论决定。

一般情况下，评标组织的权限只是评审、分析比较和推荐。决标和授标的权力属于招标委员会和工程项目的招标人。

2. 评标原则

（1）保密。从公开开标后到中标的投标人被通知授予合同之前，与投标审核、澄清及评估有关的信息不得泄露给投标人或其他与评标过程无关的人。

（2）允许澄清。在个别情况下，如招标人需要，应以书面的形式要求投标人对其投标书中含糊不清和不一致的地方进行澄清。

（3）以投标文件为主要依据。在评标期间，投标人可能会频繁尝试与招标人直接或间接地接触以询问评标进展情况，提供非经招标人征询的澄清，或对其竞争对手提出批评。收到此类信息应仅答复收悉。招标人必须以相应的投标书所提供的信息为依据进行评标，投标人提供的附加信息可能有助于提高评标的精确性、快速性或公正性，但无论如何不允许改变报价或实质性内容。

3. 评标程序与内容

下面详细介绍土建工程和货物采购项目的评标，二者基本类似。

1）行政性评审

对所有的投标文件都要进行行政性评审，其目的是从众多的投标文件中筛选出符合最低要求的合格投标文件，淘汰那些基本不合格的投标，以免浪费时间和精力进行技术评审和商务评审。

行政性评审是评标的第一步，只有经过行政性评审被认为是合格的投标文件，才有资格进入技术评审和商务评审；否则，将被列为废标而予以排除。行政性评审的主要内容如下。

（1）投标人的合格性。例如一般金融组织的贷款项目，该组织会对投标人有要求。此外，根据一些银行贷款项目的评标规则，如果投标人（包括一个联营体的所有成员和分包人）与为项目提供过相关咨询服务的公司有隶属关系，或投标人是一个缺乏法律和财务自主权的公有企业，则该投标人可被认定为无资格投标。

（2）投标文件的有效性。例如，投标人必须已通过资格预审；总标价必须与开标会议宣布的一致；投标保证金必须与招标文件中规定的一致；投标文件必须有投标人的法定代表人签字或盖章；若投标人是联营体，必须提交联营协议；如果投标人是代理人，应提供相应的代理授权书等。

（3）投标文件的完整性。投标文件必须包括招标文件中规定的应提交的全部文件，包括工程量表和报价单，以及施工进度计划、施工方案、现金流动计划、施工机具设备清单等。随同投标书还应提交必要的证明文件和资料，如招标文件中有关设备供货除可能要求提供样本外，还要提供该设备的性能证明文件，诸如设备已在何时何地被使用并被使用者证明性能良好，或制造者提供的性能试验证书等。除此之外，投标文件正本缺页会导致废标。

（4）报价计算的正确性。如投标人的分项报价与总价的算术失误过多，至少说明投标人是不认真和不注重工作质量的，这不但会给评标委员会留下不良印象，而且可能会使他们在评审意见中提出不利于中标的结论。对于报价中的遗漏，则可能被判定为"不完整投标"而被拒绝。

（5）投标文件的实质性响应。对于招标文件提出的要求应当在投标时"有问必答"，还要避免"答非所问"，这就是投标文件的实质性响应。所谓实质性响应是指投标文件与招标文件的全部条款、条件和技术规范相符，无重大偏差。这里的重大偏差是指有损于招标目的的实现，或在与满足招标文件要求的投标进行比较时有有碍公正的偏差。判断一份投标文件是否有重大偏差的基本原则是要考虑对其他投标人是否公平。在其他投标人没有同等机会的情况下，如果默认或允许一份投标文件的偏差可能会严重影响其他投标人的竞争能力，则这种偏差就应被视为重大偏差。

重大偏差的例子有：固定价投标时提出价格调整；未能响应技术规范；合同起始、交货、安装或施工的分段与所要求的关键日期或进度标志不一致；以实质上超出所允许的金额和方式进行分包；拒绝承担招标文件中分配的重要责任和义务，如履约保证和保险范围；对关键性条款表示异议或例外（保留），如适用法律、税收及争端解决程序；在投标人须知中列明的可能导致废标的偏差。

若投标文件存在重大偏差，一般有两种处理方式，其一是招标人对存在重大偏差的投标文件予以拒绝，并且不允许投标人修改投标文件而使之符合招标文件的要求；其二是招标人不接受投标人提出的偏差，通知投标人在不改变报价的前提下撤回此类偏差。

2）技术评审

技术评审的目的是确认投标人完成本工程的能力，以及他们的施工方案的可靠性。技术评审的主要内容如下。

（1）技术资料的完备。审查是否按招标文件要求提交了除报价外的一切必要的技术文件资料。例如，施工方案及其说明、施工进度计划及其保证措施、技术质量控制和管理、现场临时工程设施计划、施工机具设备清单、施工材料供应渠道和计划等。

（2）施工方案的可行性。审查各类工程（包括土石方工程、混凝土工程、钢筋工程、钢结构工程等）的施工方法、主要机具的性能和数量选择、施工现场及临时设施的安排、施工顺序及其互相衔接等。特别是要对该项目的最难点或要害部位的施工方法进行可行性论证。

（3）施工进度计划的可靠性。审查施工进度计划是否满足招标人对工程竣工时间的要求；如果从表面上可看出其进度能满足要求，则应审查其计划是否科学和严谨，是否切实可行，不管是采用线条法或网络法表示施工计划，都要审查其关键部位或线路的安排是否合理；还要审查保证施工进度的措施。

（4）施工质量的保证。审查投标书中提出的质量控制和管理措施，包括质量管理人员的配备、质量检查仪器设备的配置和质量管理制度。

（5）工程材料和机器设备供应的技术性能。审查投标书中关于主要材料和设备的样本、型号、规格和制造厂家名称、地址等，判断其技术性能是否可靠和达到技术要求的标准。

（6）分包人的技术能力和施工经验。招标文件可能要求投标人列出其拟指定的专业分包人，因此应审查这些分包人的能力和经验，甚至调查主要分包人过去的业绩和声誉。

（7）审查投标书中对某些技术要求有何保留性意见。

（8）对建议方案的技术评审。这种评审主要对投标书中按招标文件规定提交的建议方案的技术可靠性和优缺点进行评价，并与原招标方案进行对比分析。

3）商务评审

商务评审的目的是从成本、财务和经济分析等方面评审投标报价的正确性、合理性、经济效益和风险等，估量授标给不同投标人所产生的不同后果。商务评审的主要内容如下。

（1）报价的正确性和合理性。

① 审查全部报价数据计算的正确性，包括报价的范围和内容是否有遗漏或修改；报价中每一单项价格的计算是否正确。

② 分析报价构成的合理性，例如分析投标报价中有关前期费用、管理费用、主体工程和各专业工程价格的比例关系，可以判断投标报价是否合理，还可以判定投标人是否采用了严重脱离实际的不平衡报价法。

③ 从用于额外工程的日工报价和机械台班报价以及可供选择项目的材料和工程施工报价中，可以分析其基本报价的合理性。

④ 审查投标人报价中的外汇支付比例的合理性。

（2）投标书中的支付和财务问题。

① 现金流量表的合理性。通常招标文件会要求投标人填报整个施工期的现金流量计划。有些缺乏工程投标和承包经验的投标人经常忽略了正确填报现金流量表的重要性，随意填报工程的现金流量计划。其实，评标委员会的专家完全可以从现金流量表中看出投标人的资金管理水平和财务能力。

② 审查投标人对支付工程款有何要求，或者有何对招标人的优惠条件。

（3）关于价格调整问题。如果招标文件规定该项目为可调价格合同，则应分析投标人在调价公式中采用的基价和指数的合理性，估量调价方面的可能影响幅度和风险。

（4）审查投标保证金。尽管在开标会议上已经对投标保证金做了初步的审查，在商务评审中仍应详细审查投标保证金的内容，特别是是否有附带条件。

（5）其他条件。

① 若在行政性评审时，允许通过将偏差折算成一个货币值在商务评审时计入标价作为惩罚，从而使包含偏差的投标转变为具有实质性响应的投标，则此时应将偏差按评标货币折价计入标价。

② 交叉折扣。在对同一投标人授予工程合同或合同包时，若这个投标人会提供有条件的折扣，此时招标人应在投标人满足资格条件的前提下，以总合同包成本最低的原则选择授标的最佳组合。

（6）对建议方案的商务评审。应当与技术评审共同协调地审查建议方案的可行性和可靠性，应当分析对比原方案和建议方案的各方面利弊，特别是接受建议方案在财务方面可能发生的潜在风险。

4）澄清投标书中的问题

要求投标人补充报送某些报价计算的细节资料；要求投标人对其具有某些特点的施工方案做出进一步的解释，证明方案的可靠性和可行性，澄清这种施工方案对工程价格可能产生的影响；要求投标人对其提出的建议方案做出详细的说明，也可能要求补充其选用设备的技术数据和说明书；要求投标人补充说明其施工经验和能力，澄清对某些外国并不知名的潜在中标人的疑虑。

5）投标评价和比较

投标评价的目的就是从技术、商务、法律、施工管理等各方面对每份投标书提出的费用进行分析评价，以便招标人能在这个"评定费用"的基础上对全部投标进行比较。应当看到，经过评标后，招标人认为最有利的投标应该是"评定费用"即"评标价"最低的投标，而不一定是"报价"最低的投标。因为"评标价"最低的投标是经过从技术和商务诸方面进行全面鉴别、比较以后得出的最经济合理又最有成效的投标，而有时候，那些在报价单上列出的费用最低的投标，在经过技术及商务上的比较后，却并不一定是经济效益最高的投标。

在投标评审的最后，评标委员会对其评审的每一份投标文件都应提出评审报告；对所有投标文件进行评审后，评标委员会要做出一份综合性报告，综述整个评审过程、进行对比分析和提出推荐意见。

资格审查和评标都可以用来筛选投标人，只是目的稍有不同：资格审查是基于投标人以往的资料，招标人可以剔除不合格的投标人，从而减小项目风险；而评标是基于投标人对招标文件是否做出实质性响应，招标人通过评标可以挑选到最优的中标人，获得项目的最大价值。

3.4.3　决标

决标，即最后决定中标人并授予合同。当评标阶段的工作全部完成之后，招标人应在投标有效期内以书面形式（包括函件、电传或电报）向中标人发出中标通知书，通知其接受其授标。中标人应以书面形式答复招标人，表示已接受其授标，并在规定的时间内进行合同谈判。招标人不得要求投标人承担招标文件中没有规定的义务或修改其投标书作为授标的条件。中标通知书构成合同的成立，具有法律效力，对投标人和招标人均有约束力。决标及签订合同是工程项目招标阶段的最后一项非常重要的工作。

如果招标人是一家公司，通常由该公司董事会根据评标报告决定中标人；如果是政府部门的项目招标，则政府会授权该部门首脑通过召开会议讨论决定中标人；如果是国际金融机构或财团贷款建设的项目招标，除借款人决定中标人外，还要报送贷款的金融机构征询意见。贷款的金融机构如果认为借款人的决定是不合理或不公平的，可能要求借款人重新审议后再做决定。如果借款人与国际贷款机构之间对中标人的选择有严重分歧而不能协调，则可能导致重新招标。

1.决标及签订合同

决标前，一般由招标人与中标人进行谈判，谈判达成的协议要有书面记载，最后根据协议编写合同协议书备忘录或合同协议书附录。

谈判结束，双方各派一名高级代表审阅合同文件，如没有问题，则在合同文件上签字。谈判期不可太长，应在投标有效期内宣布中标结果。

决标谈判一结束，招标人应尽快决定中标人并向中标人发出书面中标通知书，同时通知其他未中标的投标人，发出未能中标的通知书，不必说明未中标的原因，但应退回其投标保证金，如有需要，还可注明退还投标保证金的方法。

投标人中标后即成为承包人。按照国际惯例，承包人应立即向发包人提交履约保证，用履约保证换回投标保证金。履约保证是承包人履行工程合同的一种保证，也是使发包人能够获得质量合格的工程的一种保证。承包人一旦中途毁约，发包人便可持履约保证到有关单位去索取保证金。履约保证的期限一般到缺陷责任期结束。

2. 延期决标

招标文件中通常规定了决标的最迟期限，或者规定了银行出具的投标保证金的有效期。在此期限内如果招标人因各种原因不能做出决标，应当通知投标人，并请投标人延长投标文件和投标保证金的有效期。假若某些投标人不愿意延长，那么其投标自动作废，他们也就自动退出了这次投标竞争。一般来说，开标时名列前茅的几家投标人抱着有可能中标的希望，往往愿意接受延期决标的要求，及时办理延长投标保证金有效期的手续。

尽管许多招标文件规定，由于招标人的原因延期决标而使投标人不得不办理投标保证金延长有效期的手续时，投标人可以得到合理补偿，有的招标文件甚至规定投标人还可保留因延期决标而调整标价的权利，但是投标人一般不愿意提出这种权利主张。只要能中标，延长投标保证金有效期所花费的费用毕竟是很少的。如果授标的时间延长太久，在通货膨胀较严重时，中标人则完全有理由提出因物价上涨而要求调整其报价。

3. 废标

在招标文件中一般规定招标人有权拒绝所有投标，但绝不允许为了压低标价而再以同样的条件招标。

一般在下述三种情况下，招标人可以拒绝全部投标。

（1）具有响应性的最低标价大大超过标底（超过 20%），招标人无力接受。

（2）投标文件都不符合招标文件的要求。

（3）投标人过少（不超过三家），没有竞争性。

如果发生上述情况之一，招标人应认真审查原招标文件及标底，研究发生的原因，采取相应的措施，如扩大招标公告范围，或与最低标价的投标人进行谈判等。按照工程惯例，如果准备重新招标，则必须对原招标文件的项目、规定、条款进行审定修改，将以前作为招标文件补遗颁发的修正内容和 / 或对投标人的质疑的解答包括进去。

习　题

一、单项选择题

1. 议标又叫作（　　）或（　　）。

A. 有限招标　　　B. 谈判招标　　　C. 指定招标　　　D. 限制招标

2. （　　）的招标方式适合于专业化强的项目的招标。

A. 公开招标　　　B. 邀请招标　　　C. 两阶段招标　　　D. 议标

3.（　　）的招标方式适合于军事保密性工程的招标。

A. 公开招标　　　B. 邀请招标　　　C. 两阶段招标　　　D. 议标

4. 投标保证中要说明保函有效期，一般（　　）投标有效期，也有的招标文件要求其（　　）投标有效期一段时间。

A. 大于　　　　　B. 小于　　　　　C. 等于　　　　　D. 不确定

5. 投标报价计算的准确程度取决于（　　）的详细程度。

A. 合同条件　　　B. 规范　　　　　C. 图纸　　　　　D. 工程量清单

二、填空题

1. 我国的主要招标方式有_____、_____。

2. 采用两阶段招标方式进行招标时，招标人要求投标人分别编写_____和_____。

3. 国际上的其他招标方式有_____、_____。

4. 招标文件在工程项目的招投标过程中是非常重要的，它是提供给投标人的_____，同时也是签订_____的基础。

5. 在投标邀请书中应明确招标人发售招标文件的_____、_____和_____，以及投标人送交投标文件的_____、_____和_____。

三、问答题

1. 招标文件主要包括哪些内容？

2. 投标保证的作用是什么？

在线答题

拓展习题

第 4 章
工程投标业务与方法

知识结构图

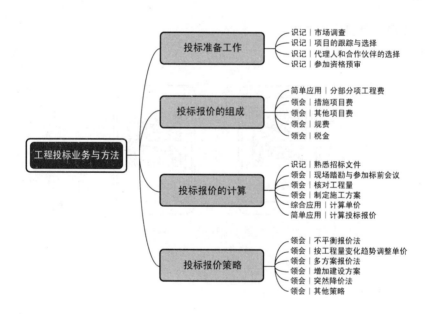

4.1　投标准备工作

投标前应当进行大量准备工作，只有准备工作做得充分和完备，投标的失误才会降到最低限度。投标准备工作中，最主要的是要通过广泛收集信息和认真筛选，选择好适合本公司的项目，并密切进行跟踪。在确定了拟投标的项目后，应当积极参加投标资格预审（如果该项目有资格预审），并为投标报价广泛和细致地做好各项调查研究工作。本节对上述各项投标准备工作的内容、方法和应当注意的问题进行介绍。

工程投标业务与方法（一）

工程投标业务与方法（二）

4.1.1　市场调查

1. 法律方面

（1）项目相关的宪法及各种民法。尤其是有关民事权利主体的法律地位、权利能力和行为能力的规定，所有权与合同的一般关系以及相关法律中对买卖、供应、租赁、运输、信贷、保险等方面的规定。

（2）项目相关的经济法规。尤其是有关建筑法、公司法、劳动法、环境保护法、税收法、会计法以及仲裁法等方面的法律规定。

（3）项目施工相关的其他具体规定。如劳动力的雇用、施工机械的使用等方面的有关法令、规定等。

必须注意的是，法律方面要尽可能找到最新颁布的原文。

2. 市场方面

市场方面的调查虽然针对性不很强，但非常重要，因为这方面内容很多，调查研究的工作量很大。诸如：工程所在地施工用料供应情况和价格水平（特别是工程所在地砂、石等地方建筑材料货源和价格，有无可能自己开采，是否征收开采时的矿山使用费等）；工程所在地设备采购条件、租赁费用，零配件供应和机械修理能力等；工程所在地生活用品供应情况、食品供应及价格水平；工程所在地劳务的技术水平、劳动态度、雇佣价格及雇佣工程所在地劳务的手续、途径等；工程所在地运输情况，车辆租赁价格、运费水平，汽车零配件供应情况，燃料价格及供应情况，公路、桥梁管理的有关规定，工程所在地司机水平、雇佣价格等；有关港口和铁路的装卸设施、装卸能力、费用及管理有关规定等；空运条件及价格水平；水陆联运情况及价格水平；工程所在地近 3 年的物价指数变化情况；等等。

3. 金融情况

收集工程所在地主要银行有关外币汇率、计息办法，工程付款确认办法，保险公司有关规定，开具保函办法，等等。

4. 地理环境

收集施工现场及其附近的地形、地貌和土壤地质情况；施工现场的水文情况，如江河、湖泊、地下水的深度与水质等；施工现场及其附近的气象情况，如年最高最低气温、冻土层深度、主导风向、风速、年降雨量及雪量；施工现场交通运输及附近的地理条件对于物资运输及施工的可能影响，如工程所在地的公路情况、桥梁情况等。

5. 收集其他公司过去的投标报价资料

这是一件非常困难的工作，因牵涉到每个公司的切身利益，这种情报往往是互相保密的，但并非不可能完成。例如可找一些代理人、一些工程所在地商人讨论分包或合营，找信息公司或不同行的本国公司调查已实施的工程价格等。

6. 了解工程所在地或该有关项目发包人情况

了解工程所在地有无自己编制的工程合同条款，有哪些特殊规定和要求，对承包人承包工程有哪些特殊要求等。

4.1.2 项目的跟踪与选择

所谓项目的跟踪与选择，也就是对工程项目信息进行连续的收集、分析、判断，并根据项目的具体情况和公司的营销策略进行选择，直至确定投标项目的过程。

一个成功的承包公司应该拥有广泛的项目信息来源，还应该有完整的信息收集分析以及不断的信息反馈，根据市场现实情况结合自己的营销方针和市场计划，进行详细认真的筛选和反复的论证后确定投标对象。工程项目信息的跟踪与选择，关系到承包公司能否广泛地获得足够的项目信息，能否准确地选择出风险可控、能力可及、效益可靠的项目，使自己的业务得到发展和成功，可以说它是承包公司投标工作的"龙头"。因此，每个承包公司都应有一个专门的配备有现代化信息工具的机构负责这一工作。

项目的跟踪与选择属于市场营销范畴，学习现代的市场营销理论和方法有利于指导这一工作。

1. 项目跟踪

要想参加投标，首先必须获得投标信息。所谓投标信息，就是指为决定参加投标所需要了解的情况，包括招标项目名称、招标货物或工程的大体内容、招标货物或工程中的"标"与"包"如何划分、资金来源、招标人名称、招标大体日程安排（如刊登招标或预审公告、发行招标文件、投标截止、开标）等的项目跟踪。

获取早期投标信息是获得中标机会的重要手段，所以，要及早通过各种途径获得投标信息，以争取更多的时间充分准备投标，从而达到中标的目的。获得投标信息的一种重要途径，就是进行前期工作，即在项目评估、可行性研究或准备招标阶段，积极与招标人（包括用户）建立联系，并根据情况派人前往洽谈，及早了解招标人对招标的总体计划及要求。

投标信息的主要信息发布渠道如下。通过这些信息发布渠道，承包公司从该项目立项起就要开始不断进行跟踪，直至该项目的招标公告发布为止。

1）通过金融机构的出版物

所有应用世界银行、亚洲开发银行等国际性金融机构贷款的项目，都要在世界银行的《商业发展论坛报》、亚洲开发银行的《项目机会》上发表。

（1）世界银行。世界银行（World Bank）是世界银行集团的简称，包括国际复兴开发银行、国际开发协会、国际金融公司、多边投资担保机构和解决投资争端国际中心五个成员机构。这些机构联合向发展中国家提供低息贷款、无息信贷和赠款。世界银行这一国际组织一开始的使命是帮助在第二次世界大战中被破坏的国家重建，而今天它的使命是资助国家克服贫困，各机构在减轻贫困和提高生活水平的使命中发挥着独特作用。

世界银行的贷款特点包括：贷款一般须与特定的工程项目相联系；贷款期限较长；贷款利率参照资本市场利率，但一般低于市场利率。

世界银行项目贷款周期包括：选定（申请借款国选定需要优先考虑并且符合世界银行贷款原则的项目）、准备（申请借款国对选定的项目进行可行性研究，包括技术可行性、财务可行性、经济可行性、组织体制可行性、社会可行性）、评估（世界银行审查项目在技术、组织、经济和财务四个方面的实际情况）、谈判（是前三个环节的继续，世界银行和借款国进一步明确双方所采取的共同对策并达成协议）、执行（借款国负责项目的执行和经营，世界银行负责对项目的监督）、总结评价（项目结束后的总体评价）六个环节。

（2）亚洲开发银行。亚洲开发银行（Asian Development Bank，ADB）简称亚行，是亚洲和太平洋地区的区域性金融机构。它不是联合国下属机构，但它是联合国亚洲及太平洋经济社会委员会（联合国亚太经社会）赞助建立的机构，同联合国及其区域和专门机构有密切的联系。

建立亚行的宗旨是通过发展援助帮助亚太地区发展中成员消除贫困，促进亚太地区的经济和社会发展。亚行对发展中成员的援助主要采取四种形式：贷款、股权投资、技术援助、联合融资。其具体任务是为亚太地区发展中会员国或地区成员的经济发展筹集与提供资金；促进公、私资本对亚太地区各会员国投资；帮助亚太地区各会员国或地区成员协调经济发展政策，以更好地利用自己的资源在经济上取长补短，并促进其对外贸易的发展；对会员国或地区成员拟定和执行发展项目与规划提供技术援助；以亚行认为合适的方式，同联合国及其附属机构，与亚太地区发展基金投资的国际公益组织以及其他国际机构、各国公营和私营实体进行合作，并向其展示投资与援助的机会；发展符合亚行宗旨的其他活动与服务。

亚行贷款按方式划分有项目贷款、规划贷款、部门贷款、开发金融机构贷款、特别项目执行援助贷款和私营部门贷款等。亚行所在地发放的贷款按条件划分，有硬贷款、软贷款和赠款三类。硬贷款的贷款利率为浮动利率，每半年调整一次，贷款期限为 10～30 年（2～7 年宽限期）。软贷款也就是优惠贷款，只提供给人均国民收入低于 670 美元（1983 年的美元）且还款能力有限的会员国或地区成员，贷款期限为 40 年（10 年宽限期），没有利息，仅有 1% 的手续费。赠款用于技术援助，资金由技术援助特别基金提供，赠款额没有限制。技术援助可分为项目准备技术援助、项目执行技术援助、咨询技术援助和区域活动技术援助。技术援助项目由亚行董事会批准，如果金额不超过 35 万美元，行长也有权批准，但须通报董事会。

2）通过一些公开发行的刊物

联合国的《发展论坛商业版》登载由世界银行、美洲开发银行、非洲开发银行和非洲开发基金、亚洲开发银行、联合国欧洲经济委员会、加勒比开发银行和联合国开发计划署出资的、进行国际公开竞争性投标的项目信息。

还有一些公开发行的国际性刊物或杂志，如《工程新闻记录》《国际建设》《中东经济文摘》等有时也会刊登一些招标邀请公告。

《工程新闻记录》（*Engineering News-Record*，ENR）是全球工程建设领域具有权威的学术杂志，隶属于美国麦格劳 – 希尔公司。ENR 提供工程建设业界的新闻、分析、评论以及数据，帮助工程建设专业人士更加有效地工作，其读者包括遍布全球的承包人、项目发包人、工程师、建筑师、政府机构及供应商。ENR 的内容涵盖工程建设的方方面面，包括商业管理、设计、施工方法和技术、安全、法律法规、环境及劳工等。ENR 的历史可以追溯到 1874 年，其前身是两份独立的刊物《工程新闻》以及《工程记录》。

英国《国际建设》（*International Construction*）杂志是国际建设领域权威媒体之一，在中国、印度、德国、美国和日本等国家拥有强大的读者群。该杂志于 1962 年创刊，报道各国大型工程项目的计划、经费、设计与施工等方面的消息，同时为客户提供与建设领域专业人士交流的机会。

《中东经济文摘》（*Middle East Economic Digest*，MEED）为英国权威经济杂志。

国内的此类刊物有《中国日报》《国际经济合作》等。《中国日报》（*China Daily*）是中华人民共和国成立以来创办的第一份也是目前唯一的一份全国性英文日报，创刊于1981 年 6 月 1 日。《中国日报》以权威、客观、迅捷的报道，向国内外读者介绍我国政治、经济、文化、社会等各方面的讯息。旗下包括《中国日报》《中国日报美国版》《中国日报香港版》《上海英文星报》《中国专稿》《北京周末》等和面向国民教育领域发行逾百万份的 21 世纪英语教育报系。《中国日报》是目前我国被境外各大通讯社、报刊、电台、电视台转载最多的媒体，在全球信息交流中代表中国的声音，被公认为是中国最具权威的英文刊物。《国际经济合作》是国际经济贸易专业刊物，发布对外经济合作领域的权威性新闻、研究国际经济贸易的实务和理论，适合于所有从事和关心国际经济合作事业的人士阅读。该刊物有英文目次。

3）通过公共关系网和有关个人的接触

对于有一定知名度的公司，往往会有一些国外代理商直接和这些公司接触，提供一些项目信息，有时承包公司通过接触一些国外的代理、朋友也会获得一些信息，这是国际上采用最为普遍的方法。通过公共关系网和个人接触不仅能得到有关的项目信息，还可以了解工程所在地的政治、经济等其他方面的情况。因此，承包公司需要加强自我宣传，通过业务交流、宣传资料、广告等形式宣传自己的专长、实力、业绩，以增强自身知名度，使别人了解本公司的实力与水平。扩大知名度自然会增加获得信息的机会，有时甚至会得到招标人的直接邀请参加投标。

2. 项目选择

进行招标的工程项目非常多，承包公司不可能对所有招标项目都进行投标，而是需要综合考虑各种因素，从而确定对哪些工程项目进行投标，对哪些工程项目不进行投标，以及如何进行投标，这是提高中标概率、获得较好经济效益的首要环节。从发布招标公告到出售招标文件都有一段时间，这段时间内，有经验的承包公司要对投标环境进行客观的、详尽的分析和可行性研究，进而做出投标决策，即进行项目选择。

1）投标决策的内容和分类

投标决策主要包括两个方面的内容：一是关于是否参加投标的决策，因为国内外都有许多招标项目，所以一个公司要决定在某一个阶段参不参加投标；二是关于如何进行投标的决策，如对某一个范围的工程投哪一个工程的标，投高标价还是投低标价。即投标决策实际上分为是否投标决策和如何投标决策两大类。

（1）是否投标决策。是否投标决策，也可称为投标选择性决策或投标与否决策。有下列情形之一的招标项目，承包公司不宜决定参加。

① 工程资质要求超过本公司资质等级的项目。

② 本公司业务范围和经营能力之外的项目。

③ 本公司在手承包任务比较饱满，而招标工程的风险较大或盈利水平较低的项目。

④ 本公司投标资源投入量过大时面临的项目。

⑤ 有在技术等级、信誉、水平和实力等方面具有明显优势的潜在竞争对手参加的项目。

（2）如何投标决策。如何投标决策，主要包括投标性质决策、投标效益决策、投标策略和技巧决策三方面。

① 投标性质决策，也可称为投标定位性决策，即决定投保险标还是风险标。

a. 保险标。对可以预见的情况在技术、设备、资金等重大问题上都有了解决的对策之后再投标，即投保险标。如果承包公司经济实力较弱，抗风险能力低，则往往投保险标。当前，施工企业多数都愿意投保险标。

b. 风险标。明知工程承包难度大、风险大，且在技术、设备、资金上都有未解决的问题，但由于队伍窝工，或因为工程盈利丰厚，或为了开拓新技术领域而决定参加投标，同时设法解决存在的问题，即投风险标。投标后，如问题解决得好，则可取得较好的经济效益，锻炼出一支好的施工队伍，使施工企业更上一层楼；如解决得不好，则企业的信誉、效益就会受到损害，严重者可能导致企业亏损甚至破产。因此，投风险标必须慎重。

② 投标效益决策，即决定投盈利标、保本标还是亏损标。

a. 盈利标。盈利标是指承包公司为能获得丰厚利润回报而投的标。

b. 保本标。保本标是指承包公司对不能获得多少利润但一般也不会出现亏损的招标项目而投的标。

c. 亏损标。亏损标是指承包公司对即使中标也会出现亏损的招标项目而投的标，是一种非常手段，一般是在下列情况下采用：本公司已经大量窝工，严重亏损，若中标后至少可以支付固定人工费、提取设备折旧费，减少亏损；为在对手林立的竞争中夺得头标，不惜血本压低标价；为了在市场占有份额，挤垮竞争对手；为打入新市场，取得拓宽市场的立足点而压低标价。以上这些虽然是非正常手段，但在激烈的竞争中有时也这样做。

③ 投标策略和技巧决策，也可称为投标方法性决策。工程市场是一个竞争激烈的市场，一方面有许多有经验的大中型公司，它们既有自己的传统的市场，又有开拓和占领新市场的能力；另一方面大批发展中的中小型公司也都投入工程市场。在这种激烈竞争的形势下，除了要组织一个强有力的投标班子、加强市场调研、做好各项准备工

作，对于投标策略和技巧决策也应该进行认真的分析和研究，主要包括投标时机的把握和投标方法及手段的运用。

2）投标决策的依据

影响投标决策的因素很多，归纳起来大致可分为工程、招标人、市场竞争和承包公司这几个方面。

（1）工程方面的因素。包括工程的性质、规模、技术复杂程度、工程现场条件、工期、质量要求及交工条件。

（2）招标人方面的因素。包括招标人的信誉、项目资金来源有无保障、投标能否在公平的条件下进行，以及招标人对投标人是否有特殊要求。

（3）市场竞争因素。包括参加该工程投标竞争的激烈程度、主要竞争对手情况、承揽该工程后对承包公司信誉与新投标机会带来的影响。

（4）承包公司方面的因素。包括有无承担类似工程的经历，技术力量、机具设备能力能否胜任，投入的技术工作量及所能获得的利润等。

综合考虑上述因素后，一般才能决定是否参加投标。因为投标要支付一笔费用（购买招标文件、勘察现场以及投标保证等），多次投标不中，不仅加大开支，而且有损信誉。

3）投标决策的定量分析

投标决策因素多属定性的，可以用加权评分法做出定量的描述，一般可采用下列10 项指标。具体工程项目可根据实际情况对指标进行选择。

（1）管理的条件，指能否抽出足够的、水平相对应的管理工程的人员（包括工地项目经理和组织施工的工程师等）参加该工程。

（2）工人的条件，指工人的技术水平和工人的工种、人数能否满足该工程要求。

（3）设计人员条件，视该工程对设计及出图的要求而定。

（4）机具设备条件，指该工程需要的施工机具设备的品种、数量能否满足要求。

（5）工程项目条件，指对该工程有关情况的熟悉程度，包含对工程本身情况、招标人和监理单位情况、工程所在地市场情况、工期要求、交工条件等。

（6）以往实施同类工程的经验。

（7）招标人的资金条件是否落实。

（8）合同条件是否苛刻。

（9）竞争对手的情况，包括竞争对手的多少、实力等。

（10）对公司今后在该地区带来的影响和机会。

按照上述10 项指标，投标决策的定量分析步骤如下。

第一步，按照10 项指标各自对公司完成该招标项目的相对重要性，分别确定权数。

第二步，用10 项指标对招标项目进行衡量，按照模糊数学概念，将各标准划分为好、一般、差三个等级（或好、较好、一般、较差、差五个等级），对各等级赋予定量数值，如分别按 1.0、0.5、0.2 打分，若工人的条件足以完成本工程便打 1.0 分。依此对10 项指标打出等级分，注意竞争对手越多则分越低。

第三步，将每项指标权数与等级分相乘，求出该指标得分。10 项指标得分之和即为此项目投标机会总分。

第四步，将总得分与过去其他投标情况进行比较或和公司事先确定的准备投标的最低期望分数相比较，来决定是否参加投标。

例如，某承包公司根据经验统计确定可投标的最低总分为 65 分，对某招标项目根据表 4-1 分析评定得总分为 76.5 分，则可做出参加该项目投标是可行的结论。

表 4-1　投标决策定量分析实例

序号	指标	评定等级			权数	得分
		好	一般	差		
		1.0 分	0.5 分	0.2 分		
1	技术水平能否适应	√			20	20.0
2	机具设备能力	√			15	15.0
3	设计能力		√		10	5.0
4	对工程熟悉程度		√		11	5.5
5	交工条件	√			10	10.0
6	中标后带来新机会			√	10	2.0
7	竞争激烈程度		√		10	5.0
8	设备、物资供应条件	√			14	14.0
	总计				100	76.5

4.1.3　代理人和合作伙伴的选择

1. 雇用代理人

由于工程承包比较复杂，一个工程项目投标是否成功，项目实施是否有较好的效益，很大程度上取决于是否熟悉项目相关的社会、经济、法律、商务及金融等情况。因此，承包公司可以在工程所在地雇用代理人，协助开展业务。

雇用代理人即在工程所在地找一个能代表雇主（投标人）的利益开展某些工作的人。一个好的代理人应该在工程所在地，特别是在工商界有一定的社会活动能力，有较好的声誉，熟悉代理业务。代理人可以帮助承办注册、投标甚至工程承包业务中的各种服务，具体作用表现在以下三方面。

1）业务咨询

一家实力较强的承包公司到一个陌生的地区开拓业务时，尽管它有能力较快地推进业务发展，但是也需要通过各种渠道熟悉各种当地信息。这些必不可少的信息，除公司自己努力收集外，还可以由工程所在地代理人全盘提供。有经验的代理人熟悉工程所在地承包业务，与社会各阶层有广泛联系，了解业务内情，可以成为承包业务咨询参谋，帮助公司开拓业务。代理人可提供下列咨询业务。

（1）当前工程市场特征。

（2）工程所在地有关工程承包的法律、法令条款及其实际执行情况。

（3）材料、设备、劳务市场的货源、价格、税收及其他商情信息。

（4）金融市场现状。

（5）社会风俗习惯、宗教、劳务雇佣惯例等。

（6）当前工程市场招标信息、招标项目背景材料等。

2）业务代理

优秀的代理人有很多有效的办事渠道、很强的办事能力，可以代理投标人的下列业务。

（1）通过有效渠道帮助雇主通过投标资格预审。

（2）开标后为雇主争取授标。

（3）协助办理各种例行手续。

（4）协助采购工程材料及设备，提供供应渠道、商务经验及价格等。

（5）代办运输业务、物资进口清关手续。

（6）推荐分包人。

（7）征召工程所在地工人。

（8）协助雇主租用土地、房屋，完成通信连接。

（9）提供投标所需的各种单价、费率等。

3）矛盾协调

在异地从事投标，与工程所在地招标人必然会在文化、风俗等方面存在差异，加之服务行业本身与个人满足程度密切相关的特性，双方之间出现摩擦和争议在所难免。此时，代理人则可在其中充分发挥"润滑剂"的作用，妥善协调解决矛盾。

选定代理人后，双方应签订正式代理协议。付给代理人的佣金或酬金，一般按所代理工程的合同额的某一百分比支付，范围在 0.5% ～ 3%。工程合同额高时取小值，否则取高值。代理投标业务时，一般在中标后支付佣金，付款期限可定在雇主第一次收到工程款时开始支付，具体日期及详细过程另定，不宜在协议签订后立即全部付出。

2. 选择合作伙伴

为了在激烈的投标竞争中取胜，承包公司往往需要选择合作伙伴。从利于中标的角度出发，承包公司倾向于选择工程所在地公司或有实力的大公司作为合作伙伴。借助工程所在地公司力量是争取中标的一种有效手段，有利于超越"地区保护主义"，并可分享工程所在地公司的优惠待遇。另外，也可以选择一些技术装备比较先进的大公司联合投标。

在如今的工程招投标市场上，联合投标会不断出现，承包公司之间的竞争不仅仅是公司规模的大小、经济实力强弱的竞争，更是公司文化和公司人才的竞争。承包公司只有不断更新观念，加强人才引进和培养，才能在竞争日益激烈的招投标市场上占有一席之地。

1）合作形式

选择合作伙伴时，首先要考虑合作的形式，即相互联合组成一个临时性的或长期性的联合组织，以发挥各个公司的特长，增强竞争实力。这类联合组织主要包括如下几种形式。

（1）合资公司。组成合资公司，需要正式组织成一个新的法人单位，进行注册并进行长远的经营活动。当前我国中外合资公司的情况比较普遍。中外合资公司是经我国有关部门批准，遵守我国有关法规规定，从事某种经营活动，由一个或一个以上的国外投资方与我国投资方共同经营或独立经营，实行独立核算、自负盈亏的经济实体。具体来说是指外国公司、企业和其他经济组织或个人，按照平等互利的原则，经中国政府批准，在中华人民共和国境内，同中国的公司、企业或其他经济组织共同投资、共同经营、共担风险而从事某种经营活动的企业。合资公司的组织形式为有限责任公司。

（2）联合集团。在联合集团这种组织形式下，各公司单独具有法人资格，但联合集团不一定以集体名义注册为一家公司，它们可以联合投标和承包一项或多项工程。

（3）联营体。联营体是为了特定的项目组成的非永久性团体，对该项目进行投标、承包和施工。联营体相关情况详见 2.2.3 节补充内容。

2）合作伙伴的选择

在投标中对合作伙伴的选择是竞标成败的关键因素之一，也是投标决策中的要点之一。在联合投标中选择合作伙伴时，主要应考虑以下几个方面内容。

（1）合作伙伴的资质等级及行业属性。在选择合作伙伴时，不仅要考虑其资质等级是否满足招标文件要求，更要考虑其行业属性与拟投标工程是否为同一行业。由于不同行业的行业标准、各类规范均不相同，在同等条件下，招标人一般不会选择虽具备高等级资质但非本行业的公司。

（2）合作伙伴的主营业务及兼营业务范围。如果拟投标工程属于合作伙伴的主营业务，而该公司又不拟竞投此标，则选择其联合投标是有益的。如果拟投标工程仅为其兼营业务范围，则对竞标会产生一定的影响。

（3）合作伙伴已完成工程情况及历史投标情况。通过分析合作伙伴已完成工程中主营、兼营项目的个数，合同价格的分类配比，可以判断该公司的基本运行情况。同时，从其已完成工程情况中也可分析其历史投标情况。一个公司的投标（中标）历史是一个公司的发展史：由其中标工程的报价可判断该公司是稳健、激进还是保守；由其中标工程的类别可判断其投标重点及投标决策；由其中标工程的所在区域可判断其实力范围及影响范围。

（4）合作伙伴的背景及与有关方面的关系。对合作伙伴的经营性质、主管部门的基本情况、法人代表的履历等问题的考察、分析，都有助于竞标的成功。

（5）合作伙伴的行业优势。合作伙伴在拟投标工程所属行业中实力的强弱、规模的大小、信誉的好坏、人员素质的高低及结构、设备的种类及台（套）数都是联合投标必须考虑的，尤其是合作伙伴在行业内的实力和信誉。如果在以往类似工程的施工中，暴露出解决技术难题的能力不足，或出现安全事故，将给监理单位和发包人留下不良印象，甚至录入"黑名单"，这将导致该公司与其他同等资质级别的公司实质上已非同一级别的竞争对手。因此，在选择合作伙伴时，应力求避免这类历史上有不良记录的公司。

（6）合作伙伴的质量认证及各种荣誉、获奖、专利情况。如果合作伙伴通过了质量体系认证并在有效期内，则有益于投标积分。如果合作伙伴有相同或类似工程的获奖项目及国家专利，新技术、新工法、新材料的应用或试验资料，无疑可以加深招标人及评标委员会对投标人先进技术水平的印象。

（7）合作伙伴的财务状况。对合作伙伴的财务状况，就短期合作而言，应主要分析其短期债务清偿能力比率指标，即流动比率、速动比率和流动资产构成比率，以衡量该公司短期债务偿付能力。联合投标中的合作双方互为同一项目的投资者，而现金流量表结合利润表及资产负债表则向投资者与债权人提供了全面、有用的信息。其中筹资活动产生的现金流量（包括分配利润、向银行贷款、吸收投资、发行债券、偿还债务等收到和付出的现金）更能全面反映公司偿付利息的负担。对合作伙伴财务状况的分析应视为不容忽视的重点之一。

（8）合作双方的主从关系。合作双方的关系应是一种平等基础上的主从关系。合作双方的主从关系不应简单地由资质等级的高低、公司规模的大小来定，而应由合作双方承担风险的不同程度、投资的大小、承担的责任与义务、获得的权利来确定。

（9）合作双方对投标文件的控制。作为合作双方中的主体，应力求全面掌握投标报价和施工组织设计。招投标中常出现联合投标中的主体不参与预算文件的编制，只负责施工组织设计；或者拥有对投标报价的最终决定权，但不负责施工组织设计；甚至只负责施工组织设计，却无对投标报价的最终决定权的案例，这都是联合投标中的主体不应出现的决策性失误。

作为联合投标中处于主要地位的主体，应绝对控制对投标报价的参与权、建议权、修改权和最终决定权。但这并不意味着就了解及掌握了整个投标文件的编制过程。施工组织设计涉及质量、工期、管理人员、施工机械、施工道路、施工场地布置、施工工艺、施工方法、施工流程，以及材料、资金、人员使用计划，环保、安全保障等方方面面，联合投标中的主体也不应疏忽。在联合投标中常出现处于从属关系的客体与多家公司合作，若由其负责施工组织设计则有可能粗制滥造，即使联合投标中的主体对施工组织设计有修改及审核权，但现实情况往往是定稿后可供修改的时间并不充足。因此，联合投标中的主体还应尽可能地参与施工组织设计，才能掌握主动权，控制全局，在投标中做出有益于自己的决策。

（10）合作双方的权责关系、利益分配及合作形式。在合作中应确定各自的权利、义务、责任、利益分配，以及投标文件中错漏之处导致竞标失败的投资赔偿等问题，并根据利益分配确定各自在资金周转、资金垫付、税费缴纳、拆迁补偿、生产支出、机械使用及维修等资金投入方面的比例，以及在合同管理、施工资料的整理方面的义务等。为避免可能的纠纷，这些具体问题宜以协议或合同方式约定。

联合投标中对合作伙伴的选择绝不仅仅是对资质等级的高低、公司规模的大小等的简单的选择，而应该是多层次、全方位的选择。选择合适的合作伙伴是联合投标中竞标成功的基础，并对公司的发展有着一定的影响。如果因选错合作伙伴而导致竞标失败，则公司损失的不仅仅是金钱，还有机遇、信誉、凝聚力、向心力、稳定性等，因此，如果不得不联合投标却选择不到合适的、理想的合作伙伴，则宁可放弃也不宜冒险或侥幸投标。

4.1.4 参加资格预审

首先我们要明确参加资格预审的意义重大，这是能否获得投标权的第一步，因此一定要严肃认真对待。本节是从投标人被审查角度介绍投标人如何参加资格预审。接受资格预审的投标人应注意如下几点。

1. 广泛收集招标信息

决定参加投标，是参加资格预审的前提条件。因此，投标人要通过各种渠道，广泛收集有关国家的项目建设计划和招标信息，全面分析影响投标的因素，科学地进行投标机会选择和决策。投标人看到招标人发布的资格预审公告后，按公告中所指明的时间、地点，按规定购买资格预审文件。

2. 做好资格预审资料准备

资格预审资料的准备，在参加资格预审中是一项关键性的工作。国际工程建设招标在很多情况下时间紧迫，需要尽快完成并提交详尽的资格预审申请文件，如无平时对资料的积累和储存，完全靠临时填写，是很难在有限的时间内提交一份高质量的资格预审申请文件的，往往会达不到招标人的要求而失去机会。因此，有经验的承包公司都会注意本公司的资料管理，如按资格预审要求印成散页或储存于电脑内，一旦需要，即可调出装订成册。

在资格预审内容中，财务、人员、设备和施工经验是通用审查内容。下面从这四个方面介绍投标人资格预审资料的准备。

（1）财务方面。财务方面资料准备主要有资产负债表、利润表、现金流量表、开户银行情况表、信贷计划表等，见表 4-2～表 4-6。

表 4-2　资产负债表

编制单位：　　　　　　　　年　月　日　　　　　金额单位：

项　　目	行次	年末数	年初数
一、流动资产			
货币资金			
△交易性金融资产			
# 短期投资			
应收票据			
应收账款			
预付款项			
应收股利			
应收利息			
其他应收款			
存货			
其中：原材料			

项　　目	行次	年末数	年初数
库存商品（产成品）			
一年内到期的非流动资产			
其他流动资产			
流动资产合计			
二、非流动资产			
△可供出售金融资产			
△持有至到期投资			
＃长期债券投资			
△长期应收款			
长期股权投资			
＃股权分置流通权			
△投资性房地产			
固定资产原价			
减：累计折旧			
固定资产净值			
减：固定资产减值准备			
固定资产净额			
在建工程			
工程物资			
固定资产清理			
△生产性生物资产			
△油气资产			
无形资产			
其中：土地使用权			
△开发支出			
△商誉			
＃合并价差			
长期待摊费用（递延资产）			
△递延所得税资产			
＃递延税款借项			
其他非流动资产（其他长期资产）			
其中：特准储备物资			
非流动资产合计			

项　　目	行次	年末数	年初数
资产总计			
三、流动负债			
短期借款			
△交易性金融负债			
#应付权证			
应付票据			
应付账款			
预收款项			
应付职工薪酬			
其中：应付工资			
应付福利费			
应交税费			
其中：应交税金			
应付利息			
应付股利（应付利润）			
其他应付款			
一年内到期的非流动负债			
其他流动负债			
**　流动负债合计**			
四、非流动负债			
长期借款			
应付债券			
长期应付款			
专项应付款			
预计负债			
△递延所得税负债			
#递延税款贷项			
其他非流动负债			
其中：特准储备基金			
**　非流动负债合计**			
**　　负债合计**			
五、所有者权益（或股东权益）			
实收资本（股本）			

续表

项 目	行次	年末数	年初数
国家资本			
集体资本			
法人资本			
其中：国有法人			
集体法人			
个人资本			
外商资本			
资本公积			
△减：库存股			
盈余公积			
△一般风险准备			
＃未确认的投资损失			
未分配利润			
其中：现金股利			
＊外币报表折算差额			
＊少数股东权益			
所有者权益合计			
＃减：未处理资产损失			
所有者权益合计（剔除未处理资产损失后的金额）			
负债和所有者权益总计			

注：表中带＊项目为合并会计报表专用；带△项目为执行新《企业会计准则》企业专用，其他企业不填；带＃项目仅由执行《企业会计制度》企业专用，执行新《企业会计准则》企业不填。

表 4-3 利润表

编制单位：　　　　　　　　　　　　年度　　　　　　　　　　　　金额单位：

项 目	行次	本年实际数	上年实际数
一、营业收入			
其中：主营业务收入			
其他业务收入			
减：营业成本			
其中：主营业务成本			
其他业务成本			
增值税及附加			

续表

项　　目	行次	本年实际数	上年实际数
销售费用			
管理费用			
其中：业务招待费			
研究与开发费			
财务费用			
其中：利息支出			
利息收入			
汇兑净损失			
△资产减值损失			
其他			
△加：公允价值变动收益			
投资收益			
其中：对联营企业和合营企业的投资收益			
二、营业利润			
加：营业外收入			
其中：非流动资产处置利得			
非货币性资产交换利得（非货币性交易收益）			
政府补助（补贴收入）			
债务重组利得			
减：营业外支出			
其中：非流动资产处置损失			
非货币性资产交换损失（非货币性交易损失）			
债务重组损失			
三、利润总额			
减：所得税费用			
＃加：未确认的投资损失			
四、净利润			
减：少数股东损益			
五、归属于母公司所有者的净利润			
六、每股收益			
基本每股收益			
稀释每股收益			

注：表中带△项目为执行新《企业会计准则》企业专用，其他企业不填；带＃项目仅由执行《企业会计制度》企业专用，执行新《企业会计准则》企业不填。

表 4-4 现金流量表

编制单位：　　　　　　　　年　　月　　日　　　　　　　　金额单位：

项　　目	行次	本年金额	上年金额
一、经营活动产生的现金流量			
销售商品、提供劳务收到的现金			
收到的税费返还			
收到其他与经营活动有关的现金			
经营活动现金流入小计			
购买商品、接受劳务支付的现金			
支付给职工以及为职工支付的现金			
支付的各项税费			
支付其他与经营活动有关的现金			
经营活动现金流出小计			
经营活动产生的现金流量净额			
二、投资活动产生的现金流量			
收回投资收到的现金			
取得投资收益收到的现金			
处置固定资产、无形资产和其他长期资产收回的现金净额			
处置子公司及其他营业单位收到的现金净额			
收到其他与投资活动有关的现金			
投资活动现金流入小计			
构建固定资产、无形资产和其他长期资产支付的现金			
投资支付的现金			
取得子公司及其他营业单位支付的现金净额			
支付其他与投资活动有关的现金			
投资活动现金流出小计			
投资活动产生的现金流量净额			
三、筹资活动产生的现金流量			
吸收投资收到的现金			
其中：子公司吸收少量股东投资收到的现金			
取得借款收到的现金			
收到其他与筹资活动有关的现金			
筹资活动现金流入小计			
偿还债务支付的现金			
分配股利、利润或偿付利息支付的现金			
其中：子公司支付给少数股东的股利、利润			
支付其他与筹资活动有关的现金			
筹资活动现金流出小计			

续表

项　目	行次	本年金额	上年金额
筹资活动产生的现金流量净额			
四、汇率变动对现金及现金等价物的影响			
五、现金及现金等价物净增加额			
加：期初现金及现金等价物余额			
六、期末现金及现金等价物余额			

表 4-5　开户银行情况表

开户银行	名称：	
	地址：	
	电话：	联系人及其职务：
	传真：	电传：

表 4-6　信贷计划表

序号	信贷来源	信贷金额 / 万元
1		
2		
3		
…		

（2）人员方面。人员方面资料准备可按表 4-7 ～表 4-9 进行。

表 4-7　拟派本项目的项目经理资格一览表

姓名		近 3 年来的主要工作业绩及担任的主要工作
性别		
年龄		
职称		
毕业学校		
毕业时间		
所学专业		
注册建造师证书编号		
项目经理证书编号		
级别		
联系电话		
曾担任项目经理的工程项目		

注：（1）主要工作业绩必须写明工程名称、建设单位、建设单位联系电话及联系人。
　　（2）需在本表后附资格、职称、学历和相关业绩证明文件。

表 4-8　拟派项目部人员资格一览表

姓名	职称	性别	年龄	拟任岗位	岗位资质	学历	以往荣誉	主要完成工程（类别和建筑面积）

注：需在本表后附相应资格、职称证明文件。

表 4-9　拟派组织机构

公司名称	
组织机构	
计划用于本工程的现场组织机构图（请注明主要岗位人员姓名）	
上述现场组织机构各主要岗位的职责概述	
公司总部与现场管理组织的关系（可用图表表达，并应说明总部所授权限范围）	

（3）设备方面。设备方面资料准备可按表 4-10 进行。

表 4-10　企业主要仪器、设备一览表

仪器或设备名称	规格型号	数量	拟用于本项目的数量

（4）施工经验方面。施工经验方面资料准备可按表 4-11 和表 4-12 进行。

表 4-11　近 5（10）年已完工程一览表

序号	工程名称	监理（咨询）单位	合同金额/万元	竣工日期	履约情况
1					
2					
…					

表 4-12　近 5（10）年企业业绩一览表

获奖年份	获得奖项	文件号	获奖工程

在以上四个主要方面基础上，有时需附加一些针对具体项目的补充说明或表格（如实供装备应根据招标项目施工有关部分填写）。此外，资格预审还有一些其他查询项目，投标人只需如实回答即可。

3. 做好资格预审申请文件的填报

资格预审申请文件的填报，详见 2.3.3 节的有关内容。

4. 做好资格预审申请文件提交后的跟踪工作

资格预审申请文件提交后，还应做好跟踪工作，以便及时发现问题，及时补充资料。

4.2　投标报价的组成

一般投标报价主要由以下几个部分组成。

（1）分部分项工程费：施工过程中耗费的构成工程实体项目的各项费用，由人工费、材料费、施工机具使用费、企业管理费和利润组成。其中，人工费、材料费、施工机具使用费也被称为报价中的直接费。

（2）措施项目费：为完成工程项目施工所必须发生的施工准备和施工过程中技术、生活、安全、环境保护等方面的非工程实体项目的费用。

（3）其他项目费：包括暂列金额、暂估价、计日工和总承包服务费。

（4）规费：相关部门规定的必须交纳的费用。

（5）税金：国家税法规定的应计入建筑安装工程造价内的税金。

在实际工程中，投标报价的提法和归类可能有所不同。但无论如何归类，投标报价的这五个基本组成部分是相同的。本节以上述归类方法对投标报价的组成进行介绍。

4.2.1 分部分项工程费

1. 人工费

人工费又称劳务费，是指按工资总额构成规定，支付给从事建筑安装工程施工的生产工人和附属生产单位工人的各项费用，包括对作业人员的一切津贴和所有支付。其主要内容如下。

（1）计时工资或计件工资：按计时工资标准和工作时间或对已做工作按计件单价支付给个人的劳动报酬。

（2）奖金：对超额劳动和增收节支支付给个人的劳动报酬。如节约奖、劳动竞赛奖等。

（3）津贴补贴：为了补偿职工特殊或额外的劳动消耗和因其他特殊原因支付给个人的津贴，以及为了保证职工工资水平不受物价影响支付给个人的物价补贴。如流动施工津贴、特殊地区施工津贴、高温（寒）作业临时津贴、高空津贴等。

（4）加班加点工资：按规定支付的在法定节假日工作的加班工资和在法定日工作时间外延时工作的加点工资。

（5）特殊情况下支付的工资：根据国家法律法规和政策规定，因病、工伤、产假、计划生育假、婚丧假、事假、探亲假、定期休假、停工学习、执行国家或社会义务等原因按计时工资标准或计时工资标准的一定比例支付的工资。

2. 材料费

材料费是指施工过程中耗费的原材料、辅助材料、构配件、零件、半成品或成品、工程设备的费用。这里的工程设备是指构成或计划构成永久工程一部分的机电设备、金属结构设备、仪器装置及其他类似的设备和装置。材料费的主要内容如下。

（1）材料原价：材料、工程设备的出厂价格或商家供应价格。

（2）运杂费：材料、工程设备自来源地运至工地仓库或指定堆放地点所发生的全部费用。

（3）运输损耗费：材料在运输装卸过程中不可避免的损耗。

（4）采购及保管费：组织采购、供应和保管材料、工程设备的过程中所需要的各项费用，包括采购费、仓储费、工地保管费、仓储损耗。

3. 施工机具使用费

施工机具使用费是指用于施工的机械和重要器具的使用费用，工程建成后不构成发包人的固定资产。其主要内容如下。

（1）施工机械使用费：以施工机械台班耗用量乘以施工机械台班单价表示，施工机械台班单价应由下列七项费用组成。

①折旧费：施工机械在规定的使用年限内，陆续收回其原值的费用。

②大修理费：施工机械按规定的大修理间隔台班进行必要的大修理，以恢复其正常功能所需的费用。

③经常修理费：施工机械除大修理以外的各级保养和临时故障排除所需的费用，包括为保障机械正常运转所需替换设备与随机配备工具附具的摊销和维护费用，机械运转

中日常保养所需润滑与擦拭的材料费用,以及机械停滞期间的维护和保养费用等。

④ 安拆费及场外运费:安拆费指施工机械(大型机械除外)在现场进行安装与拆卸所需的人工、材料、机械和试运转费用,以及机械辅助设施的折旧、搭设、拆除等费用;场外运费指施工机械整体或分体自停放地点运至施工现场或由一施工地点运至另一施工地点的运输、装卸、辅助材料及架线等费用。

⑤ 操作人员费:机上司机(司炉)和其他操作人员的人工费。这部分费用也可以算在人工费中,可按计算习惯自行决定,但不可重复计算或者漏算。

⑥ 燃料动力费:施工机械在运转作业中所消耗的各种燃料及水、电等的费用。

⑦ 税费:施工机械按照国家规定应缴纳的车船税、保险费及年检费等。

(2)仪器仪表使用费:工程施工所需使用的仪器仪表的摊销及维修费用。

4. 企业管理费

企业管理费是指建筑安装企业组织施工生产和经营管理所需的费用。这部分费用包括的项目多、费用额度也较大,主要费用项目如下。

(1)管理人员工资:按规定支付给管理人员的计时工资、奖金、津贴补贴、加班加点工资及特殊情况下支付的工资等。可参考已算出的人工工资单价确定。这部分人员的数量应控制在生产工人的 8% 左右。

(2)办公费:企业管理办公用的文具、纸张、账表、印刷、邮电、书报、办公软件、现场监控、会议、水电、集体取暖降温(包括现场临时宿舍取暖降温)等费用。

(3)差旅交通费:职工因公出差、调动工作的差旅费、住勤补助费,市内交通费和误餐补助费,职工探亲路费,劳动力招募费,职工退休、退职一次性路费,工伤人员就医路费,工地转移费,以及管理部门使用的交通工具的油料、燃料等费用。

(4)固定资产使用费:管理和试验部门及附属生产单位使用的属于固定资产的房屋、设备、仪器等的折旧、大修、维修或租赁费。

(5)工具用具使用费:企业施工生产和管理使用的不属于固定资产的工具、器具、家具、交通工具,以及检验、试验、测绘、消防用具等的购置、维修和摊销费。

(6)劳动保险和职工福利费:由企业支付的职工退职金、按规定支付给离休干部的经费,集体福利费,夏季防暑降温、冬季取暖补贴,上下班交通补贴等。

(7)劳动保护费:企业按规定发放的劳动保护用品的支出,如工作服、手套、防暑降温饮料以及在有碍身体健康的环境中施工的保健费用等。

(8)检验试验费:施工企业按照有关标准规定,对建筑以及材料、构件和建筑安装物进行一般鉴定、检查所发生的费用,包括自设试验室进行试验所耗用的材料等费用。

检验试验费不包括新结构、新材料的试验费,对构件做破坏性试验及其他特殊要求检验试验的费用和建设单位委托检测机构进行检测的费用。对此类检测发生的费用,由建设单位在工程建设其他费用中列支。但对施工企业提供的具有合格证明的材料进行检测不合格的,该检测费用由施工企业支付。

(9)工会经费:企业按《中华人民共和国工会法》规定的全部职工工资总额比例计提的工会经费。

(10)职工教育经费:按职工工资总额的规定比例计提的,企业为职工进行专业技术和职业技能培训,专业技术人员进行继续教育、职工职业技能鉴定、职业资格认定,以及根据需要对职工进行各类文化教育所发生的费用。

（11）财产保险费：施工管理用财产、车辆等的保险费用。

（12）财务费：企业为施工生产筹集资金或提供预付款担保、履约担保、职工工资支付担保等所发生的各种费用。

（13）税金：企业按规定缴纳的房产税、车船税、土地使用税、印花税等。

（14）其他费用：包括技术转让费、技术开发费、投标费、业务招待费、绿化费、广告费、公证费、法律顾问费、审计费、咨询费、保险费等。

5. 利润

为了维持生存与发展，公司必须产生利润。工程市场上的利润随市场需求变化很大，为了提高竞争能力，本着"薄利"的原则，承包公司一般考虑利润率在 5%～10%。在投标报价时应综合考虑承包工程所得报酬（收益）、竞争对手情况、中标的可能性。

在每个财政年度的开始，承包公司必须确定公司需要获得的最低利润额。利润水平主要是根据对所获利润的各种需要来规定的。这些需要可以概括如下。

（1）支付给股东们自有资金的股息。

（2）再投资需要的资金（留存资金）。

（3）应付的贷款利息。

（4）预计的企业所得税。

根据对这些因素的考虑，可以确定出最低利润额对资本的比率。再根据资本对营业额的比率，可以计算出最低利润额对营业额的比率，即最低利润率。

【例 4-1】某承包公司想要依据下列数据计算其所需最低利润率。

公司自有资本 =10000000（美元）

公司借贷资本 =5000000（美元）

贷款利率 =12.5%

预计股东股息 =10%

预计留存利润 =30%

企业所得税税率 =35%

营业额 / 资本比率的目标值 =8

解：有了上述数据，可求所需最低利润额 P。

P= 贷款利息 + 留存利润 + 按扣除利息后的利润应缴纳的企业所得税 + 股东股息

$=0.125 \times 5000000 + 0.3P + 0.35（P-0.125 \times 5000000）+ 0.1 \times 10000000$

$=625000 + 0.3P + 0.35P - 218750 + 1000000$

即 $0.35P = 1406250$

得 $P \approx 4017857$（美元）

校核：

企业所得税 $=0.35（4017857 - 0.125 \times 5000000）\approx 1187500$（美元）

$$留存利润 =0.3\times 4017857\approx 1205357（美元）$$

$$贷款利息 =0.125\times 5000000=625000（美元）$$

$$股东股息 =0.1\times 10000000=1000000（美元）$$

$$总利润额 =1187500+1205357+625000+1000000=4017857（美元）$$

如果要达到取值为 8 的营业额 / 资本比率，则

$$营业额 =8\times（10000000+5000000）=120000000（美元）$$

所以，最需最低利润率 $=4017857/120000000\approx 3.35\%$

4.2.2　措施项目费

措施项目及其包含的内容详见各类专业工程的现行国家或行业计量规范。这里主要介绍以下几种措施项目费。

1.安全文明施工费

安全文明施工费全称是安全防护、文明施工措施费，是指按照国家现行的建筑施工安全、施工现场环境与卫生标准和有关规定，购置和更新施工防护用具及设施、改善安全生产条件和作业环境所需要的费用。其一般包括以下内容。

（1）环境保护费：施工现场为达到环保部门要求所需要的各项费用。

（2）文明施工费：施工现场文明施工所需要的各项费用。

（3）安全施工费：施工现场安全施工所需要的各项费用。

（4）临时设施费：施工企业为进行建筑工程施工所必须搭设的生活和生产用的临时建筑物、构筑物和其他临时设施费用，包括临时设施的搭设、维修、拆除、清理费或摊销费等。

2.建筑工人实名制管理费

建筑工人实名制管理费包含封闭式施工现场的进出场门禁系统、生物识别电子打卡设备、非封闭式施工现场的移动定位电子围栏考勤管理设备、现场显示屏、实名制系统的使用及管理费用等。

3.夜间施工增加费

夜间施工增加费是指因夜间施工所发生的夜班补助费、夜间施工降效、夜间施工照明设备摊销及照明用电等费用。

4.二次搬运费

二次搬运费是指因施工场地条件限制而发生的材料、构配件、半成品等一次运输不能到达堆放地点，必须进行二次或多次搬运所发生的费用。

5.冬雨季施工增加费

冬雨季施工增加费是指在冬季或雨季施工需增加的临时设施、防滑设施、排除雨雪设施费用，人工及施工机械降效等费用。

6. 已完工程及设备保护费

已完工程及设备保护费是指竣工验收前，对已完工程及设备采取的必要保护措施所发生的费用。

7. 工程定位复测费

工程定位复测费是指工程施工过程中进行全部施工测量放线和复测的费用。

8. 特殊地区施工增加费

特殊地区施工增加费是指工程在沙漠或其边缘地区、高海拔、高寒、原始森林等特殊地区施工增加的费用。

9. 大型机械设备进出场及安拆费

大型机械设备进出场及安拆费是指机械整体或分体自停放场地运至施工现场或由一个施工地点运至另一个施工地点，所发生的机械进出场运输及转移费用，以及机械在施工现场进行安装、拆卸所需的人工费、材料费、机械费、试运转费和安装所需的辅助设施的费用。

10. 脚手架工程费

脚手架工程费是指施工需要的各种脚手架搭、拆、运输费用以及脚手架购置费的摊销（或租赁）费用。

4.2.3 其他项目费

1. 暂列金额

暂列金额是指发包人在工程量清单中暂定并包括在合同价款中的一笔款项。暂列金额的内容包括：施工合同签订时尚未确定或者不可预见的所需材料、设备、服务的采购，施工中可能发生的工程变更、合同约定调整因素出现时的工程价款调整以及发生的索赔、现场签证确认等的费用。

2. 暂估价

暂估价是指发包人在工程量清单中给定的用于支付必然发生但暂时不能确定价格的材料、设备及专业工程的金额。

暂列金额与暂估价的区别如下。

（1）发生可能性不同。暂列金额是包含在合同价里面的一笔费用，用来支付在施工过程中可能产生的、也可能不会产生的项目，也就是说暂列金额不一定会发生，具有不可预见性；而暂估价的项目是施工中必然发生的。

（2）使用方式不同。暂列金额属于工程量清单计价中其他项目费的组成部分，包括在合同价之内，但并不直接属承包人所有，而是由发包人暂定并掌握使用的一笔款项，如有剩余应归发包人所有；暂估价是用于支付那些必然会发生但支付标准不明确或暂时无法确定价格的规费和税金。

3. 计日工

计日工的意思是以工作日为单位计算报酬。在建设工程中，计日工指的是完成除发包人施工图纸以外的零星工作所发生的需要单独计算到其他项目费中的费用。计日工按合同中约定的单价计价。

零星工作一般是指合同约定之外的或者因变更而产生的、工程量清单中没有相应项目的额外工作，尤其是那些时间上不允许事先商定价格的额外工作。投标时，投标人自主报价，按暂定数量计算合价并计入总价，结算时，按双方确认的实际数量计算合价。

4. 总承包服务费

总承包服务费是指总承包人为配合、协调发包人进行的专业工程发包，对发包人自行采购的材料、工程设备等进行保管，以及施工现场管理、竣工资料汇总整理等服务所需的费用。在建设工程工程量清单计价模式中，总承包服务费包含了总包向分包收取的配合费与管理费。

编制投标报价时，总承包服务费应依据招标人在招标文件中列出的分包专业工程内容和供应材料设备情况，按照招标人提出的协调、配合与服务要求和施工现场管理需要，由投标人自主确定。

4.2.4　规费和税金

1. 规费

规费是指按国家法律法规授权，由政府有关部门对公民、法人和其他组织进行登记、注册、颁发证书时所收取的证书费、执照费、登记费等。

在投标过程中，规费是否包含在合同价内，通常需要根据具体的招标文件和投标文件规定来确定。如果招标文件中已经明确规定规费应由投标人承担，那么在编制投标报价时应将规费计入合同价。而如果招标文件未对规费作出明确规定，则需要根据当地的工程市场惯例和政策规定来确定：如果规费由招标人承担，则不应将规费计入合同价；如果规费由投标人承担，则应将其计入合同价，并在编制投标报价时加以考虑。

规费项目清单列项一般包括下列内容。

（1）工程定额测定费：按规定支付给工程造价（定额）管理部门的定额测定费。

（2）社会保险统筹基金：包括养老保险费、失业保险费、医疗保险费。养老保险费是指企业按规定标准为职工缴纳的基本养老保险费；失业保险费是指企业按照国家规定标准为职工缴纳的失业保险费；医疗保险费是指企业按照规定标准为职工缴纳的基本医疗保险费。

（3）住房公积金：企业按规定标准为职工缴纳的住房公积金。

（4）危险作业意外伤害保险：按照《建筑法》的规定，企业为从事危险作业的建筑安装施工人员支付的意外伤害保险费。

2. 税金

税金是指国家税法规定的应计入建筑安装工程造价内的增值税、城市维护建设税、教育费附加以及地方教育附加。

4.3 投标报价的计算

投标报价的计算，一般按图 4.1 所示程序进行。

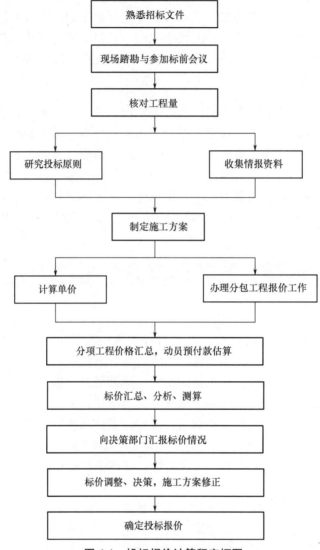

图 4.1　投标报价计算程序框图

4.3.1　熟悉招标文件

投标人在决定投标并通过资格预审（如果有资格预审这一程序）获得投标资格后，要购买招标文件并研究和熟悉招标文件的内容。这时，投标人应特别注意对标价计算可能产生重大影响的问题，可从以下几个主要方面进行研究。

1. 投标人须知与合同条件

投标人须知与合同条件是工程招标文件中十分重要的组成部分，其目的在于使投标人明确中标后应享受的权利和所要承担的义务和责任，以便在报价时考虑这些因素。

（1）工期。包括对开工日期、施工期限的规定，以及是否有分段、分批竣工的要求。工期对制定施工方案、确定施工机具设备和人员配备均是重要依据。

（2）误期损害赔偿费的有关规定。这对施工计划安排和拖期的风险大小有影响。

（3）缺陷责任期的有关规定。这对何时可收回工程尾款、投标人的资金利息和保函费用计算有影响。

（4）保证的要求。包括履约保证、预付款保证中数值的要求和有效期的规定，允许开保函的银行限制。这与投标人计算保函手续费和银行开保函所需占用的抵押金有重要关系。

（5）保险。包括是否指定了保险公司、保险的种类（如工程一切保险、第三方责任保险、现场人员的人身事故和医疗保险、社会保险等）和最低保险金额。这将用于投标人保险费用的计算。

（6）付款条件。包括是否具有预付款，如何扣回，材料、设备到达现场并检验合格后是否可以获得部分材料、设备预付款，是否按订货、到工地等分阶段付款。期中付款方法，包括付款比例、保留金比例、保留金最高限额、退回保留金的时间和方法、拖延付款的利息支付等，每次期中付款有无最小金额限制，发包人付款的时间限制等。这些是影响投标人计算流动资金及其利息费用的重要因素。

（7）税收。包括是否免税或部分免税、可免何种税收、可否临时进口机具设备而不收海关关税。这些将严重影响材料、设备的价格计算。

（8）货币。包括支付和结算的货币规定，尤其是在国际工程投标中，要注意外汇兑换和汇款的规定，向国外订购的材料、设备需用外汇的申请和支付办法。

（9）劳务国籍的限制。在国际工程投标中要考虑劳务国籍的限制，这对计算劳务成本有影响。

（10）不可抗拒因素造成损害的补偿。这对计算风险费有影响。

（11）有无提前竣工奖。这对工期制定有影响，进而影响相关费用。

（12）争议、仲裁或诉诸法律的要求。这对计算风险费有影响。

2. 规范

（1）验收规范是哪国的（在国际工程投标中）。

（2）有无特殊施工要求。

（3）有无特殊材料要求。

3. 设计图纸

了解设计图纸有无特殊要求。

4. 报价要求

（1）注意合同种类。无论是总价合同、单价合同还是成本补偿合同，都有各自报价时需要注意的问题。如对投标人来说，其在总价合同中承担着工程量方面的风险，因此应仔细校核工程量，并对每一分项工程的单价进行详尽、细致的分析和汇总。

另外，现在还有很多"混合合同"的形式。例如有的住房项目招标文件，对其中的房屋部分要求采用总价合同方式；而对室外工程部分，由于设计较为粗略，有些土石方和挡土墙等难以估算出准确的工程量，因而要求采用单价合同方式。

（2）工程量清单的编制体系和方法。例如是否将施工详图设计、勘察、临时工程、机具设备、进场道路、临时水电设施等列入工程量清单。对于单价合同，特别要认真研究工程量的分类方法及每一项工程的具体含义和内容。

（3）永久工程外的项目的报价要求。例如对旧建筑物和构筑物的拆除、监理工程师的现场办公室和各项开支（包括他们使用的家具、车辆、水电、试验仪器、服务设施和杂务费用等）、模型、广告、工程照片和会议费用等，招标文件有何具体规定，以便考虑如何将之列入工程总价。弄清一切费用纳入工程总价的方法，不得有任何遗漏或归类的错误。

（4）合同是否指定分包人。对某些部位的工程或设备提供，是否必须由发包人确定"指定的分包人"进行分包，总包人对分包人应提供何种条件、承担何种责任，以及是否规定分包人计价方法。

（5）合同是否有调价条款。对于材料、设备和工资在施工期限内涨价及当地货币贬值有无补偿，合同是否规定调价计算公式。

5. 承包人的风险

认真研究招标文件中对投标人不利，投标人需承担很大风险的各种规定和条款。例如有些文件规定"承包人不得以任何理由索取合同价格以外的补偿"，那么投标人就得考虑加大风险费。

4.3.2 现场踏勘与参加标前会议

1. 现场踏勘

现场踏勘，即去工地现场进行考察，招标人一般在招标文件中注明现场踏勘的时间和地点，在文件发出后就应安排投标人进行现场踏勘的准备工作。

现场踏勘是投标人必须经过的投标程序。按照工程惯例，投标人提出的报价一般被认为是在审核招标文件后并在现场踏勘的基础上编制的。一旦报价提出，投标人就无权因为现场考察不周、情况了解不细或因素考虑不全面而提出修改报价、调整报价或提出补偿等要求。

现场踏勘既是投标人的权利又是他的责任，因此，投标人在报价以前必须认真进行施工现场踏勘，全面地、仔细地调查了解工地及其周围的政治、经济、地理等情况，并做出详细的记录，作为编制投标报价的重要依据。

通常，招标人组织投标人统一进行现场踏勘并对工程项目做必要的介绍。现场踏勘均由投标人自费进行，招标人应协助办理现场考察人员出入项目所在国签证和居留许可证。

1）现场踏勘程序

（1）组织现场考察组。一般由报价人员、项目经理、公司领导组成现场考察组进行现场踏勘。

（2）研究招标文件。这里的研究招标文件是指在现场踏勘前专门针对现场踏勘的需要而进行的。特别要对招标文件中的工作范围、专用条款及设计图纸和说明进行熟悉和研究。

（3）制订踏勘提纲。提纲中要确定重点要解决的问题，做到事先有准备，一般情况下招标人只组织投标人进行一次现场踏勘。

（4）参加现场踏勘。按照招标文件中规定的时间、地点以及招标人的具体要求按时参加现场踏勘。

（5）完成踏勘报告。按提纲中的要求和现场踏勘实际情况完成踏勘报告，踏勘报告是编制投标书及计算投标报价的重要依据之一。

2）现场踏勘内容

现场踏勘的重点内容，一般包括如下几方面。

（1）气候和自然地理条件。气候条件主要考察一般的地区性气候条件，如热带气候、沙漠气候等；全年和每天的温度变化和降雨量；一些自然现象，如风暴、地震等。自然地理条件主要考察现场及当地的水文资料、地质情况等。

（2）劳动力、施工设备和材料资源。劳动力方面主要考察可雇用的普通工人和技术工人，以及他们的技术水平、培训和安全记录等；施工设备方面主要考察可购买或租用的施工设备，以及设备必需的修理和维修设施；材料方面主要考察地方材料的供应品种、数量及质量，交货连续性，如有需要可实地参观当地成品、半成品加工厂。

（3）政治、经济和社会因素。这些因素包括政府的稳定性、政府类型、目前政治趋势、宗教因素、当地风俗、税收结构、税收内容、对贸易和贸易伙伴的限制条件、经济结构形式、物资进口可能出现的困难、受限制或禁止的物资、社会结构、种族分布、部落分布、人口分布、货币种类、汇率限制、现有一般消费品、易于获得的食品品种和价格、医疗设施。

（4）通信、交通及服务设施。主要考察水、电、汽油等燃料的供应及通信设施等，现有公路、铁路网及其可靠性，现有机场和港口的能力，主要运输工具购置和租赁价格。

（5）现场条件。主要考察土壤性质、雨水影响、毗连的物业、距最近城镇的距离、进入现场的通道、穿越现场的道路、现有服务设施、地面自然坡度、可供建造现场办公室及营地的土地等，还需考察工地附近有无住宿条件、料场开采条件及其他加工条件、设备维修条件等，工地附近治安情况，工程所在国、工程所在地关于外国承包公司注册的规定、程序、资料准备，以及有无专用的工程规范、设计规范、施工规范、工程验收制度。

2. 参加标前会议

标前会议是招标人给所有投标人提供的一次质疑的机会。在标前会议前，投标人应消化吸收从招标文件中得到的各类问题，整理成书面文件，及时寄往招标人指定地点要求答复，或在标前会议上要求澄清。招标人在回答问题的同时，还应展示工程勘察资料，供投标人参考。标前会议上提出的问题和解答的概要情况应记录作为招标文件的组成部分，并发给所有投标人。

投标人参加标前会议质疑时，要注意如下几点。

（1）对工程范围不清的问题，应要求进行说明。

（2）对招标文件中图纸和规范有矛盾之处，请求说明以何为准。以上两点注意不要提出修改意见。

（3）对含糊不清的合同条件，要求进行澄清、解释。

（4）对自己有利的矛盾、含糊不清的条款，不要在标前会议上提出。

（5）注意不要让招标人或竞争对手通过自己提出的问题推测和了解自己的施工方案或投标设想。

（6）注意提问的方式方法。

（7）所有疑问一定要求招标人书面作答，并列入招标文件或书面证明，其与招标文件具有同等效力。

4.3.3 核对工程量

招标文件中通常会提供工程量清单，但其中给出的工程量往往精确度不高，原因主要有以下两个方面。

（1）合同类型原因。单价合同往往是在设计深度不足时或施工技术条件可能变化较大的工程项目中采用，这种情况下，招标文件提供的工程量与实际发生的工程量将会有较大出入，更有些单价合同招标文件中甚至没有提供工程量数据。

（2）设计单位原因。由于分部分项工程项目繁杂，往往数以百计，同时有些分部分项工程项目的工程量计算工作量很大，设计单位不愿花费足够人力进行计算，致使招标文件中提供的工程量不准确。

因此，对于招标文件中工程量清单里给出的工程量，投标人一定要进行校核，这直接影响到投标报价及中标机会。投标人应根据图纸仔细核算工程量，当发现相差较大时，投标人不能随便改动工程量，而应致函或直接找招标人澄清。针对不同的合同类型，对工程量的计算和复核的要求也各不相同。对于总价合同要特别引起重视，如果存在对投标人不利的情况，且招标人在投标前不予更正，则投标人在投标时要附上声明：工程量清单中某项工程量有错误，施工结算应按实际完成量计算。

1. 工程量复核

不论是复核工程量还是计算工程量，都要求尽可能准确无误。尤其对于总价合同来说，工程量的漏算或错算有可能带来无法弥补的经济损失。如果招标项目是一个大型工程，而且投标时间又比较短，那么要在较短的时间内核算所有工程量是十分困难的。但是即使时间再紧迫，投标人至少也应核算那些工程量大和造价高的项目。

1）总价合同的工程量复核

总价合同通常规定，投标人按单项工程承包，招标人只以单项工程名称在招标文件中列项，并不给出分部分项工程量。有些总价合同招标文件中虽然列出了单项工程的分部分项工程量，也只为招标人审标参考之用，不能直接用于实际工程。由于单项工程总价是固定的，投标人必须自己详细计算分部分项工程量，以免因招标文件工程量不准确而造成经济损失。

2）单价合同的工程量复核

对于单价合同，不论招标文件中是否列出工程量，工程款都将按实际工程量支付，报价表中的工程量只供计算总价及招标人评标之用，因此在工程量计算方面要求得较松，从而产生较大的偏差。过去，投标人对单价合同的工程量复核工作往往并不重视，但其实，投标人在单价合同形式下也应该仔细复核工程量，利用这种工程量的偏差适当调整单项工程报价，从而增加自己可以取得的经济效益。

2. 工程量计算

目前对于工程量清单中细目的划分方法和工程量的计算方法还没有统一的规定，通常随工程设计的咨询公司而异。比较常用的工程量计算规则如下。

（1）分部工程中土建、机电设备安装合在一起，不分工种。

（2）只有项目划分和计量单位的，计算工程量时适用统一的原则。

（3）钢筋混凝土工程中，钢筋和混凝土分别单独列项计量，现浇构件模板以接触面积单独列项计量，预制构件模板则包括在混凝土中摊销；脚手架只能算费用，不能列项计量等。

有些设计咨询公司认为以上工程量计算规则对项目划分过细，计算较烦琐，而将某些工程细目予以归纳和合并。因此，投标人在计算工程量时，应当结合招标文件中的技术规范弄清工程量中每一细目的具体内容，才不致在计算价格时失误。投标人可以按自己习惯采用的办法合并和归纳，以简化计算和复核。

3. 工程量汇总

在核算完工程量清单中全部细目后，投标人可按大项分类汇总主要工程总量，对这个工程项目的施工规模有一个全面和清楚的概念，并用以研究选择合适的施工方法，选择适用和经济的施工机具设备。对一般土建工程项目主要工程量汇总的分类大致如下。

（1）建筑面积。国外没有用于计算建筑面积的规定，也不用建筑面积作为计价单位。因此，这一汇总只用于进行国内比较，计算方法按国内规定。

（2）土方工程。包括总挖方量、填方量和余（缺）土方，如果可能的话，尚可分别列出石方、一般土方和软土或淤泥等。

（3）钢筋混凝土工程。要分别汇总统一现浇素混凝土和钢筋混凝土及预制钢筋混凝土构件，并汇总钢筋、模板数量。

（4）砌筑工程。可按黏土砖、空心砖、石材砖分别汇总。

（5）金属结构工程。可按主体承重结构和零星非承重结构（扶手、栏杆等）的吨位统计汇总。

（6）门窗工程。按钢门窗、铝门窗、木门窗等分别统计不同材料门窗的樘数和面积。

（7）木作工程。包括木结构、木屋面、木地面、木装饰等，以面积或体积计。

（8）装修工程。包括各类地面、墙面吊顶装饰，以面积计。

（9）设备及安装工程。包括电梯、自动扶梯、各类工艺设备等，以台、件和安装吨位计。

（10）管道安装工程。包括各类给排水、通风、空气调节及工业管道，以延长米计。

（11）电气安装工程。包括各种电缆、电线，以延长米计；各类电器设备，以台、件计。

（12）其他工程。如铁路专用线、公路支线、绿化、重要的室外工程等。

4.3.4 制定施工方案

投标报价的确定与施工方案关系很大，施工方案选择是否妥当，对工程成本有重大影响。在工程投标中，招标人也往往要求投标人在报价的同时报送施工方案，以评价投标人是否采取了充分和合理的措施，保证按期完成工程施工任务。

施工方案主要是对为完成拟建工程而采取的施工方法、确定选用的主要施工机械和施工进度计划等做出有关规划，最终是为了算出投标有关费用。制定施工方案的原则，是在保证质量、工期的前提下，尽可能使工程成本最低，并取得良好的经济效益。

1.施工方法与主要施工机械的选择

施工方案只是对某些主要工程的施工方法和大型机械设备的选择作出原则性规定，以满足标价计算的需要。施工方法和主要施工机械可根据工程类型来研究选择。

例如，对于大规模的现场土石方平整和大量的挖填方工程，应确定挖、运、填主要施工机械类型和数量，取、弃土的位置以及地下水的处理方案等；对于大规模的钢筋混凝土工程，主要应确定混凝土配置、运输、浇筑的方法和采用的施工机械。

再如，对于大型设备基础的施工，首先须解决厂房结构施工顺序的问题，也就是决定采用封闭式还是开放式的施工方法。所谓封闭式施工是在厂房结构吊装后再进行设备基础施工，这对于厂房吊装施工是比较有利的，吊装机械的运行不致受到妨碍，在冬雨季施工条件下对基础施工也是有利的，厂房中的桥式吊车在基础施工中也可以加以利用；但如果设备基础较深且大时，施工中可能不得不打板桩等以保护厂房基础，且在厂房中施工难免受条件限制而不便施展。所谓开放式施工就是设备基础先施工，这时基础施工方便，也可以避免增加额外工作（如打板桩），设备也有提前安装的可能；但对厂房结构架设和重型构件（如柱）的就地预制会造成很大困难。这两种不同的施工方法，成本也是不一样的。

2.施工进度计划

编制施工进度计划应紧密结合施工方法和主要施工机械的选定。投标阶段编制的进度计划一般并不要求达到具体指导施工那样的精度，而只需提出各时段内应完成的工程量及限定日期。施工进度计划是采用网络进度计划还是横道图，应根据招标文件要求而定。在投标阶段，一般用线条进度即可满足要求，但要求满足以下条件。

（1）总工期能反映出符合招标文件要求。

（2）反映出各主要分部工程的施工顺序和开竣工时间及其衔接关系。

（3）反映出劳动力、机械设备可均衡施工和有效利用。

（4）反映出合理的资金流动计划。

总之，施工方案是根据招标文件制定的，仅能对某些重大的技术与组织问题有一个原则性的安排，以满足编制相应标价的需要。至于详尽具体的内容，只有在中标以后根据各单位工程的施工图设计和施工条件，才可能进一步做出。

4.3.5 计算单价

在工程投标报价中，投标人要按照招标文件工程量清单中的格式填写报价价格，一般是按分项工程内容填写单价和总价。

要计算单价，首先需要清楚单价的组成。工程项目的单价一般包括如下几部分。

（1）人工费 = 单位用工量（工日）× 工日基价。

（2）材料费 = 单位工程材料消耗量 × 材料基价。

（3）施工机具使用费 = 单位工程所需的机械台班数 × 台班基价。

（4）各种管理费和除利润外的其他所有间接费（因项目而异，具体项目具体分析）= 摊入每一个分项工程单价中的费用之和。

（5）利润 = 计入每一个分项工程单价中的利润之和。

因此，计算分项工程单价要从计算基本价格（基价）、确定定额和确定单价（计算直接费、间接费及分摊费用）三个方面入手。

1. 计算基价

基价包括人工费、材料费和施工机具使用费，这三项是可以直接核算到对应工程任务中的。其中人工费需要计算工日基价，材料费需要计算材料基价，施工机具使用费需要计算台班基价。

1）工日基价

工日基价是指工人每个工作日的平均工资。如果整个工程都雇用当地工人，只需按当地工人的月工资适当加入应支付的各类法定津贴、招募开支等，除以每月平均工作天数，即为工日基价，在当地有工资上涨趋势的情况下，可再适当乘以预计上涨率。

$$工日基价 = 月工资总数 / 月工作日 \tag{4-1}$$

【例 4-2】已知某工程只雇用当地工人，每月工作 25 天，当地工人基本工资 6000 元 / 月。附加费用要考虑劳保、医疗、保险，经考察取基本工资的 20%；还要考虑其他杂费（加班费、交通费等），经考察取基本工资的 5%；另外还要考虑 1.1 的窝工系数。根据上述条件，计算该工程工日基价。

解：工日基价 = 月工资总数 / 月工作日 =（6000+20%×6000+5%×6000）/25 = 300（元 / 天）

考虑窝工系数，因此工日基价为 300×1.1=330（元 / 天）

2）材料基价

对于不同供货来源的材料和设备，付款条件、交货方式以及供货商所报价格的表现形式是不同的，为了便于报价计算，应将各种价格全部换算成材料、设备到达施工现场的价格，作为算标的基价。国内采购和第三国采购时，材料基价一般包括如下内容。

（1）购置费，即供货商报出的材料单价。

（2）运输费。

$$运输费 = 运输费率 × 货物计量 × 附加系数 \tag{4-2}$$

附加系数通常包括超长系数（一般超长 >9m）、超重系数（一般超重 >5t）、燃油附加系数、直航或转船系数、港口拥挤系数、风险系数。

（3）保险费。

保险费 = 保险金额 × 保险费率 = CIF ×（1+ 加成率）× 保险费率

$$=CFR ×（1+ 加成率）/［1- 保险费率 ×（1+ 加成率）］× 保险费率 \tag{4-3}$$

式中：CIF——到岸价；

CFR——成本加运费价格。

（4）海关手续费。

$$海关手续费 = CIF \times 费率 \tag{4-4}$$

（5）进口税。

$$进口税 = CIF \times 税率 \tag{4-5}$$

（6）杂费，如装卸费等。

（7）其他费用，如材料损耗费等。

设备基价包括的内容与材料基价基本相同，只是还要考虑安装费和试运转费。

$$安装费 = CIF \times 安装系数（一般取值为 10\% \sim 15\%）\tag{4-6}$$

$$试运转费 = CIF \times 试运转系数（一般取值为 3\% \sim 5\%）\tag{4-7}$$

【例 4-3】已知水泥出厂价为 400 元 /t；运输费率为 1 元 /（km·t），运距 40km；装卸费为 30 元 /t；损耗费按 3% 计取；另外还要考虑采购、保险费，按 2% 计取。根据以上条件，计算该水泥基价。

解：根据已知条件

$$购置费 = 400 元 /t$$

$$运输费 = 40 \times 1 = 40（元 /t）$$

$$装卸费 = 30 元 /t$$

$$损耗费 = （400+40+30）\times 3\% = 14.1（元 /t）$$

$$采购、保险费 = （400+40+30）\times 2\% = 9.4（元 /t）$$

$$材料基价 = 400+40+30+14.1+9.4 = 493.5（元 /t）$$

3）台班基价

施工机具使用费以何种方式计入投标报价，取决于招标文件的规定。施工机具使用费一般包括如下内容。台班基价即把以下费用相加并除以工程所需总台班数。

（1）折旧费。折旧费的计算方法主要有如下几种。

① 直线折旧法。

$$年折旧费 = (P - L) /n \tag{4-8}$$

式中：P——原值；

L——残值；

n——折旧年限。

② 年数之和折旧法。

$$年折旧费 = 2 (n+1-m) / [n (n+1)] \times (P - L) \tag{4-9}$$

式中：m——年序数。

③ 加速折旧法，也称净值折旧法。

$$d = 1 - (L/P)^{1/n} \tag{4-10}$$

式中：d——折旧费率。

$$年折旧费 =P（1-d）^{m-1}d \qquad (4-11)$$

选择哪种折旧方法，如果招标文件中没有相关规定，则一般根据工程实际情况而定。

（2）安装拆卸费。安装拆卸费的计算公式如下。

$$安装拆卸费 =CIF \times 安拆系数（一般取值为 0 \sim 10\%） \qquad (4-12)$$

对于需要安装拆卸的设备，如混凝土搅拌站等，可根据施工方案按可能发生的费用计算。至于设备在本工程完工后拆卸并运至其他工地所需的拆卸和运杂费用，一般计入下一个工程的施工机具使用费中，但也可列入本次工程中，由投标人根据情况决定。

（3）设备保险费。按实际费用计入。

（4）维修费。维修费的计算公式如下。

$$维修费 = CIF \times 维修系数（一般取值为 20\% \sim 60\%） \qquad (4-13)$$

维修费包括工程期间的维修、配件、工具和辅助材料消耗等，也可按定额中规定的比率计入。

（5）燃料费。燃料费按当地的燃料、动力基价和消耗定额乘积计算（如果已经将燃料费计入材料基价，则此处不再重复计入）。

（6）操作人员费。操作人员费按操作人员的工日基价与操作人数的乘积计算（如果已经将操作人员费计入工日基价，则此处不再重复计入）。

【例 4-4】已知推土机产量定额为 420m³/ 台班。某工程土方工程量 403484m³，工期 12 个月，每月工作 25 天，每天工作 2 班，推土机使用系数为 0.8。推土机原值为 250000 元，按直线折旧法计取折旧费（按 1000 台班折旧）；经调查安拆及保险费按占原值的 5% 计算；维修费按折旧费的 10% 计算；每台班需用燃料 73kg，燃料费率 4 元 /kg；工人工日基价 330 元 / 天，每台班需 2 名工人。根据以上条件，计算该推土机台班基价。

解： 首先根据已知条件计算本工程所需推土机台数。

所需台数 $=403484/（12 \times 25 \times 2 \times 420）\approx 1.6$（台），则本工程需 2 台推土机。

每台推土机在 12 个月内工作台班 $=12 \times 25 \times 2 \times 0.8=480$（台班）

折旧费 $=250000 \times（480/1000）=120000$（元）（已知按 1000 台班折旧）

安拆及保险费 $=250000 \times 5\%=12500$（元）

维修费 $=120000 \times 10\%=12000$（元）

以上合计后平均每台班费用 $=（120000+12500+12000）/480 \approx 301.04$（元 / 台班）

燃料费 $=73 \times 4=292$（元 / 台班）

操作人员费 $=330 \times 2=660$（元 / 台班）

台班基价 $=301.04+292+660=1253.04$（元 / 台班）

2. 确定定额

工程定额的选用，即确定单位分项工程中的人工、材料、机械台班的消耗定额。具体工程中如何选用工程定额，投标人应当慎重考虑。工程定额水平太低，标价肯定会提高，有可能使这一报价完全失去竞争力；定额水平太高，虽然报价可以降下来，但在实施过程中若达不到这个定额要求，则可能导致亏损。

定额反映了人工、施工机械工效水平和材料消耗水平。影响工程定额的因素很多，其中较主要的有：施工人员的技术水平和管理水平，施工机械的机械化程度，施工技术条件，施工中各方面的协调和配合，材料和半成品的加工性和装配性，自然条件对施工的影响，等等。确定单位分项工程中工、料、机的消耗定额，要弄清楚招标人划定的分项工程里的工作内容，并结合施工方案和以上影响工程定额的因素综合考虑。具体计算时，可以用相同或相似分项工程的消耗定额作基础，再根据实际情况加以修正，切不可完全照搬定额。

3. 确定单价

首先计算分项工程直接费。有了工日基价、材料基价和台班基价，以及单位分项工程中工、料、机的消耗定额，就可算出分项工程的直接费。计算分项工程的直接费时需要注意以下两点。

（1）要注意把招标人未在工程量清单中列出的工作内容及其单价考虑进去，不可漏算。例如，招标文件工程量清单中习惯上不列脚手架工程（并不是不需要），这时投标人就应当把脚手架工程的全部工、料、机费用分摊到相关分项工程（如砌筑、框架混凝土工程）单价中去。

（2）分项工程单价受到市场价格波动影响，并随不同的施工工艺而变化，因此每次报价都必须调整分项工程单价，不可任何一个工程都套用同一单价。

有了各分项工程直接费，汇总得出整个工程的直接费，然后计算出企业管理费、利润、措施项目费、其他项目费、规费和税金等工程所需所有费用，再按招标文件中的规定，将所有未单列的费用分摊到工程量清单的计价工程中。在实际投标报价中，一般要根据投标情况确定如何摊入，如早期摊入、递减摊入、递增摊入、平均摊入等。最后就可确定每项工程单价，填入工程量清单，从而计算出每个分项工程的单价。

【例 4-5】已知混凝土工程量 8374m³，该工程工期 70 周，一年按 50 周计算，每周工作 6 天，每天工作 8h。现场制作混凝土，使用混凝土搅拌站和混凝土搅拌运输车。

混凝土搅拌站：搅拌站 FOB（离岸价）为 29000 美元，残值按原值的 15% 计取，采用加速折旧法计算折旧费（折旧年限取 5 年）；搅拌站由承包人从本国运入工程所在国，海路运输费 4750 美元，保险加成率 10%，保险费率 1%；工程所在国海关手续费按设备 CIF 的 1.5% 计取；关税税率 20%，年利率 0.5%，不足 1 年按 1 年计；陆路运输费及保险费共 800 美元；搅拌站需自行安拆，安装 3 天需使用 6 名工人和 1 台 25t 吊车（吊车每天工作 1 班），拆卸 2 天需使用 6 名工人和 1 台 25t 吊车（吊车每天工作 1 班），共计 40h，工人工资 5 美元 /h，吊车基价 160 美元 / 台班；搅拌站的维修费按折旧费的 30% 计算；搅拌站燃料（电）费另算；搅拌站需操作人员 2 人，工资 3 美元 /h；搅拌站使用完毕后场地清理费需要 3000 美元。

混凝土搅拌运输车：运输车租赁费率 6.8 美元 /h；运输车工作每小时需要燃料 16L，燃料价格 0.48 美元 /L；运输车使用系数为 0.6；每台运输车需要操作人员 1 名，工资 5.2 美元 /h。

混凝土拌合料：每立方米混凝土需要水泥 0.4t，水泥价格 90.35 美元 /t；需要砂

0.51m³，砂价格 25.60 美元 /m³；需要石 0.82 m³，石价格 32.00 美元 /m³；需要水 0.2t，水价格 0.12 美元 /t；需要电 2.35kW·h，电价格 0.12 美元 /（kW·h）。

【问题】 根据以上条件，计算该混凝土工程的单价（直接费部分，本示例仅包括每立方米混凝土的直接费，未包括其他待摊费用）。

解：（1）计算混凝土搅拌站使用费。

① 折旧费。

$$原值 P=29000 美元$$

$$残值 L=29000 \times 15\%=4350（美元）$$

$$折旧费率 d=1-15\%^{1/5} \approx 0.3157$$

$$第一年折旧费 =29000 \times 0.3157=9155.3（美元）$$

$$第二年折旧费 =（29000-9155.3）\times 0.3157 \approx 6265.0（美元）$$

$$70 周期间折旧费 =6265.0 \times 20/50+9155.3=11661.3（美元）$$

② 海路运输费及保险费。

$$海路运输费 =4750 美元$$

$$搅拌站 CFR=29000+4750=33750（美元）$$

$$保险费 =CFR \times （1+ 加成率）/ \left[1- 保险费率 \times （1+ 加成率）\right] \times 保险费率$$

$$=33750 \times （1+10\%）/ \left[1-1\% \times （1+10\%）\right] \times 1\%$$

$$\approx 375.38（美元）$$

$$海路运输费及保险费 =4750+375.38=5125.38（美元）$$

③ 海关手续费。

$$搅拌站 CIF=29000+4750+375.38=34125.38（美元）$$

$$海关手续费 =CIF \times 1.5\%=34125.38 \times 1.5\% \approx 511.88（美元）$$

④ 关税。

$$关税 =34125.38 \times 20\% \times 0.5\% \times 2 \approx 68.25（美元）$$

⑤ 安装拆卸费。

$$安装拆卸工人费用 =6 \times 40 \times 5=1200（美元）$$

$$安装拆卸吊车费用 =（3+2）\times 160=800（美元）$$

$$安装拆卸费 =1200+800=2000（美元）$$

⑥ 维修费。

$$维修费 = 折旧费 \times 30\%=11661.3 \times 30\%=3498.39（美元）$$

⑦ 操作人员费。

$$操作人员费 =3 \times 2 \times 8 \times 6 \times 70=20160（美元）$$

混凝土搅拌站使用费汇总（需考虑进场及退场费用）：

折旧费	11661.3	
海路运输及保险费	5125.38	5125.38
海关手续费	511.88	511.88
关税	68.25	
陆路运输及保险费	800	800
安装拆卸费	2000	
维修费	3498.39	
操作人员费	20160	
场地清理费	3000	
总计	46825.2	6437.26
	（进场）	（退场）

$$\sum 46825.2+6437.26=53262.46$$

每立方米混凝土中混凝土搅拌站使用费 $=53262.46/8374 \approx 6.36$（美元）

（2）计算混凝土搅拌运输车使用费。

① 运输车租赁费。

$$运输车租赁费 =6.8 \times 8 \times 6 \times 70=22848（美元）$$

② 燃料费。

$$燃料费 =16 \times 0.48 \times 8 \times 6 \times 70 \times 0.6=15482.88（美元）$$

③ 操作人员费。

$$操作人员费 =5.2 \times 1 \times 8 \times 6 \times 70=17472（美元）$$

混凝土搅拌运输车使用费 $=22848+15482.88+17472=55802.88$（美元）

每立方米混凝土中混凝土搅拌运输车使用费 $=55802.88/8374 \approx 6.66$（美元）

（3）计算混凝土拌合料费用（每立方米混凝土）。

① 水泥。

$$水泥费用 =0.4 \times 90.35=36.14（美元）$$

② 砂。

$$砂费用 =0.51 \times 25.60=13.056（美元）$$

③ 石。

$$石费用 =0.82 \times 32.00 =26.24（美元）$$

④ 水。

$$水费用 =0.2 \times 0.12=0.024（美元）$$

⑤ 电。

$$电费用 =2.35 \times 0.12=0.282（美元）$$

混凝土拌合料费用（每立方米混凝土）$=36.14+13.056+26.24+0.024+0.282 \approx 75.74$（美元）

（4）计算混凝土工程单价。

综上，摊入每立方米混凝土的全部费用为 6.36+6.66+75.74=88.76（美元）

4.3.6　计算投标报价

在计算出分项工程单价的基础上，要计算投标报价，还要经过单价分析和报价分析两个程序。

1. 单价分析

单价分析也可称为单价分解，就是对工程量清单上所列项目的单价进行分析、计算和确定，或者说是研究如何在计算出不同项目的直接费并分摊间接费、利润和风险费等之后得出项目的单价。单价是决定投标报价的重要因素，与投标的成败休戚相关。在投标前对每个分项工程进行单价分析是必要的。

一般来说，应当对工程量清单中的每一个分项都做一份工程单价分析表（分项的工程内容完全相同者，可共用一份工程单价分析表），参见表 4-13。这种表格是将各项管理费用划分类别，分别摊入材料费、人工费及总计的直接费中。实际投标时，可以选用不同的分摊管理费用的方法，并对表 4-13 进行适当修改，使之适合所选用的分摊方法。

表 4-13　工程单价分析表

工程量清单	页	项目名称		单位		工程量		
分项编号		工程量内容						
序号		工料内容		单位	基价/元	定额消耗量	单位工程量计价/元	分项计价/元
Ⅰ		材料费（包括损耗、现场价）		元				
1.1		水泥		t				
1.2		砂		t				
1.3		石		t				
1.4		……						
1.5		零星材料		t				
1.6		材料小计（1.1+1.2+1.3+1.4+1.5）		元				
1.7		材料费上涨（1.6 × 上涨系数）		元				
1.8		材料管理费〔（1.6+1.7）× 管理费系数〕		元				
Ⅱ		人工费		元				
2.1		生产工人工资		工日				
2.1		辅助工人工资		工日				
2.3		人工管理费〔（2.1+2.2）× 管理费系数〕		元				
Ⅲ		施工机具使用费		元				
Ⅳ		直接费（Ⅰ + Ⅱ + Ⅲ）		元				

续表

工程量清单	页	项目名称		单位		工程量		
分项编号		工程量内容						
序号		工料内容		单位	基价／元	定额消耗量	单位工程量计价／元	分项计价／元
Ⅴ		分摊费用（Ⅳ × 费用分摊系数）		元				
Ⅵ		单价（Ⅳ + Ⅴ）		元				
Ⅶ		考虑降价系数后的单价〔Ⅵ／（1－降价系数）〕		元				

拟填入工程量清单的最后单价：

本分项总价：最后单价 × 本分项工程量 ＝

工程单价分析表的使用方法如下。

（1）计算并填入表中各项数据，汇总表中Ⅰ～Ⅴ各项的最后一栏"分项计价"（即用前一栏"单位工程量计价" × 工程量），得出本分项工程中材料费、人工费、施工机具使用费、直接费和分摊费用的总数。

（2）用得到的总数分别同原来估算的各种费用进行对比，调整管理费用分摊系数，并用以修正表中各页的计算，使各项数字更协调、正确。

（3）表中"工料内容"一栏中Ⅰ～Ⅴ项的细目可以列得更细一些，也可以更粗一些，随算标者的需要而定。

（4）完成Ⅰ～Ⅴ项的计算后，计算第Ⅵ项单价，最后考虑降价系数是否列入。如果拟列入，则增加第Ⅶ项。

（5）得到最后单价和本分项总价。

根据所有分项工程单价分析表，将各项分项总价汇总，再加上拟分包的分项工程的分包价格，就可以得出整个工程的初步报价。应当指出，上述计算得出的价格，只是待定的暂时标价，不能正式填到工程量清单中。

2. 报价分析

通过单价分析得到的工程初步报价，还不能作为投标价格。因为按照上述方法算出的工程总价与根据经验预测的可能中标价格或通过某些渠道掌握的"标底"相比往往有出入，有时还可能相差甚大，组成总价的各部分费用间的比例也不尽合理。造成这种"价差"的原因可能是计算过程中对某些费用预估的偏差、重复计算或漏算等。因此，必须对得到的这个初步报价进行必要的分析和调整。

报价分析的目的就是探讨这个初步报价的盈利和风险，找出计算中存在的问题，分析可以采取哪些措施降低成本和增加盈利，进而做出最终的投标报价。

1）静态分析

报价的静态分析是依据本企业长期工程实践中积累的大量经验数据，用类比的方法判断初步报价的合理性。可从以下几个方面进行分析。

（1）分项统计数字，计算比例指标。

①计算人工费占总价的比例，单位最终产品用工（生产用工和全员用工数），单位最终产品的人工费。

②计算材料费占总价的比例，各主要材料数量和分类总价，单位最终产品的总材料费指标和主要材料消耗指标。

③统计暂列工程费用、机械设备使用费、机械设备购置费，以及模板、脚手架和工具等费用，计算其占总价的比例和工程结束后的残值。

④统计管理费、佣金等总数，计算其占总价的比例，特别要计算利润、贷款利息的总数和所占的比例。

⑤分包工程总价及其占总价的比例。

（2）分析标价结构的合理性。

①分析费用构成是否合理。例如，分析直接费和管理费的比例关系，人工费和材料费的比例关系，临时设施和机具设备费用与总直接费的比例关系，利润、流动资金及其利息与总价的比例关系，以便判断标价的费用构成是否合理。

②分析产值合理性及实现的可能。

③分析单位面积费用是否合理。

④分析用工量是否合理。

⑤分析用料量是否合理。

分析标价结构的合理性时，可以参照实施同类工程的经验，如果本工程与可类比的工程有些不可比因素，可以扣除不可比因素后进行分析比较。还可以在当地搜集类似工程的资料，排除某些不可比因素后进行分析对比。

2）动态分析

动态分析主要是从工期延误、物价及工资上涨以及其他因素三个方面分析对报价的影响。

（1）工期延误。由于承包人自身的原因，如材料设备交货拖延、管理不善造成工程延误以及工程质量问题造成返工等，承包人可能会增大管理费、人工费、施工机具使用费以及占用的资金和利息，这些费用的增加不能通过索赔得到补偿，甚至还会导致误期罚款。一般情况下，可以测算工期延长某一段时间，上述各种费用增大的数额及其占总价的比率。这种增大的开支部分只能用风险费和计划利润来弥补。因此，可以通过多次测算，得知工期拖延多久，利润将全部丧失。

（2）物价及工资上涨。通过调整标价计算中材料设备和工资上涨系数，测算其对工程计划利润的影响，同时切实调查工程物资和工资的升降趋势和幅度，以便做出恰当的判断。通过这一分析可以得知投标项目计划利润对物价和工资上涨因素的承受能力。

（3）其他因素。影响报价的可变因素很多，而有些是投标人无法控制的，如贷款利率的变化、政策法规的变化等。通过分析这些可变因素，可以了解投标项目计划利润受影响的程度。

3）盈亏分析

初步报价经过上述几方面的分析后，可能需要对某些分项的单价做出必要的调整，然后形成基础标价。基础标价还要经过盈亏分析，提出可能的低标价和高标价，供投标报价决策时选择。盈亏分析包括盈余分析和亏损分析两个方面。

（1）盈余分析。盈余分析是从报价组成的各个方面挖掘潜力、节约开支，计算出基础标价可能降低的数额，即所谓"挖潜盈余"，进而算出低标价。盈余分析可从下列几个方面进行。

① 效率，即工料、机械台班消耗定额以及人工、机械工效分析。

② 价格，即对工日价格、材料设备价格、施工机械台班（时）价格三方面进行分析。

③ 费用，即对管理费、临时设施费、开办费等费用逐项分析，重新核实，找出有无潜力可以挖掘。

④ 其他方面，如保证金、保险费、贷款利息、维修费等方面均可逐项复核，找出有潜力可挖之处。

经过上述分析，最后得出估计盈余总额，但应考虑到挖潜不可能百分之百实现，故尚需乘以一定的修正系数（一般取 0.5 ～ 0.7），据此求出可能的低标价。

$$低标价 = 基础标价 - （挖潜盈余 \times 修正系数） \qquad (4\text{-}14)$$

（2）亏损分析。亏损分析是针对报价编制过程中，因对未来施工过程中可能出现的不利因素估计不足而引起的费用增加的分析，以及对未来施工过程中可能出现的质量问题和施工延期等因素而带来的损失的预测，并将这些亏损包括在报价中，计算出高标价。

报价的亏损分析主要从以下几个方面分析：工资；材料设备价格；质量问题；计价失误；不熟悉当地法规、手续所发生的罚款等；自然条件；管理不善造成质量、工作效率等问题；建设单位、监理工程师方面的问题；管理费失控；等等。

通过以上分析估计出的亏损额，同样需乘以修正系数（0.5 ～ 0.7），并据此求出可能的高标价。

$$高标价 = 基础标价 + （估计亏损额 \times 修正系数） \qquad (4\text{-}15)$$

必须注意的是，在亏损分析中，有些因素有时可能不易与不可预见费中的某些因素划分清楚，考虑时切勿重复或漏项，以免影响报价的高低。

4）风险分析

从投标到竣工直至维修期满的整个过程中，政治、经济、社会、市场的变化以及工程实施中的不可预见事件，会直接或间接地影响工程项目的正常实施，给承包人带来利润的减少甚至亏损的风险。报价的风险分析就是要对影响报价的风险因素进行评价，对风险的危害程度和发生的概率做出合理的估计，并采取有效对策与措施来避免或减少风险。

总之，报价分析对调整投标价格起到了重要作用，调整投标价格应当建立在对报价的静态分析、动态分析、盈亏分析和风险分析的基础上，从而确定最后的投标报价。

4.4　投标报价策略

投标报价策略是指投标人在投标报价中采用什么手法使招标人可以接受，而中标后自己又可以获得更多的利润。投标人既要考虑自己公司的优势和劣势，也要分析招标项目的整体特点，按照工程的类别、施工条件等考虑报价策略。

一般来说，下列情况下报价可高一些。

（1）施工条件差（如场地狭窄、地处闹市）的工程。

（2）专业要求高的技术密集型工程，而本公司在这方面有专长，声望也高时。

（3）总价低的小工程，以及自己不愿意做而被邀请投标时，不便于不投标的工程。

（4）特殊的工程，如港口码头工程、地下开挖工程等。

（5）招标人对工期要求急的工程。

（6）投标对手少的工程。

（7）支付条件不理想的工程。

而一般在下述情况下报价应低一些。

（1）施工条件好的工程，工作简单、工程量大且一般公司都可以做的工程，如大量的土方工程，一般房建工程等。

（2）本公司目前急于打入某一市场、某一地区，或虽已在某地区经营多年，但即将面临没有工程的情况（某些国家规定，在该国注册公司一年内没有经营项目的，就要撤销营业执照），机械设备等无工地转移时。

（3）附近有工程而本项目可利用该项工程的设备、劳务或有条件短期内突击完成的工程。

（4）投标对手多、竞争力强的工程。

（5）非急需工程。

（6）支付条件好的工程，如可现汇支付。

以下是确定投标报价时需注意的事项。

（1）投标人的投标书在评标中能否获胜，一个最重要的决定因素就是投标价。在评标过程中，投标价在评标因素中所占的比重一般为 30%～40%，个别项目高达 60%。如果招标人是采购简单商品、半成品、设备、原材料，以及对其技术性能、质量没有特殊要求的物品，那么价格基本上就是评标时唯一考虑的因素，在商务、技术条件均满足招标文件要求时，投标价最低者即为中标者。如果是采购较复杂的设备或有特殊要求的项目，招标人一般采用综合评价法评标：对价格因素和非价格因素，按照招标文件中规定的评价标准折算为货币或分数，量化后进行加权平均。因此，投标人必须清楚招标文件中规定的投标价的评定原则和方法，然后确定适当的利润率，有的放矢地报出适中的投标价。

（2）按法律规定，投标价不能低于成本价。如有特殊情况，在投标文件中应加以说明。如某帆布厂参加帐篷投标时，投标价低于成本价，但该厂在投标文件中说明：该厂生产篷布的原料属长年库存积压产品，按降价处理。因此该厂因既具备较强的价格竞争优势，又没有违反投标价不能低于成本价的法律规定而一举中标。

（3）把握好确定投标报价的时间。有经验的投标人都会在递交投标文件的前夕，根据竞争对手和投标现场的情况，最终确定投标价或折扣率，现场填写有关方面的文件。

（4）慎重确定投标保证金的金额。通常招标文件都规定投标保证金的金额为投标价的 2%。由于出具投标保证金需要一些必要的程序，其金额较容易被竞争对手掌握，从而推算出投标价，为保密起见，可适当提高投标保证金的金额，以迷惑竞争对手。

（5）投标报价应一步到位。投标人要考虑到投标报价是一次性的，开标后不能更改。有些投标人因曾经受过一些不规范招标的影响，认为开标后还能压价，而在报价时戴了高帽子，结果吃了抬高报价的亏，与中标无缘。

以下说明几种常用的投标报价策略。

4.4.1 不平衡报价法

1. 定义

不平衡报价法是在总报价基本确定的前提下，调整内部各个分项的报价，以期既不影响总报价，又能在中标后满足资金周转的需要，从而获得较理想的经济效益。

2. 通常做法

（1）对能早日结账收回工程款的土方、基础等前期工程项目，单价可适当报高些；对机电设备安装、装饰等后期工程项目，单价可适当报低些。

（2）对预计今后工程量可能会增加的项目，单价可适当报高些；对工程量可能减少的项目，单价可适当报低些。

（3）对设计图纸内容不明确或有错误，估计修改后工程量要增加的项目，单价可适当报高些；对工程内容不明确的项目，单价可适当报低些。

（4）对没有工程量只填报单价的项目，或招标人要求采用包干报价的项目，单价宜报高些，一则这类项目多半有风险，二则这类项目在完成后可全部按报价结账，即可以全部结算回来；对其余的项目，单价可适当报低些。

（5）对暂定项目（任意项目或选择项目）要具体分析。这一类项目要在开工后再由发包人研究决定是否实施，由哪一家承包人实施。如果工程不分标，只由一家承包人施工，则其中实施的可能性大的项目，单价可报高些；预计不一定实施的项目，单价可适当报低些。如果工程分标，该暂定项目也可能由其他承包人施工时，则不宜报高价，以免抬高总报价。

3. 特点

不平衡报价法的优点是有助于对工程量清单进行仔细校核和统筹分析，总报价相对稳定，不会过高；缺点是单价报高报低的合理幅度难以掌握，单价报得过低会因执行中工程量增多而造成投标人的损失，报得过高会因招标人要求压价而使投标人得不偿失。

4. 注意事项

不平衡报价一定要建立在对工程量清单中的工程量仔细核对分析的基础上，特别是对于报低价的项目，一定要控制在合理幅度内（一般可在 10% 左右），以免引起招标人反感，甚至导致废标。如果不注意这一点，有时招标人会挑选出报价过高的项目，要求投标人进行单价分析，而围绕单价分析中过高的内容进行压价。

5. 计日工报价和无利润算标

（1）计日工报价。如果是单纯的计日工报价，可以提高一些，以便在日后招标人用工或使用机械时可以盈利。但如果招标文件中已经假定了计日工的"名义工程量"，则需要具体分析是否报高价，以免提高总报价。

（2）无利润算标。这是在投标报价时不计算利润的一种报价形式，采用这种技巧完全是迫不得已。因为承包工程的主要目的就是要获取利润，但是一些没有竞争能力的投标人如果将利润计入报价中，其报价就会很高，根本不可能中标。因此，他们为了中标只得不考虑利润。对于这些投标人，一旦中标也有一定好处，如果他能找到索价较低的分包人，就可能有一定利润；另外，如果他在很长时期内没有工程项目，还不得不支付一定费用维持公司运转，那么通过此工程中标，就可以暂渡难关，以待时机。

4.4.2 按工程量变化趋势调整单价

1. 定义

研究工程性质与特点，按工程量变化趋势调整单价，制定工程发包人愿意接受的价位区间，最后根据投标经验确定投标价。

2. 适用情况

此方法适用于固定单价合同。固定单价合同的支付是按实际工程量支付的，此类投标书中的工程量与实际发生的工程量往往存在较大的偏差，投标人可以利用这种偏差获取经济效益。

值得注意的是，只有在对工程量的变动趋势有充分把握时，才能利用这一技巧，否则也会造成损失。因为此技巧是以调低预计将减少工程量项目的单价为代价去换取效益的，如果调高单价的工程量并未增加到一定程度，那么损失也就不可避免了。

3. 通常做法

（1）找出偏差较大的若干项目，其中最好包括预计工程量会增加和减少的两类项目。

（2）按一般方法计算有关项目的单价和总价。

（3）按不平衡报价法调整各有关项目单价。办法是将预计工程量会增加的项目的单价提高，而将预计工程量会减少的项目的单价调低。调整要控制在一定范围内（如10%），以便招标人接受。

（4）为了保证报价仍具有竞争力，变动后的总价不应超过原来的总价，即使超过也不宜太多。

【例 4-6】某固定单价合同报价表中的两项工程量复核结果及其实算单价见表 4-14。表中两项工程的预计工程量与投标书中工程量相比为一增一减，可采用如下报价法报价。

表 4-14　按工程量变化趋势调整单价的工程

分部分项工程	工程量 /m³		单价 /（美元 /m³）
	表中值	预计值	
1	3500	4200	50
2	2500	2000	40

解： 正常报价之和为 3500×50+2500×40=275000（美元）

将 2 号工程单价调低 10%，求出保持二项报价之和不变的 1 号工程的报价。令 1 号工程单价为 X，则有

$$3500X+2500 \times 40 \times （1-10\%）=275000$$

$$X \approx 52.9 （美元 /m^3）$$

此数未超过实算单价的 10%，可以以此作为 1 号工程单价。

则运用此技巧的额外盈利为

$$（4200 \times 52.9+2000 \times 36）-（4200 \times 50+2000 \times 40）=4180 （美元）$$

如果 1 号工程的实际发生工程量低于 3837.4m³，则会亏损，其临界值计算过程如下。

令 1 号工程的实际工程量为 Y，则有

$$52.9Y+2000 \times 36<3500 \times 50+2500 \times 40$$

$$Y<3837.4 （m^3）$$

4.4.3 多方案报价法

1. 定义

多方案报价法即对同一个招标项目除按招标文件的要求编制一个投标报价以外，还编制了一个或几个建议方案。

2. 适用情况

（1）招标文件中的工程范围很不具体、明确，或条款内容很不清楚、公正，或对技术规范的要求过于苛刻。

（2）设计图纸中存在某些不合理并可以改进的地方，或可以利用某项新技术、新工艺、新材料替代的地方，或自己的技术和设备满足不了招标文件中设计图纸的要求。

3. 通常做法

先按原招标文件报一个价，然后再提出，如某某条款做某些变动，报价可降低多少，由此报出一个较低的价，以吸引招标人。

4.4.4 增加建设方案

1. 适用情况

有时招标文件中规定，可以提出一个建设方案，即可以修改原设计方案，提出投标人的方案。投标人这时应抓住机会，组织一批有经验的设计和施工工程师，对原招标文件的设计和施工方案仔细研究，提出更为合理的方案，这种新的建设方案可以降低总造价或提前竣工或使工程运用更合理，以吸引招标人，促成自己的方案中标。

如某沉沙池工程，按照招标人原方案施工，将推迟水库蓄水以及推迟向灌区送水时间半年之久，某投标人提出的新方案，虽然工程造价增加了，但可提前半年向灌区送水，最后招标人同意以该投标人方案为基础谈判，并最终签订合同。

2. 注意事项

（1）对原招标方案也一定要报价，以供招标人比较。

（2）增加建设方案时，不要将方案写得太具体，保留方案的技术关键，防止招标人

将此方案交给其他投标人。

（3）建设方案一定要比较成熟，或过去有这方面的实践经验。如果仅为中标而匆忙提出一些没有把握的建设方案，可能引起很多后患。

4.4.5　突然降价法

1.定义

虽然报价是一件保密的工作，但是对手之间往往通过各种渠道、手段来刺探情况，突然降价法就是在报价时可以采取的一种迷惑对方的竞争手法。

2.通常做法

在准备投标报价的过程中预先考虑好降价的幅度，然后有意散布一些假情报，如表现出自己对该工程兴趣不大，或打算弃标，按一般情况报价或准备报高价等，等临近投标截止日期前，突然前往投标，并降低报价，以期战胜竞争对手。

如鲁布革水电站引水系统工程招标时，日本大成公司知道它的主要竞争对手是前田公司，因而在临近开标前把总报价突然降低 8.04%，取得最低标，为以后中标打下基础。

3.注意事项

（1）一定要在准备投标报价的过程中就考虑好降价的幅度，在临近投标截止日期前，根据情报信息进行分析判断，再做最后决策。

（2）如果采用突然降价法而中标，由于开标只降总价，在签订合同后仍可采用不平衡报价法调整工程量清单内的各项单价或价格，以期取得更高的效益。

4.4.6　其他策略

1.先亏后盈法

有的投标人为了新进入某一地区或某一领域市场，依靠国家、某财团或自身的雄厚资本实力，采取一种只求中标的低价投标方案，以期先亏后盈。

应用这种手法的投标人必须有较好的资信条件，并且提出的施工方案也先进可行，同时要加强对公司情况的宣传，否则即使标价低，招标人也不一定选中。

如果其他投标人遇到这种情况，不一定和这类投标人硬拼，而可力争第二、三标，再依靠自己的经验和信誉争取中标。

2.联合保标法

在竞争对手众多的情况下，几家实力雄厚的投标人可以联合起来控制标价，由一家出面争取中标，再将其中部分项目转让给其他投标人分包，或轮流相互保标。

在国际上这种做法很常见，但是如被招标人发现，则有可能被取消投标资格。

3.大型分期建设工程的报价策略

如卫星城、灌溉工程等，在第一期工程投标时，可以将部分间接费分摊到第二期工程中去，少计算利润以争取中标。这样在第二期工程招标时，凭借第一期工程的经验、临时设施以及创立的信誉，比较容易拿到第二期工程。但如第二期工程遥遥无期，则不可以这样考虑。

4. 材料、设备的报价策略

材料、设备费用在工程造价中常常占比一半以上，对报价影响很大，因而在报价阶段对材料、设备的报价要十分谨慎。

（1）询价时最好找厂方的经理部或当地直接受委托的代理，在当地询价后，可用电传向厂家询价，加以比较后再确定如何订货。

（2）国际市场各国货币比值在不断变化，注意选择货币贬值国家的材料、设备。

（3）建筑材料价格波动很大，因而在报价时不能只看眼前的建筑材料价格，而应调查了解和分析近 2～3 年建材价格变化的趋势，决定采取近几年平均单价或当时单价，以减少价格波动引起的损失。

5. 单价分析表的报价策略

有的招标文件要求投标人对工程量大的项目报单价分析表。投标时，可将单价分析表中的人工费和施工机具使用费报得较高，而材料费算得较低。这主要是为了在今后补充项目报价时，可以参考选用单价分析表中较高的人工费和施工机具使用费，而材料费采用市场价，从而可获得较高的收益。

6. 精雕细琢投标文件

有关投标文件的装订和排版等细节问题，有些投标人不给予足够的重视。事实上，往往正是这些细枝末节影响全局，导致全盘皆输。因此投标人对这类细节问题也应精雕细琢。

（1）投标文件的装订。装订时，首先要用明显的标志区分投标文件的每个部分。一般情况下，评标时间都很紧张，如果投标文件排列有序、查阅便利，就有利于评委在较短的时间内全面了解投标文件的内容。另外，投标文件要避免差错，装订得要精致，这样会给评委留下一个非常认真严肃的印象，增加对其的信任感。有的投标人就是因为制作的投标文件是没有装订的散页，影响了给评委的印象，结果早早被淘汰。可以说，投标文件的装订、排版水平是评标的印象分。

（2）投标文件的语言。投标文件的语言要严密，特别是关键细节处，不要给评委留下企图蒙混过关的投机之感。例如在维修条款上，有的投标人只写保修，没有指明是否免费保修。另外，表格、证件等一定要真实有效，并附必要说明。例如要求投标人提供产品的生产许可证，有的投标人的证件已经过期，却不做任何说明，给评委一种企图蒙混过关之感，结果导致废标。

（3）注意在投标文件中宣传自己的形象。尽量详细描述投标情况，特别是突出展示自己优于竞争对手的方面。同时，还应将自身业绩、在其他项目中中标的情况、有关方面的评价充实到投标文件中，并分别配上详细介绍，以便向评委和招标人充分展示自己的实力。

（4）不要忽视最后一个环节——递送投标文件。投标文件应严格按照招标文件中的规定递交，并注意保密问题。一般说来，为防止投标文件泄密，不宜邮寄或托人代送，也不宜过早地递送，而以在投标截止日前数小时前当面递送为好。

习 题

一、单项选择题

1. 一般来说,下列哪种情况下报价可高一些?(　　)

A. 专业要求高的技术密集型工程,而本公司这方面有专长,声望也高时

B. 支付条件好

C. 投标对手多

D. 附近有工程而本项目可利用该工程的设备、劳务或有条件短期内突击完成

2. 如果招标文件中规定,投标人可以提一个建议方案,投标人这时要抓住机会,组织一批有经验的设计和施工工程师,对原招标文件的设计和施工方案仔细研究,提出自己的方案,以降低工程总造价和(　　)来吸引招标人。

A. 运用新技术　　　　　　　B. 采用新型施工方案

C. 采用新方法　　　　　　　D. 提前竣工

3. 投标人增加建设方案时,不要将方案写得太具体,保留方案的(　　),防止招标人将此方案交给其他投标人。

A. 施工工艺　　B. 技术规范　　C. 技术关键　　D. 施工机械设备配置

二、填空题

1. 在进行投标前的市场调查时,可从_____、_____、金融情况、地理环境、收集其他公司过去的投标报价资料、了解该国或该有关项目发包人情况这几方面着手。

2. 工程投标决策的内容主要包括两个方面,一个是关于_____投标的决策,另一个是关于_____投标的决策。

3. 对于投标定位性决策,即决定对某招标工程是投_____还是_____。

4. 对于投标效益决策,主要是决定是投_____、_____还是_____。

三、问答题

1. 进行国外投标前市场调查的主要内容有哪些?

2. 工程投标决策的依据有哪些?

四、计算题

某单价合同工程报价表中两项工程量复核结果及其单价见表4-15。试用工程量变化趋势调整单价,并计算其额外收益及临界工程量。

表4-15　计算题用表

分部分项工程	工程量 /m³		单价 /(美元 /m³)
	表中值	预计值	
A	3000	3800	40
B	2000	1500	30

在线答题

拓展习题

第5章

招投标监督

知识结构图

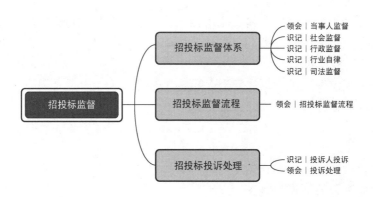

5.1　招投标监督体系

招投标
监督（一）

招投标
监督（二）

招投标监督体系包括当事人监督、社会监督、行政监督、行业自律和司法监督。

招投标活动的顺利推进离不开背后严格的招投标监督体系。只有完善的招投标监督体系才能确保每个参与人员的权利都得到有力保障。

5.1.1　当事人监督

招投标活动当事人，主要包括招标人、投标人和招标代理人等。

由于当事人直接参与并且与招投标活动有着直接的利害关系，因此，当事人监督往往最积极，也最有效，是行政监督和司法监督的重要基础。《工程建设项目招标投标活动投诉处理办法》具体规定了投标人和其他利害关系人投诉以及有关行政监督部门处理投诉的要求，这种投诉就是当事人监督的重要方式。

另外，为保证招投标的顺利进行，招投标当事人也应受到严格的监督。

（1）招投标当事人应遵守《中华人民共和国政府采购法》、财政部有关政府采购的规定及其他有关招投标法规。针对招标文件或者投标文件中出现的违反法规的行为，应当有效地加以处理，对有违法行为的当事人进行适当的处罚。

（2）招投标当事人在实施招投标工作时，应当遵循公开、公平、公正和诚实信用的原则，如实书面披露招标或者投标的有关情况、公布招投标的结果和处理招投标的结果，保证每位招投标当事人获得合理公平的对待。

（3）招投标当事人应当及时公布招投标工作的有关信息资料，包括资金投入、招投标内容、招投标进程等，使招标人、投标人和投资人能够清楚地了解招投标的真实情况，防止招投标当事人隐瞒招投标的真实状况而影响招投标的秩序。

（4）招投标当事人应配合公安机关查证、证实招投标中可能出现的违法行为，及时发现违法活动并加以控制，维护招投标活动的公正和公平，保障招投标的质量。

5.1.2　社会监督

社会监督是一种第三方监督，这里的"社会"是指除招投标当事人以外的社会公众。招投标原则之一的公开原则就是要求招投标活动必须向社会透明，以方便社会公众的监督。

常见的社会监督方式有社会公众监督、社会舆论监督和新闻媒体监督等。任何单位和个人认为招投标活动违反招投标法律、法规和规章，都可以向有关行政监督部门举报反映，有关行政监督部门应当依法受理举报，履行行政监督职责。

现代互联网信息技术得以广泛运用，社会公众、社会舆论以及新闻媒体监督并规范招投标市场秩序的作用日益突显。

5.1.3 行政监督

行政监督是指行政机关（行政监督平台）对招投标活动的监督，是招投标监督体系的重要组成部分。

依法规范和监督市场行为，维护国家利益、社会公共利益和当事人的合法权益，是市场经济条件下政府的一项重要职能。行政监督的主要法律依据是《招标投标法》。

行政监督的内容主要包括：招标人是否存在规避招标、肢解发包、排斥潜在投标人等违法违规行为；招标代理人是否存在与招标人、投标人串通损害国家利益、社会公共利益或者他人合法权益等违法违规行为；投标人是否存在相互串通或者以向招标人或评标委员会成员行贿的手段谋取中标等违法违规行为；评标委员会成员是否科学、公正、客观地评价投标人的投标书、答辩内容等。

行政监督的方式主要是备案管理和开标过程监督。备案管理即通过对招投标过程中节点资料的备案，来发现和纠正其中的违法违规内容。开标过程监督主要通过工作人员现场监督和多媒体数字监控系统监控的方式，来制止、纠正开标过程中的违法违规行为。另外，还可通过受理招投标投诉的方式，与市城建监察大队联合查处招投标过程中的违法违规行为。

在传统招投标活动中，行政监督一般是通过现场监督和书面审批来实现的。现场监督虽然可以直观地对招投标活动进行监督，及时纠正招投标活动中存在的问题，但相比于招投标活动规模的日益扩大，行政监督部门的人力资源显得颇为有限，大规模的现场监督已经非常困难。而作为事后监督手段的书面审批，主要是通过对招投标全过程文件的梳理和检查，判断招投标活动的合法性以及潜在的违法行为，存在一定的局限性。

电子招投标的网络化、无纸化等特点使行政监督方式发生了转变。中国招标投标公共服务平台通过提供监督通道和监督窗口的方式，为行政监督提供统一的入口。行政监督部门的行政监督平台可以通过对接监督通道受理投诉、下达行政处理决定，也可直接使用该平台的监督窗口连接相关交易平台，满足不同层级的一个或多个监督机构对多个交易平台，从而对跨地区、跨行业和跨层级的招投标交易项目实施集中和分类同步监督。中国招标投标公共服务平台还通过大数据分析提供智能化监督工具，可观察市场现状和动态，对风险进行分析和预警，同时收集、记录和追溯各类证据，为行政监督提供支撑服务，实现事中、事后监督执法。

5.1.4 行业自律

招投标严格来说不是一个行业，它只是一种市场化的撮合方式，能为项目的发包人在市场上找到符合质量要求且价格最为合适的承包人，是一种成本控制的手段。招投标以工程行业为主，但并不局限于工程行业。本节提到的"行业"指招标投标协会。

中国招标投标协会是由我国从事招投标活动的企事业单位、社会中介组织，进行招投标理论研究的机构、团体、专家学者，以及招投标从业人员自愿组成的非营利性的招投标行业组织，是经中华人民共和国国务院批准、民政部注册登记、具有法人资格的全国性的社会团体，是对外代表中华人民共和国招投标行业的协会。

中国招标投标协会建立行业自律机制，研究制定招投标行规行约、职业道德准则、业务统计规则和职业标准规范等，形成了《中国招标投标行业自律公约》并组织实施。公约的制定是为了建立和健全招投标行业诚信自律机制，促进招投标企业自觉履行守法、诚信的社会责任，维护招投标企业的合法权益，自觉抵制失信、违规、违法行为，规范市场秩序，促进招投标事业健康发展。中国招标投标协会团体和个人会员必须签署和遵守本公约，非会员单位和个人鼓励签署和遵守本公约，招投标从业人员应自觉遵守本公约。

《中国招标投标行业自律公约》明确了招标人、投标人、招标代理人和评标专家的自律守则，具体如下。

1. 招标人自律守则

（1）招标人必须依法从事招标活动，严格遵守《招标投标法》和有关法律、法规、规章，坚持公开、公平、公正和诚信原则，自觉接受政府和社会的监督。

（2）招标人对依法必须招标的项目，不得采用化整为零等违规手段规避招标或虚假招标；不得擅自将应当公开招标的项目改为邀请招标或将应当邀请招标的项目改为直接发包或直接采购。招标人应严格按照规定程序和要求组织招标、开标、评标，办理核备手续；属于公开招标的，应在规定媒体发布招标公告。

（3）招标人具备自行招标条件的，经有关行政监督部门核备，可以自行组织招标；否则，应当委托具有相应资格的招标代理人代理招标业务。

（4）招标人采用委托招标的项目，可以通过竞争方式择优选择具有相应条件的招标代理人；严禁以收取代理费回扣、签订阴阳合同或帮助意向投标人中标等不正当要求作为选择招标代理人的条件。招标人不得与招标代理人或投标人串通，进行暗箱操纵招标以及其他违法行为。

（5）招标人在投标资格、评标办法中不得违法设置障碍或技术条件，歧视、排斥外地、外系统或不同所有制的潜在投标人参加投标；不得为特定投标人设定有利条件；不得强制为投标人指定联合体或分包人。

（6）招标人应当依据法律、法规、规章和有关示范文本规定的基本内容、格式、程序编制和修改招标文件，招标文件及其合同条款不得设置违法、违规或苛刻条款侵害投标人的正当利益，强制投标人低于成本价竞争。

（7）招标人应依法组建评标委员会，不得违法干预、引导或串通专家的评标。

（8）招标人应当在评标委员会评标报告推荐的中标候选人中，按规定程序选择确定中标人，并依法向有关行政监督部门办理核准或备案手续。

（9）招标人应严格按照招标文件和投标文件约定的条款及中标结果与中标人签订合同协议，不得随意改变招标内容和中标价格，亦不得签订违背合同实质性内容的协议。

（10）招标人不得指使、授意或认可中标人违法转包或违规分包。

（11）招标人应当依法遵守保密规定，不得泄露评标、标底等有关保密内容。

2. 投标人自律守则

（1）投标人应当严格遵守《招标投标法》和有关法律、法规、规章，依法从事投标和其他交易活动，诚实守信，自觉接受政府和社会监督。

（2）投标人应自觉维护市场秩序，不得出借、买卖、伪造企业和从业人员的资质证书、营业执照、资产业绩等相关资信证明文件和印章，严禁其他企业或个人以投标人的名义投标。

（3）投标人参与工程、货物、服务项目投标必须具有国家和招标文件规定的资质、业绩或许可条件。

（4）投标人应严格遵守法律、法规和招标文件规定的投标程序，不得隐瞒真实情况、弄虚作假、骗取投标和中标资格。

（5）投标人应坚决抵制和杜绝串标、围标、哄抬报价、贿赂、回扣等违法投标和不正当竞争行为，不得违背国家有关价格规定或低于成本价竞争。

（6）投标人应严格按中标条件签订和履行合同，不得将项目违法转包、挂靠承包和违规分包。

（7）投标人应依法经营，公平竞争，不得采取虚假、诽谤、恶意投诉等违法或不正当手段损害、侵犯同行企业的正当权益。

（8）投标人对违法和不公正行为投诉时，应保证投诉内容及相应证明材料真实合法。

3. 招标代理人自律守则

（1）招标代理人必须严格遵守《招标投标法》和有关法律、法规、规章，依法从事招标代理活动，诚实守信，自觉接受政府和社会监督。

（2）招标代理人应自觉维护招投标活动秩序，坚决抵制串标、暗箱操作、徇私舞弊、违法交易。

（3）招标代理人应遵守招标人自律守则，并应依法订立和认真履行招标代理合同规定的权利、义务，承担相应的责任。

（4）招标代理人必须在自己的能力范围内竞争承接招标代理业务，不得以非正当手段承揽招标代理业务。

（5）招标代理人不得出借、买卖、涂改和伪造注册执业人员证书、营业执照、业绩证明等有效证件。

（6）招标代理人应坚决抵制盲目压价、恶意竞争行为，严禁采用合同外让利或签订阴阳合同等不正当手段压低招标代理费。

（7）招标代理人不得与行政机关、招标人、投标人有隶属关系或其他利益关系，不得接受同一项目的招标代理和投标咨询两种业务。

（8）招标代理人应严格按照《中华人民共和国劳动法》及相关规定聘用业务人员，依法维护从业人员合法权益，注重职业道德教育和业务素质培训。

（9）招标代理人应坚持组织从业人员认真学习《招标投标法》《民法典》等法律、法规及其他相关知识，树立依法、守信、公正、科学的服务意识，不断提高业务素质和服务水平。

（10）招标代理人应自觉保护知识产权，不得抄袭、盗用他人的咨询成果、招标文件专用版等技术资料，不得窃取同行商业机密。

4.评标专家自律守则

（1）评标专家应自觉遵守和提高职业道德，不断提高业务素质，牢固树立依法、守规、客观、公正的责任意识，自觉规范评标行为。

（2）评标专家应当严格依据法律、法规，按照招标文件载明的评标办法进行科学、公正的评标，遵守评标纪律。评标专家不得采用招标文件未载明的评标方法及其标准评标。评标专家不得私自接触投标人，不得擅自泄露应当保密的评标信息。

5.1.5 司法监督

司法监督是指国家司法机关对招投标活动的监督。

《招标投标法》具体规定了招投标活动当事人的权利和义务，同时也规定了有关违法行为的法律责任。如招投标活动当事人认为招投标活动存在违反法律、法规、规章规定的行为，可以起诉，由法院依法追究有关责任人相应的法律责任。

招投标活动当事人有行贿、串标等触犯《中华人民共和国刑法》的行为，或者国家工作人员有利用职务之便接受贿赂、滥用职权、渎职侵权等职务犯罪行为，应当由司法机关依法追究刑事责任。

5.2 招投标监督流程

招投标有关监督部门应就市场主体遵守招投标领域的法律法规、标准规范的情况及合同履约状况实行监督。其监督流程如下。

1.项目立项监督

项目负责人应确保项目已经过监督部门的相关程序批准。项目立项阶段的审批流程可能根据项目组织的不同而有所差别，但是通常包括以下几个步骤。

（1）项目立项申请：项目负责人向相关负责人或部门提出项目立项申请。

（2）项目立项评估：相关负责人或部门对项目立项申请进行评估，评估项目立项的合法性、可行性、公正性、合理性等。

（3）项目立项审核：相关负责人或部门对项目立项申请进行审核，审核项目立项的内容是否符合审批标准。

（4）项目立项批准：如果项目立项申请通过了审核，相关负责人或部门将对项目立项进行批准，并签署项目立项文件。

（5）项目立项归档：相关负责人或部门将项目立项文件归档，以便后续使用。

2.开标前监督

开标前，招标人须向监督部门提供招投标的相关文件资料，由监督部门进行审查。监督部门应审查以下内容。

（1）审查招标须知内容是否完整（是否包括招标项目的范围、投标人资格条件、投标文件提交要求、投标保证规定内容、投标纪律方面的要求）。

（2）审查评标办法是否明确，评标标准是否予以量化。

（3）检查是否制定了招标方案，是否成立了相关的招投标领导小组和评标委员会。

（4）检查投标文件是否在规定的地点和时间内递交，是否按招标文件要求封装，是否有签收记录，是否拒收在规定截止时间后送达的投标文件，监督见证招标人封存所有投标文件。

（5）参加评标开始前的评委会议，检查评标委员会负责人是否就招标文件、评标标准和方法等向委员会成员进行详细介绍，成员分工、职责是否明确。

（6）对投标人的监督。

① 投标人应具备招标文件要求的资格条件。

② 投标文件应按照招标文件要求编制。

③ 投标人应在规定时间内提交投标文件。

④ 监督检查投标代理人身份、法人授权书。

3. 开标监督

开标监督内容如下。

（1）开标时间地点应与投标文件送达截止时间一致。有效投标人应不少于 3 家。招标人应邀请所有投标人，当众启封并宣读投标文件的主要内容。

（2）监督人员在开标现场当众宣布开标工作纪律，并向投标人公布投诉举报电话、举报邮箱。

（3）检查投标人参与开标的法定代表人或代理人资格是否符合规定。

（4）检查投标是否递交投标保证金（保函）。

（5）检查投标文件的密封情况并当众开封。

（6）检查招标文件正本中授权委托书、印章及签字、营业执照、资质证书、承诺书是否齐全完整，并符合招标文件规定。

（7）招标人做好开标记录，经监督人员签字存档。

4. 评标监督

评标监督内容如下。

（1）委员会成员应为 5 人以上单数，其中技术、经济方面的专家不得少于 2/3。

（2）评标过程中，委员会成员是否独立进行评审，是否存在以倾向性、暗示性语言影响正常评标的现象，是否有违反评标原则、方法及标准等违规评审的情况，是否遵循保密回避原则；对评标人员的手机集中统一管理。

（3）会同评标委员会主任或招标领导小组检查委员会评分情况。

（4）对评标过程中澄清问题和答疑过程进行监督，尽量以书面形式进行，委员会成员确需和投标人面对面进行澄清和答疑时，要有一名评标委员会主任（或副主任）和监督人员在场。不得有对投标实质性内容做出改变的情况。

（5）废标的确认是否严格按照招标文件的规定执行。对投标资格进行后审的，后审不合格的应作为废标处理。后审结果作为评标的结论写入评标报告。

（6）是否按得分顺序推荐中标候选人。

（7）评标报告（含综合汇总表）需经评标委员会成员和监督人员签字。

（8）对评标中的违纪违规行为进行纠正，提出口头或书面建议和处理意见。

5.决标监督

决标监督内容如下。

（1）招标领导小组是否根据评标委员会提出的评标报告及推荐的中标候选人，按照管理权限从中选定中标人，如与评标委员会推荐意见不一致，是否有充足的理由并形成书面意见。

（2）决标过程是否充分听取招标领导小组成员意见，决策程序是否符合相关规定，有无规范的会议记录及签字手续。

（3）填写监督报告。

（4）有关招标结果是否按管理规定上报批复或备案。

（5）项目法人是否按照招标文件和中标人的投标文件（含承诺函）签订书面合同，并同时签订廉政合同。

（6）合同审批资料是否齐全，是否存在越级、越权审批，是否存在擅自变更中标人、中标价格、中标数量或技术指标、服务保障等情况。

（7）是否按照投标文件的约定退还投标保证金（保函）。

5.3　招投标投诉处理

投标人或者其他利害关系人认为招投标活动不符合法律、法规和规章规定的，有权依法向有关行政监督部门投诉。这里的其他利害关系人是指投标人以外的，与招标项目或者招标活动有直接和间接利益关系的法人、其他组织和自然人。投诉是招投标当事人监督的重要方式，各种原因造成的当事人利益无法得到保障，都要通过合理的投诉争取。

行政监督部门处理投诉时，应当坚持公平、公正、高效原则，维护国家利益、社会公共利益和招投标当事人的合法权益。行政监督部门应当确定本部门内部负责受理投诉的机构及其电话、传真、电子信箱和地址，并向社会公布。

5.3.1　投诉人投诉

投诉人应自知道或者应当知道投诉事项之日起 10 日内向有关行政监督部门投诉。应当先向招标人提出异议的，异议答复期间不计算在规定期限内。

投诉应当有明确的请求和必要的证明材料，并提交投诉书。投诉书应当包括下列内容：投诉人的名称、地址及有效联系方式；被投诉人的名称、地址及有效联系方式；投诉事项的基本事实；相关请求及主张；有效线索和相关证明材料，有关材料是外文的，同时提供其中文译本。

投诉人是法人的，投诉书必须由其法定代表人或者授权代表签字并盖章；其他组织或者自然人投诉的，投诉书必须由其主要负责人或者投诉人本人签字，并附有效身份证明复印件。

就《中华人民共和国招标投标法实施条例》第二十二条、第四十四条、第五十四条规定事项投诉的，应当先向招标人提出异议，并附提出异议的证明文件。已向有关行政监督部门投诉的，应当一并说明。

投诉人不得以投诉为名排挤竞争对手，不得进行虚假、恶意投诉，阻碍招投标活动的正常进行。

投诉人可以自己直接投诉，也可以委托代理人办理投诉事务。代理人办理投诉事务时，应将授权委托书连同投诉书一并提交给行政监督部门。授权委托书应当明确有关委托代理权限和事项。

5.3.2 投诉处理

1. 招标人处理投诉

建设工程招标，以下三种情况需招标人处理投诉。

（1）投标人对招标文件或对资格预审文件有异议的，招标人应当自收到异议之日起 3 日内作出答复。作出答复前，应当暂停招投标活动。

（2）投标人对开标有异议的，如未按照招标文件规定的时间、地点开标，投标人应当在开标现场提出，招标人应当当场作出答复，并制作记录。

（3）投标人或者其他利害关系人对依法必须进行招标的项目的评标结果有异议且在中标候选人公示期间提出的，招标人应当自收到异议之日起 3 日内作出答复。作出答复前，应当暂停招投标活动。

2. 政府采购异议和投诉处理

如果是对政府采购的异议和投诉，则采购人应按以下程序处理投诉：采购人应当在收到供应商的书面质疑后 7 个工作日内作出答复，并以书面形式通知质疑供应商和其他有关供应商，但答复的内容不得涉及商业秘密。采购人委托采购代理机构采购的，供应商可以向采购代理机构询问或者质疑，采购代理机构应当依照相关规定就采购人委托授权范围内的事项作出答复。在政府采购中，询问或者质疑事项可能影响中标、成交结果的，采购人应当暂停签订合同，已经签订合同的，应当中止履行合同。

3. 行政监督部门处理投诉

法律依据：

《中华人民共和国招标投标法实施条例》第六十一条　投诉人就同一事项向两个以上有权受理的行政监督部门投诉的，由最先收到投诉的行政监督部门负责处理。行政监督部门应当自收到投诉之日起 3 个工作日内决定是否受理投诉，并自受理投诉之日起 30 个工作日内作出书面处理决定；需要检验、检测、鉴定、专家评审的，所需时间不计算在内。投诉人捏造事实、伪造材料或者以非法手段取得证明材料进行投诉的，行政监督部门应当予以驳回。

《招标投标法》第六十三条　对招标投标活动依法负有行政监督职责的国家机关工作人员徇私舞弊、滥用职权或者玩忽职守，构成犯罪的，依法追究刑事责任；不构成犯罪的，依法给予行政处分。

1）受理投诉

行政监督部门收到投诉书后，应当在 3 个工作日内进行审查，视情况分别作出以下处理决定。

（1）不符合投诉处理条件的，决定不予受理，并将不予受理的理由书面告知投诉人。

（2）对符合投诉处理条件，但不属于本部门受理的投诉，书面告知投诉人向其他行政监督部门提出投诉；对符合投诉处理条件并决定受理的，收到投诉书之日即为正式受理之日。

有下列情形之一的投诉，不予受理。

（1）投诉人不是所投诉招投标活动的参与者，或者与投诉项目无任何利害关系。

（2）投诉事项不具体，且未提供有效线索，难以查证的。

（3）投诉书未署具投诉人真实姓名、签字和有效联系方式的；以法人名义投诉的，投诉书未经法定代表人签字并加盖公章的。

（4）超过投诉时效的。

（5）已经作出处理决定，并且投诉人没有提出新的证据的。

（6）投诉事项应先提出异议而没有提出异议、已进入行政复议或行政诉讼程序的。

行政监督部门负责投诉处理的工作人员，有下列情形之一的，应当主动回避。

（1）近亲属是被投诉人、投诉人，或者是被投诉人、投诉人的主要负责人。

（2）在近 3 年内本人曾经在被投诉人单位担任高级管理职务。

（3）与被投诉人、投诉人有其他利害关系，可能影响对投诉事项公正处理的。

2）调查取证

行政监督部门受理投诉后，应依法进行调查取证。

行政监督部门有权查阅、复制有关文件、资料，调查、核实有关情况，必要时可以责令暂停招投标活动。投诉人、被投诉人以及评标委员会成员等与投诉事项有关的当事人应当予以配合，如实提供有关资料及情况，不得拒绝、隐匿或者伪报。行政监督部门应当听取被投诉人的陈述和申辩，必要时可通知投诉人和被投诉人进行质证。

行政监督部门调查取证时，应当由两名以上行政执法人员进行，并做笔录，交被调查人签字确认。行政执法人员应当严格遵守保密规定，对于在投诉处理过程中所接触到的国家秘密、商业秘密应当予以保密，也不得将投诉事项透露给与投诉无关的其他单位和个人。

对情况复杂、涉及面广的重大投诉事项，有权受理投诉的行政监督部门可以会同其他有关行政监督部门进行联合调查，共同研究后由受理部门作出处理决定。

3）撤回投诉

投诉处理决定作出前，投诉人要求撤回投诉的，应当以书面形式提出并说明理由，由行政监督部门视以下情况，决定是否准予撤回。

（1）已经查实有明显违法行为的，应当不准撤回，并继续调查直至作出处理决定。

（2）撤回投诉不损害国家利益、社会公共利益或者其他当事人合法权益的，应当准予撤回，投诉处理过程终止。投诉人不得以同一事实和理由再提出投诉。

4）处理决定

行政监督部门应当根据调查取证情况，按照下列规定作出处理决定。

（1）投诉缺乏事实根据或者法律依据的，或者投诉人捏造事实、伪造材料或者以非法手段取得证明材料进行投诉的，驳回投诉。

（2）投诉情况属实，招投标活动确实存在违法行为的，依据《招标投标法》《中华人民共和国招标投标法实施条例》及其他有关法规、规章作出处罚。

负责受理投诉的行政监督部门应当自受理投诉之日起 30 个工作日内对投诉事项作出处理决定，并以书面形式通知投诉人、被投诉人和其他与投诉处理结果有关的当事人。需要检验、检测、鉴定、专家评审的，所需时间不计算在内。

投诉处理决定应当包括下列主要内容：投诉人和被投诉人的名称、住址；投诉人的投诉事项及主张；被投诉人的答辩及请求；调查认定的基本事实；行政监督部门的处理意见及依据。

投诉处理完后，行政监督部门应当建立投诉处理档案，并做好保存和管理工作，接受有关方面的监督检查。对于性质恶劣、情节严重的投诉事项，行政监督部门可以将投诉处理决定在有关媒体上公布，接受舆论和公众监督。

当事人对行政监督部门的投诉处理决定不服或者行政监督部门逾期未做处理的，可以依法申请行政复议或者向人民法院提起行政诉讼。

行政监督部门在处理投诉过程中，不得向投诉人和被投诉人收取任何费用。

5）相关处罚

（1）行政监督部门在处理投诉过程中，发现被投诉人单位直接负责的主管人员和其他直接责任人员有违法、违规或者违纪行为的，应当建议其行政主管机关、纪检监察机关给予处分；情节严重构成犯罪的，移送司法机关处理。

（2）招标代理机构有违法行为，且情节严重的，依法暂停直至取消招标代理资格。

（3）投诉人故意捏造事实、伪造证明材料或者以非法手段取得证明材料进行投诉，给他人造成损失的，依法承担赔偿责任。

（4）行政监督部门工作人员在处理投诉过程中徇私舞弊、滥用职权或者玩忽职守，对投诉人打击报复的，依法给予行政处分；构成犯罪的，依法追究刑事责任。

习　题

一、单项选择题

1. 招投标监督体系中，（　　）往往最积极，也最有效，是行政监督和司法监督的重要基础。

A. 当事人监督　　B. 社会监督　　　C. 行政监督　　　D. 行业自律

2. 招投标监督体系中的社会监督，这里的"社会"指除招投标当事人以外的（　　）。

A. 社会公众　　　B. 社会团体　　　C. 政府部门　　　D. 监督部门

3. 招投标监督体系中，（　　）指行政机关（行政监督平台）对招投标活动的监督。

A. 当事人监督　　B. 社会监督　　　C. 行政监督　　　D. 行业自律

二、填空题

1. 常见的社会监督方式有_____监督、_____监督和新闻媒体监督等。

2. 招投标活动当事人，主要包括招标人、投标人和_____等。

3. 招投标原则之一的公开原则就是要求招投标活动必须向_____透明，以方便社会公众的监督。

三、问答题

1. 招投标监督体系包括哪些部分？

2. 简述招投标监督流程。

在线答题

拓展习题

第6章

合同的签订与履行

知识结构图

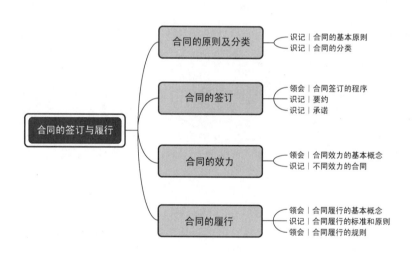

6.1 合同的原则及分类

6.1.1 合同的基本原则

合同的签订
与履行（一）

合同的签订
与履行（二）

1. 平等、自愿原则

合同的平等原则，指的是合同当事人的民事法律地位平等，在订立和履行合同两个方面，一方不得将自己的意志强加给另一方。平等原则是民事法律的基本原则，是区别于行政法律、刑事法律的重要特征。

合同的自愿原则，既表现在当事人之间，因一方欺诈、胁迫订立的合同无效或者可以撤销；也表现在合同当事人与其他人之间，任何单位和个人不得非法干预。自愿原则是法律赋予的，同时也受到相关法律规定的限制，是在法律规定范围内的"自愿"。

这里法律的限制主要有两个方面。一方面是实体法的规定，有的法律规定某些物品不得买卖，比如毒品；《民法典》明确规定违背公序良俗的民事法律行为无效，对此当事人不能"自愿"认为有效；国家根据需要下达指令性任务或者国家订货任务的，有关法人、其他组织之间应当依照有关法律、行政法规规定的权利和义务订立合同，不能"自愿"不订立。实体法的规定都是法律的强制性规定，涉及社会公共秩序。法律限制的另一方面是程序法的规定。有的法律规定当事人订立某类合同，须经批准；转移某类财产（主要是不动产），应当办理登记手续。那么，当事人依照有关法律规定，应当办理批准、登记等手续，不能"自愿"不去办理。

2. 公平、诚实信用原则

合同当事人应当遵循公平原则确定各方的权利和义务。这里讲的公平，既表现在订立合同时的公平，显失公平的合同可以撤销；也表现在发生合同纠纷时的公平处理，既要切实保护守约方的合法利益，也不能使违约方因较小的过失承担过重的责任；还表现在极个别情况下，因客观情势发生异常变化，履行合同使当事人之间的利益重大失衡时，公平地调整当事人之间的利益。

诚实信用，主要包括三层含义：一是诚实，要表里如一，因欺诈订立的合同无效或者可以撤销；二是守信，要言行一致，不能反复无常，也不能口惠而实不至；三是从当事人协商合同条款时起，双方就处于特殊的合作关系中，当事人应当恪守商业道德，履行相互通知、协助、保密等义务。

3. 遵守法律、不得损害社会公共利益原则

合同当事人订立、履行合同，应当遵守法律、行政法规，尊重社会公德，不得扰乱社会经济秩序，损害社会公共利益。

4. 鼓励交易原则

《民法典》的一般规则就是规范交易过程并维护交易秩序的基本规律，各类合同制度也是保护正常交换的具体准则。所以，鼓励交易自然就成为合同的基本原则。但在合

同的基本原则中，鼓励交易原则的强制性最弱。当事人约定合同变更的条件、合同解释的条件、附停止条件等，原则上都应当有效。

鼓励交易原则的功能主要不在于据此判定当事人的约定有效与否，而在于合同立法时应当贯彻其精神，立法者设计合同无效、合同撤销、效力待定、合同的履行等制度时，应当尽量承认合同的效力，鼓励合同的适当履行。当然，鼓励交易，首先是鼓励合法、正当的交易；其次是鼓励自主自愿的交易，即在当事人真实意思一致的基础上产生的交易；最后是鼓励能够实际履行的交易。

5.合同具有法律约束力的原则

《民法典》规定，依法成立的合同，对当事人具有法律约束力。该条规定主要适用于合同履行。当事人应当按照约定履行自己的义务，不得擅自变更或者解除合同。

合同具有法律约束力，首先是对当事人而言，当事人订立合同后，应当履行自己的义务，如果违反约定，应当承担违约责任；其次是对行政机关而言，行政机关不得干涉当事人依法订立合同，不得违法变更甚至撕毁当事人订立的合同；最后是对审判机关而言，审判机关应当依法保护当事人依法订立的合同。

6.1.2　合同的分类

1.有名合同与无名合同

以法律是否赋予特定合同名称并设有专门规定为标准，合同可以分为有名合同与无名合同。

有名合同，也称典型合同，是法律对某类合同赋予专门名称，并设定专门规范的合同，如《民法典》第三编第二分编典型合同中所规定的 19 类合同。无名合同，也称非典型合同，是法律上未规定专门名称和专门规则的合同。无名合同是合同实践的常态。

2.双务合同与单务合同

以合同当事人之间是否互负对待给付义务为标准，合同可以分为双务合同与单务合同。

双务合同是当事人之间互相承担义务，或者说当事人均承担义务的合同，例如买卖合同。建设工程施工合同属于双务合同。单务合同是只有一方当事人承担给付义务，另一方不承担义务只享有权利的合同，例如赠与合同、借款合同。

3.有偿合同与无偿合同

以合同当事人履行合同是否可以从中获取某种利益为标准，合同可以分为有偿合同与无偿合同。

有偿合同是当事人一方享有合同规定的权益，须向另一方付出相应代价的合同，例如买卖合同、租赁合同、运输合同、承揽合同。无偿合同是当事人一方享有合同规定权益，但无须向另一方付出相应代价的合同，例如赠与合同、无偿保管合同。

4.诺成合同和实践合同

以合同的成立是否必须交付标的物为标准，合同可以分为诺成合同与实践合同。

诺成合同是指当事人意思表示一致即可认定合同成立的合同。实践合同是指在当事人意思表示一致以外，尚须实际交付标的物或者有其他现实给付行为才能成立的合同。确认某种合同属于实践合同，必须法律有规定或者当事人之间有约定。常见的实践合同有保管合同、自然人之间的借款合同、定金合同等。赠与合同、质押合同属于实践合同。

5. 要式合同与不要式合同

要式合同是指根据法律规定应当采取特定方式订立的合同。对于一些重要的交易，法律常要求当事人采取特定的方式订立合同。

不要式合同是指当事人订立的合同依法并不需要采取特定的形式，当事人可以采取口头方式，也可以采取书面方式订立的合同。除法律有特别规定外，合同均为不要式合同。根据合同自愿原则，当事人有权选择合同形式，但对于法律有特别规定的，当事人必须遵循法律规定。不要式合同采取的不特定形式不影响合同的成立和生效。买卖合同、赠与合同、承揽合同、仓储合同、委托合同、行纪合同、中介合同都属于不要式合同。

6. 格式合同与非格式合同

格式合同是指合同中包含格式条款的合同。格式条款是当事人为了重复使用而预先拟定，并在订立合同时未与对方协商的条款。非格式合同是指格式合同以外的其他合同，是指合同双方或者多方签订合同时充满随机性，并没有采用现有的固定格式的合同。

7. 主合同与从合同

主合同是指不以其他合同的存在为前提而能够独立存在的合同。从合同是指不能独立存在而以主合同的存在为前提的合同。例如担保合同就是主债权债务合同的从合同。

6.2　合同的签订

6.2.1　合同签订的程序

合同签订的法律依据是《民法典》。第四百七十一条规定，当事人订立合同，可以采取要约、承诺方式或者其他方式。第四百八十三条规定，承诺生效时合同成立，但是法律另有规定或者当事人另有约定的除外。

合同签订的程序一般如下。

（1）一方当事人发出签订合同的要约。

（2）受要约人同意该要约的，可以作出相应的承诺。

（3）承诺生效的，合同成立。

（4）采取书面形式签订的合同，当事人应当签字、盖章。

6.2.2 要约

1. 要约的概念

要约是一方当事人以缔结合同为目的向对方当事人所作的意思表示。发出要约的人称为要约人，接受要约的人则称为受要约人、相对人或者承诺人。要约又称发盘、出盘、发价、出价或报价等，是订立合同所必须经过的程序。

要约的性质，是一种与承诺结合后成立一个民事法律行为的意思表示，本身并不构成一个独立的法律行为。

2. 要约的构成要件

要约的构成要件即要约发生法律效力必须具备的条件，具体如下。

（1）要约是由特定主体作出的意思表示。要约人发出要约旨在与他人订立合同，唤起受要约人的承诺，并据此订立合同。因此，要约人应当是特定的主体。例如，对于订立买卖合同来说，要约人既可以是买受人，也可以是出卖人，但必须是准备订立买卖合同的当事人。要约是一种意思表示，而不是事实行为，其符合意思表示的构成要件，经受要约人承诺后，可以在当事人之间成立合同关系。

（2）要约必须表明一旦经受要约人承诺，要约人即受该意思表示约束。要约人发出要约的目的在于订立合同，而这种订约意图一定要由要约人通过其发出的要约充分表达出来，才能在受要约人承诺的情况下成立合同。根据《民法典》的规定，要约应当表明经受要约人承诺，要约人即受该意思表示拘束。在判断要约人是否具有订约意图时，应当考虑要约所使用的语言、文字及其他情况来确定要约人是否已经决定订约。"决定"订约意味着要约人并不是"准备"和"正在考虑"订约，而是已经决定订约。正是因为要约具有订约的意图，所以，一经对方承诺，合同即可成立。

（3）要约必须向要约人希望与之缔结合同的受要约人发出。要约只有向要约人希望与之缔结合同的受要约人发出，才能够唤起受要约人的承诺。要约原则上应向特定的人发出，特定人可以是一个人，也可以是数个人。要约的这一原则是因为，一方面，受要约人的特定意味着要约人对于谁有资格作为承诺人的问题有了选择，也只有受要约人特定才能明确承诺人，这样一经对方承诺，合同就可以成立。反之，如果受要约人不特定，则意味着发出提议的人并未选择真正的相对人，该提议不过是为了唤起他人发出要约，其本身并不是要约。例如，向公众发出某项提议，通常是提议人希望公众中的某个特定人向其发出要约。另一方面，如果受要约人不能确定却仍可以称为要约，那么向不特定的许多人同时发出以某一特定物的出让为内容的要约是有效的，这时若多人向要约人作出承诺，则可能导致"一物数卖"，影响交易安全。

但要约原则上应向特定的受要约人发出，并不是说严格禁止要约向不特定人发出。例如，在校园内设置自动售货机，即属于向不特定的受要约人发出的要约。再如，若广告中声明"备有现货，售完为止"，则此种广告也构成要约。同时，如果要约人愿意向不特定人发出要约，并自愿承担由此产生的后果，在法律上也是允许的。

（4）要约的内容必须具体、确定。所谓"具体"，是指要约的内容必须具有足以使合同成立的主要条款。要约是受要约人一旦承诺就使合同成立的意思表示，如果要约不包含合同的主要条款，那么受要约人难以作出承诺，或者即便作出了承诺，也会因为这种合意不具备合同的主要条款而使合同不能成立。因此，要约本身必须或者能够具体确定，从而使要约一经受要约人的承诺就可使合同成立。所谓"确定"，一方面是指要约的内容必须明确，从而使受要约人能够理解要约的真实含义，而不能含混不清，否则受要约人将无法承诺；另一方面是指要约在内容上必须是最终的、无保留的，如果要约人对要约保留了一定的条件，则受要约人也将无法承诺。内容不具体、不确定的要约，要约人的意思表示在性质上就不是真正的要约，而是要约邀请。要约的内容越具体、越确定，越有利于受要约人迅速作出承诺。

3.要约生效的时间

（1）以对话方式作出的要约，在受要约人知道其内容时生效。以对话方式作出的要约，是指当事人直接以对话的形式发出的要约。例如，当事人面对面地订立口头买卖合同，或者通过电话交谈的方式订立合同。

（2）以非对话方式作出的要约，在到达受要约人时生效。以非对话方式作出的要约，是指当事人以对话以外的形式发出的要约。例如，当事人采用邮件、传真等方式订立合同。

（3）以非对话方式作出的采用数据电文形式的要约的生效。以数据电文形式作出的要约，其生效分为两种情形。一是受要约人指定了特定的系统接收数据电文的，自该数据电文进入该特定系统时生效。由此可知，在数据电文进入系统以后，尽管收件人尚未阅读，也被认为是收到了电文。这就是说，只要要约的内容进入了收件人的系统，即使没有为收件人所实际检索、阅读，也视为到达。二是受要约人未指定特定的系统接收数据电文的，则自受要约人知道或者应当知道该数据电文进入其系统时生效。

4.要约的存续期限

要约的存续期限是指要约可在多长时间内发生法律效力。要约的存续期限完全由要约人决定，如果要约人在要约中具体规定了存续期限（如规定本要约有效期限为 10 天，或规定本要约于某年某月某日前答复有效），则该期限为要约的有效存续期限。如果要约人没有这类规定，则只能以要约的具体情况来确定合理期限。

5.要约的法律效力

（1）要约对要约人的拘束力。此种拘束力又称要约的形式拘束力。法律允许要约人在要约到达之前撤回要约。但是，在要约生效以后，要约人不得随意撤销或对要约的内容随意加以限制、变更和扩张。

（2）要约对受要约人的拘束力。此种拘束力又称承诺适格，是指在要约生效以后，只有受要约人才享有对要约作出承诺的权利，受要约人必须根据要约规定的期限、方式等作出承诺，否则不构成有效的承诺。

6.要约的撤回

根据要约的形式拘束力，任何一项要约都是可以撤回的，只要撤回的通知先于要约或同时与要约到达受要约人，便能产生撤回的效力。允许要约人撤回要约，是尊重要约人的意志和利益的体现。由于撤回是在要约到达受要约人之前作出的，因而在撤回时要约并没有生效，撤回要约也不会影响到受要约人的利益。

《民法典》第一百四十一条对意思表示撤回作出了规定。依据该条规定，撤回意思表示的通知应当在意思表示到达相对人前或者与意思表示同时到达相对人，否则不产生撤回意思表示的效力。由于要约属于意思表示，因此要约的撤回需要遵循意思表示撤回的一般规则。

7. 要约的撤销

要约的撤销，是指要约人在要约到达受要约人并生效后、受要约人作出承诺前，将该项要约取消，从而使要约的效力归于消灭。法律允许要约撤销的理由在于：一方面，从理论上看，要约乃是要约人一方的意思表示，并没有像合同那样对双方产生拘束力，因此，原则上应当允许要约人撤回或者撤销，而不能以合同的拘束力确定要约的效力；另一方面，从实践来看，如果要约人不得撤销要约，则可能赋予受要约人过分的特权，从而不利于保护要约人。要约达到后，在受要约人作出承诺之前，可能会发生各种情势，如不可抗力、要约内容存在缺陷和错误、市场行情发生变化等，促使要约人撤销其要约。允许要约人撤销要约对于保护要约人的利益、减少不必要的损失和浪费也是有必要的。

撤销要约与撤回要约都旨在使要约作废，并且都只能在承诺作出之前实施，但撤回发生在要约生效之前，而撤销发生在要约已经生效但受要约人尚未作出承诺的期限内。由于撤销要约时要约已经生效，因而对要约的撤销必须有严格的限定，如因撤销要约而给受要约人造成损害的，要约人应负赔偿责任。不可撤销的要约包括下列两种情况。

（1）要约人以确定承诺期限或者其他形式明示要约不可撤销。

（2）受要约人有理由认为要约是不可撤销的，并已经为履行合同做了合理的准备工作。

8. 要约失效

要约失效，是指要约丧失了法律拘束力，即不再对要约人和受要约人产生拘束。依据《民法典》的规定，要约失效的情形主要有如下几种。

（1）要约被拒绝。

（2）要约被依法撤销。

（3）承诺期限届满，受要约人未作出承诺。

（4）受要约人对要约的内容作出实质性变更。

受要约人对要约的内容作出实质性限制、更改或扩张的，表明受要约人已拒绝了原要约，但从鼓励交易原则出发，可以将其视为向原要约人发出了新的要约。在要约失效后，受要约人也丧失了承诺的资格，其发出同意接受要约的表示只能被视为向要约人发出新的要约。因此，判断要约是否失效，对于认定合同是否成立十分重要。

6.2.3 承诺

1. 承诺的概念

承诺是受要约人同意要约的意思表示，即受要约人同意接受要约的全部条件而与要约人成立合同。承诺也称接受或收盘。

承诺应当以通知的方式作出，但根据交易习惯或者要约表明可以通过行为作出承诺的除外。承诺的法律效力在于，承诺一经作出，并送达要约人，合同即告成立，要约人不得加以拒绝。

2. 承诺的构成要件

任何有效的承诺，都必须具备以下条件。

（1）承诺必须由受要约人作出。要约和承诺是一种相对人的行为。因此，承诺必须由受要约人作出。受要约人以外的任何第三者即使知道要约的内容并对此作出同意的意思表示，也不能被认为是承诺，而应视为新要约。受要约人通常指的是受要约人本人，但也包括其授权的代理人，无论是前者还是后者，其承诺都具有同等效力。

（2）承诺必须在有效时间内作出。要约在其存续期限内才有效力，一旦受要约人承诺便可成立合同，因此承诺必须在此期限内作出，此期限也称承诺期限。受要约人超过承诺期限发出承诺，或者虽在承诺期限内发出承诺，但按照通常情形不能及时到达要约人的，应视为新要约，但要约人及时通知受要约人该承诺有效的除外。

（3）承诺必须与要约的内容完全一致。即承诺必须是无条件地接受要约的所有条件。据此，凡是内容与要约不相一致的承诺，都不是有效的承诺，而是一项新要约或反要约，必须经原要约人承诺后才能成立合同。承诺可以书面方式进行，也可以口头方式进行。通常，它须与要约方式相应，即要约以什么方式进行，其承诺也应以什么方式进行。

关于承诺的构成要件，大陆法系各国要求较严，非具备以上三要件者则不能有效，而英美法系国家的法律对此采取了比较灵活的态度。例如，《美国统一商法典》规定，商人之间的要约，除要约中已明确规定承诺时不得附加任何条件或所附加的条款对要约作了重大修改外，受要约人在承诺中附加某些条款，承诺仍可有效。

3. 承诺的生效

承诺应当在要约确定的期限内到达要约人。承诺不需要通知的，根据交易习惯或者要约的要求作出承诺的行为（通常指履行行为，如预付价款、装运货物或者在工地上开工等）时生效。以通知方式作出的承诺，生效的时间适用以下规定。

（1）以对话方式作出的承诺，在要约人知道其内容时生效。

（2）以非对话方式作出的承诺，在到达要约人时生效。

（3）以非对话方式作出的采用数据电文形式的承诺，要约人指定特定系统接收数据电文的，自该数据电文进入该特定系统时生效；未指定特定系统的，自要约人知道或者应当知道该数据电文进入其系统时生效。当事人对采用数据电文形式的承诺的生效时间另有约定的，按照其约定。

要约没有确定承诺期限的，承诺应当依照下列规定到达。

（1）要约以对话方式作出的，应当即时作出承诺。

（2）要约以非对话方式作出的，承诺应当在合理期限内到达。

4. 承诺的迟延

承诺迟延又称迟到的承诺，是指受要约人未在承诺期限内发出的承诺。承诺出现迟延有以下两种情况。

（1）承诺超过要约规定的承诺期限作出，因而出现了迟延。在这种情况下，由于承诺的发出超过有效的承诺期限，要约已经失效，对于失效的要约发出承诺不能产生承诺的效力，应视为新要约。

（2）承诺在要约规定的承诺期限内作出，依通常情形可于承诺期限内到达要约人，但因电报故障、信函误投等传达故障致使承诺迟到的，为特殊的迟到。在这种情况下，受要约人原可期待合同因适时承诺而成立，依照诚实信用原则，要约人负有及时向受要约人发出承诺迟到通知的义务。要约人及时发出承诺迟到通知后，该迟到的承诺不产生效力，合同不成立；怠于发出承诺迟到通知的，该承诺视为未迟到，产生承诺的效力，合同成立。

对于第二种情况，承诺迟到通知属于一种事实通知，要约人将迟到的事实通知受要约人即足够，并且依发送而生效，未到达的风险由受要约人负担。例如甲向乙要约，乙的承诺发生特殊的迟到，甲没有依法向乙发送承诺迟到通知，则合同成立；甲向乙发送承诺迟到通知，但因传达故障乙并未收到，则合同不成立。所谓及时发出，指依善良管理人的注意，在情势所允许的范围内，不迟延而为发送。在承诺使用快递的传达工具时，承诺迟到通知原则上亦须使用相当的通知方法。承诺迟到的通知义务是不真正义务，违反它不产生损害赔偿责任。

5. 承诺的撤回

承诺的撤回是阻止承诺发生法律效力的一种意思表示。由于承诺通知一经收到，合同即告成立，因此，撤回承诺的通知应当在承诺通知到达要约人之前或者与承诺通知同时到达要约人。迟到的撤回承诺的通知，不发生撤回承诺的效力。

6.3　合同的效力

6.3.1　合同效力的基本概念

合同效力，指依法成立受法律保护的合同，对合同当事人产生的必须履行其合同的义务，不得擅自变更或解除合同的法律拘束力，即法律效力。这个"法律效力"不是说合同本身是法律，而是说由于合同当事人的意志符合国家意志和社会利益，国家赋予当事人的意志以拘束力，要求合同当事人严格履行合同，否则即依靠国家强制力使当事人履行合同并承担违约责任。

合同的效力，有狭义概念与广义概念之分。

狭义的合同的效力，是指有效成立的合同，依法产生了当事人预期的法律效力。依合同相关法律法规的建构逻辑，合同的订立是规范缔约当事人之间如何达成合意，合同的效力则是进一步规范当事人的合意应具有怎样的法律效力。合同自由是合同相关法律法规的基本原则和灵魂，只要当事人间的合意不违反国家法律的规定，当事人的意志即发生法律效力。一般而言，我们所讲的合同的效力通常指的是狭义的概念。

广义的合同的效力，则是泛指合同所产生的所有司法效果。也就是说，不仅有效成立的合同能产生一定的法律效力，无效的合同、效力待定的合同、可撤销的合同也会产生一定的法律效力，附条件或附期限的合同在条件或期限成就前也具有一定的法律效力。广义的合同的效力还可以包括有效的合同被违反时所产生的法律效力。依法成立的合同对当事人具有法律拘束力，当事人应当履行其所承担的义务，如果当事人不履行其义务，应依法承担民事责任。此责任的产生虽然不是当事人所预期的效果，但也是基于合同所产生的，应属于广义的合同的效力的范畴。

6.3.2　不同效力的合同

根据合同效力的不同，合同可分为四大类，即有效合同、无效合同、效力待定合同、可撤销合同。

1. 有效合同

所谓有效合同，是指依照法律的规定成立并在当事人之间产生法律效力的合同。从目前现有的法律规定来看，都没有对合同有效规定统一的条件。但是我们从现有法律的一些规定还是可以归纳出作为一个有效合同所应具有的共同特征。根据《民法典》第一百四十三条，具备下列条件的民事法律行为有效。

（1）行为人具有相应的民事行为能力。

（2）意思表示真实。

（3）不违反法律、行政法规的强制性规定，不违背公序良俗。

因为上述三个条件是民事行为能够合法的一般准则，当然也应适用于当事人签订合同这种民事行为。所以，有效合同也应当具备上述三个条件。

同时结合《民法典》第五百零二条，依法成立的合同，自成立时生效，但是法律另有规定或者当事人另有约定的除外。依照法律、行政法规的规定，合同应当办理批准等手续的，依照其规定。未办理批准等手续影响合同生效的，不影响合同中履行报批等义务条款以及相关条款的效力。应当办理批准等手续的当事人未履行义务的，对方可以请求其承担违反该义务的责任。可见，有些合同的生效或有效还要求合同必须具备某一特定的形式，这也是合同有效的一个条件。因此，以上四个条件就是有效合同的要件。

2. 无效合同

无效合同是相对有效合同而言的。所谓无效合同，是指合同虽然已经成立（并不一定"依法"），但由于其不符合法律或行政法规规定的特定条件或要求并违反了法律、行政法规的强制性规定而被确认为无效的合同。由此可推断无效合同的主要特征如下。

（1）无效合同的违法性。

（2）无效合同的不得履行性。

（3）无效合同自始无效（具有溯及既往的效力）。

（4）无效合同自然无效（无须当事人主张而可由法院或仲裁机构主动审查）。

无效合同存在以下三个要件。

（1）不具备合同的有效要件且不能补救。

（2）对当事人自始不应发生法律效力。

（3）由国家予以取缔。

3. 效力待定合同

所谓效力待定合同，是指合同虽然已经成立，但因其不完全符合法律有关生效要件的规定，其发生效力与否尚未确定，一般须经有权人表示承认或追认才能生效的合同。效力待定合同主要包括以下三种情况。

（1）无民事行为能力人订立的和限制民事行为能力人依法不能独立订立的合同。《民法典》规定，无民事行为能力人实施的民事法律行为无效。限制民事行为能力人实施的纯获利益的民事法律行为或者与其年龄、智力、精神健康状况相适应的民事法律行为有效；实施的其他民事法律行为经法定代理人同意或者追认后有效。

相对人可以催告法定代理人自收到通知之日起 30 日内予以追认。法定代理人未作表示的，视为拒绝追认。民事法律行为被追认前，善意相对人有撤销的权利。撤销应当以通知的方式作出。

（2）无权代理人订立的合同。《民法典》规定，行为人没有代理权、超越代理权或者代理权终止后，仍然实施代理行为，未经被代理人追认的，对被代理人不发生效力。

相对人可以催告被代理人自收到通知之日起 30 日内予以追认。被代理人未作表示的，视为拒绝追认。行为人实施的行为被追认前，善意相对人有撤销的权利。撤销应当以通知的方式作出。行为人实施的行为未被追认的，善意相对人有权请求行为人履行债务或者就其受到的损害请求行为人赔偿。但是，赔偿的范围不得超过被代理人追认时相对人所能获得的利益。相对人知道或者应当知道行为人无权代理的，相对人和行为人按照各自的过错承担责任。

（3）无处分权人订立的合同。《民法典》规定，因出卖人未取得处分权致使标的物所有权不能转移的，买受人可以解除合同并请求出卖人承担违约责任。法律、行政法规禁止或者限制转让的标的物，依照其规定。

从上述规定可以看出，造成合同效力待定的主要原因就在于主体或客体方面存在着问题。效力待定合同的根本特点就在于合同有效与否取决于权利人的承认或追认，这就是效力待定合同与其他效力类型合同相区别的主要标志。所以不论在法学理论还是在司法实践中，只要权利人进行了追认应认定合同有效，否则就为无效。

4. 可撤销合同

可撤销合同，是指当事人在订立合同的过程中，由于意思表示不真实，或者出于重大误解从而作出错误的意思表示，依照法律的规定可予以撤销的合同。

可撤销合同的特征如下。

（1）合同缔约当事人意思表示不真实。这其中包括重大误解、显失公平、欺诈、胁迫或乘人之危等情形。

（2）合同只有在享有撤销权的当事人一方提出主张时，人民法院或仲裁机构才能予以撤销，人民法院或仲裁机构一般是不能依职权主动予以撤销的。撤销权是享有撤销权的当事人一方的一项权利，该当事人既可以依法主张，当然也可以依法予以放弃，这也充分地体现着当事人的意愿。

（3）合同在撤销前应为有效。与合同解除不同，合同解除的意思表示只要到达对方合同即告解除，但合同的撤销要在法院或仲裁机构依法作出认定后才能发生法律效力。

根据《民法典》的规定，可撤销合同主要有以下三种情况。

（1）因重大误解订立的合同。重大误解是指当事人对合同的性质、对方当事人以及标的的种类、质量、数量等涉及合同后果的重要事项存在错误认识，违背其真实意思表示而订立合同，并因此可能受到较大损失的行为。合同订立后因商业风险等发生的错误认识，不属于重大误解。

（2）在订立合同时显失公平的合同。显失公平是指一方当事人利用优势或者对方没有经验，在订立合同时致使双方的权利与义务明显违反公平、等价有偿原则的行为。此类合同的"显失公平"必须发生在合同订立时，如果在合同订立以后，因为商品价格发生变化而导致的权利、义务不对等不属于显失公平。

（3）一方以欺诈、胁迫的手段或者乘人之危，使对方在违背真实意思的情况下订立的合同。对于这种类型的可撤销合同，注意两点：因一方欺诈、胁迫而订立的合同，如损害到国家利益，则属于无效合同；对于乘人之危订立的合同，则不用考虑是否损害国家利益，一律属于可撤销合同。并非所有的合同当事人都享有撤销权，只有合同的受损害方，即受欺诈方、受胁迫方等才享有撤销权。

撤销权在性质上是一种形成权，即依据撤销权人单方面的意思表示即可使得双方当事人之间的法律关系发生变动。为了确保当事人之间法律关系的稳定性，《民法典》特别规定，有下列情形之一的，撤销权消灭。

（1）当事人自知道或者应当知道撤销事由之日起 1 年内、重大误解的当事人自知道或者应当知道撤销事由之日起 90 日内没有行使撤销权。

（2）当事人受胁迫，自胁迫行为终止之日起 1 年内没有行使撤销权。

（3）当事人知道撤销事由后明确表示或者以自己的行为表明放弃撤销权。

当事人自民事法律行为发生之日起 5 年内没有行使撤销权的，撤销权消灭。

6.4　合同的履行

6.4.1　合同履行的基本概念

合同履行，指的是合同规定义务的执行。任何合同规定义务的执行，都是合同的履行；相应地，凡是不执行合同规定义务的行为，都是合同的不履行。因此，合同的履行表现为当事人执行合同义务的行为，当合同义务执行完毕时，合同也就履行完毕。

由于合同的类型不同，履行的表现形式也不尽一致。但任何合同的履行，都必须有当事人的履约行为，这是合同债权得以实现的一般条件，也是债权与所有权在实现方式上的基本区别。合同的履行通常表现为义务人的作为，由于合同大多是双务合同，当事人双方一般均须有一定的积极作为，以实现对方的权利。但在极少数情况下，合同的履行也表现为义务人的不作为。无论是作为还是不作为，都是义务人的履约行为。

6.4.2　合同履行的标准和原则

1.合同履行的标准

履行合同，就其本质而言，是指合同的全部履行。只有当事人双方按照合同的约定或者法律的规定，全面、正确地完成各自承担的义务，才能使合同债权得以实现，也才能使合同相关法律关系归于消灭。因此，当事人全面、正确地完成合同义务，是合同履行的标准。只完成合同规定的部分义务，就是没有完全履行；任何一方或双方均未履行合同规定的义务，则属于完全没有履行。无论是完全没有履行，或是没有完全履行，均与合同履行的标准相悖，当事人均应承担相应的责任。

2. 合同履行的原则

合同履行的原则，是指法律规定的所有种类合同的当事人在履行合同的整个过程中所必须遵循的一般准则。合同的履行除应遵守平等、自愿、公平、诚实信用等基本原则外，还应遵循以下合同履行的特有原则，即适当履行原则、协作履行原则、经济合理原则和情势变更原则。以下就这些合同履行的特有原则加以介绍。

1）适当履行原则

适当履行原则是指当事人应依合同约定的标的的种类、质量、数量，由适当主体在适当的期限、地点，以适当的方式，全面完成合同义务的原则。

这一原则有以下具体要求。

（1）履行主体适当。即当事人必须亲自履行合同义务或接受履行，不得擅自转让合同义务或合同权利让他人代为履行或接受履行。

（2）履行标的及其数量和质量适当。即当事人必须按合同约定的标的履行义务，而且还应依合同约定的数量和质量来给付标的物。

（3）履行期限适当。即当事人必须依照合同约定的时间来履行合同，债务人不得迟延履行，债权人不得迟延受领。

（4）履行地点适当。即当事人必须严格依照合同约定的地点来履行合同。

（5）履行方式适当。履行方式包括标的的履行方式以及价款或酬金的履行方式，当事人必须严格依照合同约定的方式来履行合同。

2）协作履行原则

协作履行原则是指在合同履行过程中，双方当事人应互助合作共同完成合同义务的原则。合同是双方民事法律行为，不仅仅是债务人一方的事情，债务人实施给付，需要债权人积极配合受领给付，才能达到合同目的。由于在合同履行的过程中，债务人比债权人更多受到诚实信用、适当履行等原则的约束，协作履行往往是对债权人的要求。协作履行原则也是诚实信用原则在合同履行方面的具体体现。

协作履行原则具有以下几个方面的要求。

（1）债务人履行合同债务时，债权人应适当受领给付。

（2）债务人履行合同债务时，债权人应创造必要条件、提供方便。

（3）债务人因故不能履行或不能完全履行合同义务时，债权人应积极采取措施防止损失扩大，否则，应就扩大的损失自负其责。

3）经济合理原则

经济合理原则是指在合同履行过程中，应讲求经济效益，以最小的成本取得最佳的合同效益。在市场经济社会中，交易主体都是理性地追求自身利益最大化的主体，因此，如何以最少的履约成本完成交易过程，一直都是合同当事人所追求的目标，合同当事人在合同履行的过程中遵守经济合理原则是必然的要求。

4）情势变更原则

合同有效成立以后，若非因双方当事人的原因而构成合同基础的情势发生重大变更，致使继续履行合同将导致显失公平，则当事人可以请求变更和解除合同。这种处理合同履行过程中情势发生变化的法律规定，就是情势变更原则。

所谓情势，是指合同成立后出现的不可预见的情况，即"影响及于社会全体或局部之情势，并不考虑原来法律行为成立时，为其基础或环境之情势"。所谓变更，是指合同赖以成立的基础或环境发生异常变动，即构成合同基础的情势发生根本的变化。

情势变更原则既是合同变更或解除的一个法定原因，更是解决合同履行中情势发生变化的一项具体规则。情势变更原则实质上是诚实信用原则在合同履行中的具体运用，其目的在于消除合同因情势变更所产生的不公平后果。第二次世界大战后，由于战争的破坏，战后物价暴涨，通货膨胀十分严重，为了解决战前订立的合同在战后的纠纷，各国学者特别是德国学者借鉴历史上的"情势不变条款"，提出了情势变更原则，并经法院采纳为裁判的理由，直接具有法律上的效力。经过长期的发展，这一原则已成为当代合同相关法律法规中的一个极富特色的法律原则，为各国法律所普遍采用。我国法律虽然没有规定情势变更原则，但在司法实践中，这一原则已为司法裁判所采用。

6.4.3 合同履行的规则

对于依法生效的合同而言，在其履行期限届满以后，债务人应当根据合同的具体内容和合同履行的标准和原则实施履行行为。债务人在履行的过程中，还应当遵守一些合同履行的基本规则。

1. 履行主体

合同履行标准的实现，不仅依赖于债务人履行债务的行为，同时还要依赖于债权人受领履行的行为。因此，合同履行的主体是指债务人和债权人。除法律规定、当事人约定、性质上必须由债务人本人履行的债务以外，履行也可以由债务人的代理人进行，但是代理人只有在履行行为是法律行为时方可适用。同样，在上述情况下，债权人的代理人也可以代为受领。此外还必须注意的是，在某些情况下，合同也可以由第三人代替履行，只要不违反法律的规定或者当事人的约定，或者符合合同的性质，第三人也是正确的履行主体。不过，由第三人代替履行时，该第三人并不取得合同当事人的地位，而仅仅是居于债务人的履行辅助人的地位。

2. 履行标的

合同的标的是合同债务人必须实施的特定行为，是合同的核心内容，是合同当事人订立合同的目的所在。合同标的不同，合同的类型也就不同。如果当事人不按照合同的标的履行合同，合同利益就无法实现。因此，严格按照合同的标的履行合同就成了合同履行的一项基本规则。合同标的的质量和数量是衡量合同标的的基本指标，因此，按照合同标的履行合同，在标的的质量和数量上必须严格按照合同的约定进行履行。如果合同对标的的质量没有约定或者约定不明确的，当事人可以补充协议，协议不成的，按照合同的条款和交易习惯来确定。如果仍然无法确定的，按照国家标准、行业标准履行；没有国家标准、行业标准的，按照通常标准或者符合合同目的的特定标准履行。在标的数量上，合同履行的标准便是全部履行，而不应当部分履行，但是在不损害债权人利益的前提下，也允许部分履行。

3. 履行期限

合同履行期限是指债务人履行合同义务和债权人接受履行行为的时间。作为合同的主要条款，合同的履行期限一般应当在合同中予以约定，当事人应当在该履行期限内履行债务。履行期限不明确的，双方当事人可以另行协议补充，如果协议补充不成的，应当根据合同的有关条款和交易习惯来确定。如果还无法确定的，债务人可以随时履行，债权人也可以随时要求履行，但应当给对方必要的准备时间。这也是合同基本原则中诚实信用原则的体现。不按履行期限履行，有两种情形：迟延履行和提前履行。在履行期限届满后履行合同为迟延履行，当事人应当承担迟延履行责任，此为违约责任的一种形态；在履行期限届满之前履行合同为提前履行，提前履行不一定构成不适当履行。

4. 履行地点

履行地点是债务人履行债务、债权人受领给付的地点，履行地点直接关系到履行的费用和时间。在国际经济交往中，履行地点往往是纠纷发生以后用来确定适用的法律的根据。如果合同中明确约定了履行地点的，债务人就应当在该地点向债权人履行债务，债权人应当在该履行地点接受债务人的履行行为。如果合同约定不明确的，双方当事人可以协议补充，如果不能达成补充协议的，则按照合同有关条款或者交易习惯确定。如果履行地点仍然无法确定的，则根据标的的不同情况确定不同的履行地点。如果合同约定给付货币的，在接受货币一方所在地履行；交付不动产的，在不动产所在地履行；其他标的，在履行义务一方所在地履行。

5. 履行方式

履行方式是合同双方当事人约定的以何种形式来履行义务。合同的履行方式主要包括运输方式、交货方式、结算方式等。履行方式由法律规定或者合同约定或者根据合同性质来确定，不同性质、内容的合同有不同的履行方式。债务人必须首先按照合同约定的方式进行履行。如果约定不明确的，当事人可以协议补充；协议不成的，可以根据合同的有关条款和交易习惯来确定；如果仍然无法确定的，按照有利于实现合同目的的方式履行。

6. 履行费用

履行费用是指债务人履行合同所支出的费用。如果合同中约定了履行费用，当事人应当按照合同的约定负担费用。如果合同没有约定履行费用或者约定不明确的，则按照合同的有关条款或者交易习惯确定；如果仍然无法确定的，则由履行义务一方负担。因债权人变更住所或者其他行为而导致履行费用增加时，增加的费用由债权人承担。

习　题

一、单项选择题

1. 在法律没有特别规定及合同没有特别约定时，出现了下述哪种情况，一方当事人

有权解除合同?(　　)

　　A. 对方当事人有违约行为

　　B. 发生不可抗力事件，致使合同不能适当履行

　　C. 对方当事人在合同约定的期限内没有履行合同

　　D. 以种类物为标的的合同，其标的部分损灭

2. 要约遇到下列哪种情形时，要约发生效力?(　　)

　　A. 要约被撤回　　　　　　　　　B. 要约被拒绝

　　C. 要约被撤销　　　　　　　　　D. 受要约人对要约的内容做出非实质性的变更

3. 甲乙两公司签订了买卖 10 辆汽车的合同，就在乙将汽车交付甲时，被工商行政管理部门查出该批汽车是走私品而予以查封。根据合同效力的规定，该买卖汽车合同属于(　　)。

　　A. 有效合同　　　　　　　　　　B. 无效合同

　　C. 可撤销合同　　　　　　　　　D. 效力待定合同

4. 合同当事人互负债务，有先后履行顺序，先履行一方未履行的，后履行一方有权拒绝其履行要求;先履行一方履行债务不符合约定的，后履行一方有权拒绝其相应的履行要求。这一规定指的是(　　)抗辩权。

　　A. 同时履行　　　　B. 后履行　　　　C. 先履行　　　　D. 不安

5. 接受定金的一方不履行合同时，(　　)。

　　A. 应返还定金　　　　　　　　　B. 定金应收归国有

　　C. 定金不返还　　　　　　　　　D. 应双倍返还定金

二、问答题

1. 合同的基本原则是什么?

2. 请简述合同签订的一般程序。

3. 要约发生法律效力有哪些必须具备的条件?

在线答题

拓展习题

第 7 章
违约责任、合同索赔与争议管理

知识结构图

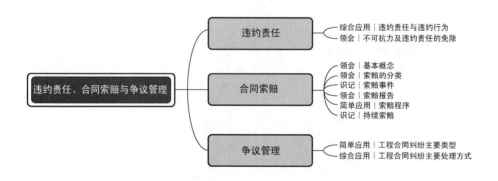

违约责任 —— 综合应用｜违约责任与违约行为
　　　　　—— 领会｜不可抗力及违约责任的免除

违约责任、合同索赔与争议管理 —— 合同索赔 —— 领会｜基本概念
　　　　　　　　　　　　　　　　　　　　　—— 领会｜索赔的分类
　　　　　　　　　　　　　　　　　　　　　—— 识记｜索赔事件
　　　　　　　　　　　　　　　　　　　　　—— 领会｜索赔报告
　　　　　　　　　　　　　　　　　　　　　—— 简单应用｜索赔程序
　　　　　　　　　　　　　　　　　　　　　—— 识记｜持续索赔

争议管理 —— 简单应用｜工程合同纠纷主要类型
　　　　　—— 综合应用｜工程合同纠纷主要处理方式

7.1　违约责任

违约责任，即违反合同的民事责任，也就是合同当事人因违反合同义务所承担的责任。

违约责任、合同索赔与争议管理（一）

违约责任、合同索赔与争议管理（二）

7.1.1　违约责任与违约行为

1.违约责任的构成要件

违约责任的构成要件，是指违约当事人应具备何种条件才应当承担违约责任。一般认为，成立违约责任需要满足以下条件。

（1）合同义务有效存在。不以合同义务的存在为前提所产生的民事责任，不是违约责任。这一条件使违约责任与侵权责任、缔约过失责任区分开，后两者都不以合同义务的存在为前提。

（2）债务人不履行合同义务或者履行合同义务不符合约定。这包括了履行不能、履行迟延和不完全履行等，还包括瑕疵担保、违反附随义务和债权人受领迟延等可能与合同不履行发生关联的制度。

（3）不存在法定或者约定的免责事由。尽管《民法典》在违约责任的归属上采取了无过错责任原则，但是为了妥当地平衡行为人的行为自由和受害人的法益保护这两个价值，避免违约方绝对承担违约责任所导致的风险不合理分配，《民法典》依然规定了一些免责事由，例如第五百九十一条第一款规定的不可抗力免责的情形。另外，合同当事人可就免责事由进行约定，当约定的免责事由发生之时，当事人并不承担违约责任。

2.违约行为形态

违约责任源于违约行为。违约行为是指合同当事人不履行合同义务或者履行合同义务不符合约定条件的行为。

违约行为形态是指违约行为的形态或者说合同义务不履行的形态，本质上是按照违约行为的性质和特点对其所作的一些分类。尽管对于合同义务不履行的形态应如何分类，在理论上和实践中存在分歧，但该分歧对司法实践无太大实际影响。较常见的分类做法如下。

（1）根据履行期限是否到来，违约行为可以区分为预期违约和实际违约两种类型。

（2）将实际不履行区分为迟延履行、不完全履行（或不适当履行），再将迟延履行区分为债务人迟延、债权人迟延，将不完全履行区分为瑕疵给付、加害给付和违反附随义务。

3.承担违约责任的基本形式

《民法典》第五百七十七条规定，当事人一方不履行合同义务或者履行合同义务不符合约定的，应当承担继续履行、采取补救措施或者赔偿损失等违约责任。

1）继续履行

继续履行是指在某合同当事人违反合同后，非违约方有权要求其依照合同约定继续履行合同。

2）采取补救措施

（1）修理、重作和更换。债权人根据标的的性质及损失的大小，可以合理选择请求修理、重作和更换。但这些方式事实上不能履行或者债权人未在当事人约定期限或者合理期限内要求的，债权人不能再请求这些方式，而只能请求债务人承担其他违约责任。履行瑕疵细微或无关紧要，而修理、重作或者更换的费用过高的，也不能请求修理、重作或者更换。

（2）退货、减价。修理、重作、更换不可能、不合理或者没有效果，或者债务人拒绝或在合理期间内仍不履行的，债权人可以请求退货、减少价款或者报酬。退货是指债权人将已经获得的履行退还给债务人。退货是一种中间状态，依据具体情形，可能导致更换或重作，也可能导致合同解除。减少价款或者报酬，可以简称为"减价"，是指债权人接受了债务人的履行，但主张相应减少价款或者报酬。其目的在于通过调整价款或者报酬使合同重新恢复到均衡的等价关系。价款或者报酬未支付的，债权人可以主张减少其应支付的价款或者报酬；价款或者报酬已经支付的，债权人可以主张返还减价后多出部分的价款或者报酬。

（3）其他补救措施。补救措施还可能包括其他方式。比如，《民法典》第六百一十二条规定，出卖人就交付的标的物，负有保证第三人对该标的物不享有任何权利的义务，但是法律另有规定的除外。在此情况下，买受人可以合理请求出卖人排除第三人对该标的物的权利。

3）赔偿损失

违约赔偿损失，是指行为人违反合同约定造成对方损失时，行为人向受害人支付一定数额的金钱以弥补其损失。赔偿损失是运用较为广泛的一种责任方式。赔偿的目的，最基本的是补偿损害，使受到损害的权利得到救济，使受害人能恢复到受到损害前的状态。赔偿损失是合同债务的转化，与合同债务具有同一性，因此，对相应合同债权的担保等，在违约赔偿损失请求权上继续存在，除非当事人另有约定。

4.违约金与定金

1）违约金

违约金是当事人在合同中约定的或者由法律直接规定的一方违反合同时应向对方支付的一定数额的金钱。这是违反合同时可以采用的承担民事责任的方式，只适用于当事人有违约金约定或者法律规定违反合同应支付违约金的情形。违约金的标的物通常是金钱，但是当事人也可以约定违约金标的物为金钱以外的其他财产。

2）定金

所谓定金，是指当事人约定的，为保证债权的实现，由一方在履行前预先向对方给付的一定数量的货币或者其他代替物。定金是担保的一种。由于定金是预先交付的，定金的数额在事先也是明确的，因此通过定金罚则的运用可以督促双方自觉履行债务，起到担保作用。

定金与预付款不同。定金具有担保作用，不履行债务或者履行债务不符合约定，致使不能实现合同目的的，适用定金罚则。但预付款仅仅是在标的物正常交付或者服务正常提供的情况下预付的款项，如有不足，交付预付款的一方再补交剩余的价款即可；在交付标的物或者提供服务的一方违约时，如果交付预付款的一方解除合同，其有权请求返还预付款。

定金与押金和履约保证金也不同。一般而言，押金的数额不受定金数额的限制，而且不适用定金罚则。押金类型非常多，无法统一确定，甚至有的押金需要清算，多退少补。履约保证金的类型也是多种多样，当事人可以交付留置金、担保金、保证金、订约金、押金或者订金等，没有约定有定金性质的，不能按照定金处理。但是，如果押金和保证金根据当事人的约定符合定金构成的，则可以按照定金处理。

7.1.2 不可抗力及违约责任的免除

1. 不可抗力

不可抗力是指不能预见、不能避免且不能克服的客观情况。不可抗力的来源既有自然现象，如地震、台风，也包括社会现象，如军事行动。作为人力所不可抗拒的强制力，其具有客观上的偶然性和不可避免性，主观上的不可预见性以及社会危害性。世界各国均将不可抗力作为免责的条件，中国民法也不例外。《民法典》规定，因不可抗力不能履行民事义务的，不承担民事责任。法律另有规定的，依照其规定。

1）不可抗力的主要情形

（1）自然灾害，如台风、洪水、地震等。

（2）政府行为，如征收、征用等。

（3）社会异常事件，如罢工、骚乱等。

2）不可抗力的认定

某一情况是否属于不可抗力，应从以下四个方面综合加以认定。构成一项合同的不可抗力事件必须同时具备这四个要件，缺一不可。

（1）不可预见性。法律要求构成不可抗力的事件必须是有关当事人在订立合同时，对这个事件是否会发生是不可能预见到的。在正常情况下，对于一般合同当事人来说，判断其能否预见到某一事件的发生有两个不同的标准：一是客观标准，就是在某种具体情况下，一般理智正常的人能够预见到的，合同当事人就应预见到，如果对该种事件的预见需要有一定专业知识，那么只要具有这种专业知识的一般正常水平的人所能预见到的，则合同当事人就应预见到；二是主观标准，就是在某种具体情况下，根据行为人的主观条件如年龄、智力发育状况、知识水平、教育和技术能力等来判断合同当事人是否应该预见到。这两种标准可以单独运用，但在多种情况下应结合使用。

（2）不可避免性。合同生效后，当事人对可能出现的意外情况尽管采取了及时合理的措施，但客观上并不能阻止这一意外情况的发生，这就是不可避免性。如果一个事件的发生完全可以通过当事人及时合理的作为而避免，则该事件就不能被认为是不可抗力事件。

（3）不可克服性。不可克服性是指合同的当事人对于意外发生的某一个事件所造成的损失不能克服。如果某一事件造成的后果可以通过当事人的努力而得到克服，那么这个事件就不是不可抗力事件。

（4）履行期间性。对某一个具体合同而言，构成不可抗力的事件必须是在合同签订之后、终止以前，即合同的履行期间内发生的。如果一项事件发生在合同订立之前或履行之后，或在一方履行迟延而又经对方当事人同意时，则不能构成这个合同的不可抗力事件。

3）注意事项

在不可抗力的适用上，有以下问题值得注意。

（1）合同中是否约定不可抗力条款，不影响直接援引法律规定。

（2）不可抗力条款是法定免责条款，约定不可抗力条款如小于法定范围，当事人仍可援引法律规定主张免责；如大于法定范围，超出部分应视为另外成立了免责条款。

（3）不可抗力作为免责条款具有强制性，当事人不得约定将不可抗力排除在免责事由之外。

4）不可抗力的免责效力

因不可抗力不能履行合同的，根据不可抗力的影响，部分或全部免除责任。但有以下例外：金钱债务的迟延责任不得因不可抗力而免除；迟延履行期间发生的不可抗力不具有免责效力。

2. 违约责任的免除

所谓违约责任的免除，是指在履行合同的过程中，因出现法定的免责事由或者合同约定的免责事由导致合同不履行的，合同债务人将免除合同履行义务。

《民法典》的免责事由可分为两大类，即法定免责事由和约定免责事由。法定免责事由是指由法律直接规定、不需要当事人约定即可援引的免责事由，主要指不可抗力；约定免责事由是指当事人约定的免责条款。因此，违约责任的免除也分为法定的免责和约定的免责两种情况。

（1）法定的免责。法定的免责是指出现了法律规定的特定情形，即使当事人违约也可以免除违约责任。

（2）约定的免责。合同中可以约定在债务人违约的情况下免除其责任的条款，这个条款称为免责条款。需要注意的是，免责条款并非全部有效，免责条款不能排除当事人的基本义务，也不能排除故意或重大过失的责任。

7.2 合同索赔

7.2.1 基本概念

"索赔"一词来源于英语"claim"，其原意表示"有权要求"，法律上叫"权利主张"，并没有赔偿的意思。合同索赔通常是指在合同履行过程中，合同当事人一方因对方不履行或未能正确履行合同或者由于其他非自身因素而受到经济损失或权利损害，通过合同规定的程序向对方提出经济或时间补偿要求的行为。

建设工程索赔是指在建设工程合同履行过程中，对于并非自己的过错，而是应由对方承担责任的情况造成的实际损失，向对方提出经济补偿和（或）工期顺延的要求。索赔是工程承包中经常发生的正常现象。施工现场条件、气候条件的变化，施工进度、物价的变化，以及合同条款、规范、标准文件和施工图纸的变更、差异、延误等因素的影响，都会使得工程承包中不可避免地出现索赔。

索赔的本质是主张索赔一方对其在施工中产生的风险提出主张，要求在合同双方之间对风险进行再分配。该风险可以是在建设单位与施工企业之间再分配，也可以是在总承包单位与分包单位之间进行再分配。

索赔有广义与狭义之分。从广义上，合同的双方当事人都可以进行索赔，可以是承包人向发包人索赔，也可以是发包人向承包人索赔，两种索赔在建设工程合同中均有体现。发包人向承包人的索赔也可以称为反索赔，反索赔并非严格的法律概念，仅用于区别狭义的索赔。狭义的索赔仅指承包人向发包人的索赔，实务中大部分索赔是由承包人发出的。

索赔与相关法律概念的区别如下。

1. 索赔与签证

索赔与签证在实践中经常被一线施工人员混用，但二者其实具有本质区别，主要表现在以下几点。

（1）索赔是单方行为，签证是双方行为。根据索赔概念可知，索赔是一方向对方提出要求，是一种单方行为。而工程签证定义是"按承发包合同约定，一般由承发包双方代表就施工过程中涉及合同价款之外的责任事件所作的签证证明（注：目前一般以技术核定单和业务联系单的形式反映者居多）"。由此可以看出，签证是承发包双方协商一致的结果，是一种双方行为。

（2）索赔需有充分证据方能获得法院支持，签证可独立作为结算依据。索赔是一种期待权，其涉及的利益需要有相应的证据予以印证，证据充分才能获得法院支持，否则不予支持。签证某种程度上可以认为是双方达成的补充协议，一般可独立作为结算依据。

（3）索赔的内容限于工期和经济损失，签证的内容更广泛。索赔包括费用索赔和工期索赔两项内容，而签证除有经济签证、工期签证外，还包括技术签证、隐蔽签证等，内容更加广泛。

2. 索赔与违约金

索赔与违约金的区别表现在以下几点。

（1）索赔不以违约为前提。索赔的前提可以是由当事人行为引起的，也有可能是由合同以外的第三方引起的，甚至可以是不可抗力，原则上索赔的范围大于违约的范围。违约金是基于当事人违约行为而产生的，且不可抗力是违约金的免责条件。

（2）索赔仅具有补偿性，违约金可以兼具补偿性与惩罚性。索赔属于风险再分配，是对已经产生的损失（包括费用和工期）进行一定程度的弥补，仅具有补偿的性质。违约金主要是经济性质的，除了具有补偿性，还可兼具惩罚性。

（3）程序不同。索赔具有较为严格的程序要求，首先要在规定时限内向监理工程师提出索赔意向通知，而后提交正式的索赔报告并附相应证明材料，索赔事件具有持续影响的，还应按照合理间隔持续提交报告，直至影响时间结束后提交最终报告。违约金则无上述严格的程序要求。

3. 索赔时限与诉讼时效

索赔时限是基于工程领域的惯例而形成的，一般情况下会在合同中有所体现。索赔时限不存在中止、中断，对于超过索赔时限未提出索赔是否导致索赔实体权利丧失，司法实践中各地法院认识不一，一般认为逾期失效不得索赔，或逾期未主张索赔则被索赔人可以此为由主张抗辩。而诉讼时效是基于民事诉讼法的相关规定而产生的，存在中止、中断，超过诉讼时效虽可以起诉，但被告以诉讼时效抗辩的将会导致原告丧失胜诉权。

7.2.2 索赔的分类

索赔的分类，主要可以从索赔相关当事人、索赔依据、索赔目的、索赔起因和索赔处理方式五个角度进行。

1. 按索赔相关当事人分类

根据索赔相关当事人，索赔可以分为以下四类。

（1）承包人同发包人之间的索赔。这类索赔大多是有关工程量计算、工期、质量和价格方面的争议，也有关于其他违约行为、中断或终止合同的损害赔偿等。

（2）总承包人同分包人之间的索赔。其内容与前一种大致相似，但大多数是分包人向总承包人索要付款和赔偿，以及总承包人向分包人罚款或扣留支付款等。

（3）承包人同供应商之间的索赔。其内容多为商贸方面的争议，例如货品质量不符合技术要求、数量短缺、交货拖延、运输损坏等。

（4）发包人或承包人与保险人间的索赔。发包人或承包人受到灾难、事故或其他损害或损失，按保险单向其投保的保险公司索赔。

2. 按索赔依据分类

根据索赔依据，索赔可以分为合同内的索赔、合同外的索赔和额外支付。

（1）合同内的索赔。索赔涉及的内容可以在合同中找到依据，或者是在合同条文中明文规定的索赔项目。

（2）合同外的索赔。索赔的内容和权利虽然难以在合同条款中找到依据，但可从合同含义和成文法中找到索赔的依据。这种合同外的索赔表现为违约造成的损害或违反担保造成的损害，有的可以在民事侵权行为中找到依据。

（3）额外支付（道义索赔）。承包人找不到合同依据和法律依据，但认为自己有要求索赔的道义基础，而对其损失寻求某些优待性质的付款，发包人基于某种利益的考虑而慷慨赐予补偿。

3. 按索赔目的分类

根据索赔目的，索赔可以分为工期索赔和费用索赔。

1）工期索赔

工期索赔是因工程量改变、设计变更、新增工程项目、发包人迟发指示、不利的自然灾难、发包人不应有的干扰等原因，承包人要求延长期限，拖后竣工日期。

常见的工期索赔计算方法有网络图分析法、比例分析法和其他方法。

（1）网络图分析法。网络图分析法通过分析延误前后的施工网络计划，比较两种工期计算结果，计算出工程应顺延的工期。

索赔原则：关键工作延误的工期可以全部索赔；非关键工作总时差以内的延误工期未给承包人造成实际损失，不可索赔。

具体计算方法如下。

① 由于非承包人自身原因的事件造成关键线路上的工序暂停施工，工期索赔的计算如下。

$$工期索赔值 = 关键线路上的工序暂停施工的日历天数 \qquad (7\text{-}1)$$

② 由于非承包人自身原因的事件造成非关键线路上的工序暂停施工，工期索赔的计算如下。

$$工期索赔值 = 工序暂停施工的日历天数 - 该工序的总时差天数 \qquad (7\text{-}2)$$

式（7-2）中当差值为零或负数时，工期不能索赔。

【例 7-1】 某工程施工中发生如下事件：5 月 20 日到 5 月 26 日，因承包人的施工设备故障停工；5 月 24 日到 6 月 9 日，发包人延期交付图纸，无法施工。本工程承包人可获得的工期索赔值为多少？

解： 施工设备的故障属于承包人的责任，故承包人从 5 月 20 日到 5 月 26 日期间无权索赔。图纸延期交付为发包人责任，承包人有权提出工期和费用索赔，工期索赔天数为 14 天（从 5 月 27 日到 6 月 9 日）。

（2）比例分析法。比例分析法是通过分析增加或减少的单项工程量（工程造价）与合同总量（合同总价）的比值，推断出增加或减少的工期。

比例分析法主要用于工程量增加时工期索赔的计算。在实际工程中，干扰时间常常影响某些单项工程、单位工程或分部分项工程的工期，要分析它们对总工期的影响，可以采用简单的比例计算。

具体计算方法如下。

① 以合同价所占比例计算。

$$工期索赔值 = 原合同工期 \times 附加或新增工程造价 / 原合同总价 \qquad (7\text{-}3)$$

【例 7-2】 在某工程施工中，发包人推迟办公楼工程某部分设计图纸的批准，使该单项工程延期 10 周。该单项工程合同价为 80 万元，而整个工程合同总价为 400 万元。该工程承包人可以提出的工期索赔值为多少？

解： 承包人可以提出的工期索赔值 = 该局部工程受干扰工期拖延量 × 受干扰局部工程合同价 / 整个工程合同总价 =10 周 ×80 万元 /400 万元 =2 周

② 按工程量所占比例计算。

$$工期索赔值 = 原合同工期 \times 新增工程量 / 原合同总量 \qquad (7\text{-}4)$$

（3）其他方法。根据索赔事件的实际增加天数确定索赔工期（也称直接法）；或通过发包人与承包人协商的其他方法确定索赔工期。

2）费用索赔

费用索赔是由于施工客观条件转变而增加了承包人的开支或使承包人亏损，承包人向发包人要求补偿这些额外开支，以弥补承包人的经济损失。

费用索赔有三种常用的计算方法，即总费用法、修正的总费用法和实际费用法。

（1）总费用法。计算出索赔工程的总费用，减去原合同总价，即得索赔金额。

这种计算方法简单但不尽合理。一方面，实际完成工程的总费用中，可能包括由于承包人的原因（如管理不善、材料浪费、效率太低等）所增加的费用，而这些费用是不该索赔的；另一方面，原合同总价也可能因工程变更或单价合同中工程量变化等原因而不能代表真正的工程成本。凡此种种原因，使得采用此法往往会引起争议，故一般不常用。但是在某些特定条件下，当具体计算索赔金额很困难，甚至不可能时，则也有采用此法的。这种情况下，应具体核实已开支的实际费用，取消其不合理部分，以求接近实际情况。

（2）修正的总费用法。在总费用法的基础上，对某些计算方面做出相应的修正，以使结果更趋合理。修正的内容主要有：计算索赔金额的时期仅限于受事件影响的时段，而不是整个工期；只计算在该时期内受影响项目的费用，而不是全部工作项目的费用；不直接采用原合同总价，而是采用在该时期内如未受事件影响而完成该项目的合理费用。

按修正后的总费用计算索赔金额的公式如下。

$$索赔金额 = 某项工作调整后的实际费用 - 该项工作的报价费用 \qquad (7\text{-}5)$$

修正的总费用法与总费用法相比，有了实质性的改进，能够相当准确地反映出实际增加的费用。

（3）实际费用法。实际费用法是施工索赔时最常用的一种方法，是根据索赔事件所造成的损失或成本增加，按费用项目逐项分析、计算索赔金额的方法。

这种方法以承包人为某项索赔工作所支付的实际开支为根据，但仅限于由索赔事件引起的、超过原计划的费用，故也称额外成本法。在这种计算方法中，需要注意的是不要遗漏费用项目。

4.按索赔起因分类

根据索赔起因，索赔可以分为以下五类。

（1）有关合同文件引起的索赔。

合同一旦通过就不能修改（除非双方另有协议），但在合同使用之后，往往会发觉很多事情未包括在内，但又不能再加进去。而投标的附带文件，从投标到接受期间的来往信件可能包括了一些重要消息，但未被重视。以上这些文件，以及资格批准书、意向书和其他很多类似文件都有可能引起索赔。

（2）有关工程实施引起的索赔。首先，仅凭很少的信息就签订合同会在实施过程中产生许多问题，从而引起索赔。其次，工程实施中变更是常见的，有些变更会产生很大的影响，尤其在变更项目的价格确定上往往出现争议或索赔。另外，现代的合同会将施工过程中可能遇到的风险安排给一方或另一方，这符合发包人的经济利益，但在实际中要辨别详细事件是否明确地属于合同详细条款之列往往并不简单，从而引起争议或索赔。

（3）有关付款引起的索赔。在有关付款方面，包括发包人的违约现象，如拖延供应资料等，容易引起索赔。

（4）有关延期（包括拖延和中断）引起的索赔。对于承包人而言，这类问题主要指发包人对其应负责任的拖延。假如拖延发生，而发包人对其应负责任，而且其后果使承包人发生了额外费用，承包人一般会要求赔偿。

拖延有两种类型：一种是工程停顿了，这时可以比较简单地计算索赔费用；另一种是工程进度慢了，这时就要依据"只要"停顿的条款（即虽然工程连续，但是某些设备已闲置）来评价其拖延后果。后一种拖延还可能会造成工程进度混乱或不经济，涉及"中断"或"生产率的损失"，以及由于延期而引发的费用索赔。

（5）有关错误的打算等引起的索赔。这类索赔包括由于违约、终止合同等状况产生的索赔。

5. 按索赔处理方式分类

根据索赔处理方式，索赔可以分为单项索赔和综合索赔。

（1）单项索赔。单项索赔就是采取一事一索赔的方式，即在每一件索赔事件发生后，报送索赔意向通知，编报索赔报告，要求单项解决支付，不与其他的索赔事件混在一起。

（2）综合索赔。综合索赔又称总索赔，俗称一揽子索赔，即对整个工程（或某项工程）中所发生的数起索赔事件综合在一起进行索赔。综合索赔也是总成本索赔，它是对整个工程（或某项工程）的实际总成本与原预算成本之差额提出索赔。

7.2.3 索赔事件

这里的索赔事件指承包人可向发包人提出索赔的事件。

1. 发包人未及时办理施工前置许可或审批手续

建筑工程施工前置手续一般包括四证：不动产权证、建设用地规划许可证、建设工程规划许可证、建筑工程施工许可证。如发包人未在工程开工前办妥上述前置手续的，则可能引起相应的法律后果，承包人可就受到的影响向发包人提出索赔。建设工程规划许可证的办理是以建设用地规划许可证的办理为前提的。

（1）未办妥不动产权证、建设用地规划许可证属建设用地程序不合规，虽不会导致建设工程合同无效的情形，但可能会导致工程停工或被认定为违法建设行为而被拆除，由此导致承包人停工、窝工损失或工程合同无法继续履行造成利润损失的，承包人可向发包人提出索赔。

（2）未办妥建筑工程施工许可证属违法动工行为，建设行政主管部门可以作出责令停工等行政处罚，承包人也有权拒绝进场开工。如开工后发现尚未办妥建筑工程施工许可证的，承包人有权就因此所发生的停工、窝工损失向发包人索赔。

2. 发包人或监理工程师未按期下达开工通知

发包人或监理工程师应在计划开工日期 7 天前向承包人发出开工通知，工期自开工通知中载明的开工日期起算。除专用合同条款另有约定外，因发包人原因造成监理工程师未能在计划开工日期之日起 90 天内发出开工通知的，承包人有权提出价格调整要求，或者解除合同。发包人应当承担由此增加的费用和（或）延误的工期，并向承包人支付合理利润。

3. 发包人未按合同约定提供图纸或图纸错误

施工总承包模式下，发包人应及时向承包人提供工程设计图纸，如因发包人未按合同约定按时向承包人提供图纸或者错误提供图纸等导致承包人无法施工或者返工，并且造成损失的，承包人有权向发包人提出索赔。同时，发包人提供的工程设计图纸未经第三方审图机构审查的，也应视为迟延提供图纸的情形。

4. 发包人未按约定提供工程实施所需文件

发包人应按照合同约定的期限、数量和形式向承包人免费提供环境保护、气象水文、地质条件等前期工作相关资料，进行工程设计、现场施工等工程实施所需的文件。因发包人未按合同约定提供文件造成工期延误的，承包人可就受到的影响向发包人索赔。

5. 发包人拖延提供施工现场条件及技术资料

除工程合同另有约定外，发包人在开工前应当交付施工场地，且应确保施工场地内具备可连接使用的水、电、通信等生产条件、交通条件，以及齐备的地质资料、地下管线资料等各种技术资料。如果发包人拖延提供施工现场、施工条件、资金及技术资料或者提供的资料错误，造成承包人无法按时开工、费用增加或工程返工、质量缺陷等，承包人有权依据《民法典》等相关法律规定向发包人索赔以及主张顺延工期。

6. 发包人迟延检查或要求重新检查材料、设备、分项工程、隐蔽工程等导致施工无法正常进行

在施工过程中，发包人有义务对进场的材料、设备进行详细的检查检验，以及根据合同约定对分项工程进行验收、对需要隐蔽的工程进行查验，以便承包人进行下一步的工程工序。

如果由于发包人违反约定迟延检查或要求重新检查材料、设备、分项工程、隐蔽工程而导致承包人窝工，影响施工进度、增加费用的，或需要揭开已覆盖的隐蔽工程，而检查结果为工程质量合格的，那么承包人有权要求发包人赔偿停工、窝工等损失以及主张工期顺延；如果检查结果为工程质量不合格的，则重新检查及返工费由承包人自行承担。

7. 发包人提供的工程基准水准资料存在错误

发包人应向承包人提供测量基准点、基准线和水准点及其书面资料，且应对其真实性、准确性和完整性负责。发包人提供的测量基准点、基准线和水准点及其书面资料存在错误或疏漏的，由发包人承担由此延误的工期和（或）增加的费用。

8. 发包人或监理工程师拖延审批施工方案或进度计划

承包人针对工程所做的施工方案及进度计划是承发包双方控制工程进度的依据，也关系到发包人的成本控制等，虽然法律并没有明文规定，但一般应报送发包人或监理工程师审批后才可实施。如果发包人或监理工程师拖延审批的，可能会造成承包人无法按时开工、工期延误或费用增加等损失。

发包人或监理工程师拖延审批的，承包人可依据合同是否有审批期限、违约责任来主张违约赔偿，要求赔偿由此而导致的损失及主张工期顺延等。但是，如果合同约定超过期限未予审批的，视为发包人同意该施工方案及进度计划，则承包人应继续施工，不得以此为由停工，否则由此造成的损失由承包人自行承担。

9. 发包人或监理工程师发布指示延误或不当

发包人及受发包人委托对工程施工进行监督管理的专业机构的监理工程师，均应当按照合同约定和法定职责发出相对准确、合理的工程指令。如发包人、监理工程师未能按合同约定发出指示、指示延误或发出了错误指示的，则有可能打乱正常施工计划，导致承包人费用增加和（或）工期延误。对此，应由作为委托人的发包人对承包人承担相应责任，承包人有权向发包人提出索赔。

10. 发包人设计变更

设计变更是指由于设计人自身原因（如设计错误修正、设计遗漏的补正等），或者由于发包人自身原因（如增减工程量、改变工程功能及评优要求、所提供的地质勘察等资料有误、因预期不足导致设计深度不够、更改使用环保材料等），或者由于其他原因（如技术突破等）而需要对原先与承包人确定的设计方案、图纸、工作内容等进行的变更、修改、优化等。

设计变更可能会导致承包人工期延误，或对已完成工程部分进行拆除或修改造成成本费用增加等，甚至由于设计变更超出了原有申请批准的建设规模而需要等待发包人重新申请规划批准等手续而停工。对此而产生的所有损失，除非合同约定承包人需承担一定的风险比例，否则承包人有权向发包人索赔，要求赔偿损失及支付合理利润。

其中，应重视由设计变更导致已完成工程部分的返工，对于重复工作的工程款结算，除了应结算最终竣工并经验收合格的成果的价值，还需计算因设计变更返工之前已完成的工作的价值及拆除工程量。作为承包人应保存好返工前后已完成的工作成果、工程量等材料作为向发包人进行索赔的证据。

11. 发包人调整承包人合同工作量

发包人调整承包人工作量既包括增加工作量，也包括减少工作量。对承包人可能造成的影响既包括增加工作量导致的工程价款的增加，也包括减少工作量导致的单价上升和利润损失等，承包人可以据此向发包人提出索赔。承包人在接到发包人调整工作量的通知后，应及时做好价值核算，如对承包人的工期、造价、利润产生的影响，并做好证据固定，及时提出索赔。

12. 发包人负责提供的材料和设备供应延误、供货地点变更或存在质量缺陷

已在建设工程合同的《发包人供应材料设备一览表》中列明由发包人负责提供的部分原材料、机械设备的，发包人应严格按约定的材料和设备的名称、数量、价格、交货时间、交货地点及质量标准等确保供应。如发包人因自身原因导致由其提供的材料和设备无法准时交给承包人、交货地点变更或者存在质量缺陷，并造成承包人工程延误或产生额外运输、保管等费用或造成工程质量缺陷的，承包人可以向发包人提出索赔并要求顺延工期。

但需注意的是，尽管发包人对合同约定由其提供的材料和设备的质量问题负有责任，但承包人出于对工程质量的负责应该对发包人提供的材料和设备进行必要的检验。如果承包人对发包人提供的材料和设备等没有进行必要的检验或经检验不合格仍然使用，由此导致工程质量缺陷的，承包人可能也需承担相应责任。

13. 发包人违约指定材料、设备生产厂家或供应商

建设工程合同中约定由承包人采购的材料及设备，发包人不得强行指定生产厂家或者供应商。如发包人违约强行指定的，承包人有权予以拒绝，由此导致工期延误和

（或）费用增加的，承包人可以向发包人提出索赔，但需保留有发包人违约指定厂家或供应商的相关证据。

14. 发包人拖延支付工程款

承包人按照建设工程合同约定的工程进度完成施工的，发包人应该按照合同约定及时向承包人支付预付款、进度款、结算款及质量保证金等工程款。如果发包人拖延支付工程款，承包人有权向发包人索赔工程款以及要求支付逾期付款利息等费用。

15. 发包人指定的分包人延误或违约

我国法律、行政法规并未明确禁止发包人指定分包人，但是如果由于发包人指定的分包人违约或者工期延误而导致工程质量缺陷、费用增加或工期延误的，发包人对此应承担责任，承包人可以由此提出索赔。

但需要注意的是，承包人不是绝对地免责。承包人应履行对发包人指定的分包人进行合理监督检查的义务，如果承包人未履行监督检查义务，或对工期延误或者工程质量缺陷存在过错的，承包人应对此承担相应的过错责任。

16. 发包人原因导致暂估价合同订立或履行迟延

暂估价项目因为具有不确定因素，一般以暂估价的方式纳入总承包合同范围，如暂估价合同订立或履行迟延是因发包人违反合同约定不当干预或确认审批迟延等原因造成，承包人本身不具备过错的，承包人有权向发包人索赔因此增加的费用或工期。

17. 发包人拖延分项工程验收及工程整体竣工验收

对于建设工程合同约定的分项工程，发包人应该根据约定按时进行验收。如果发包人延迟验收分项工程影响承包人下一道工序、造成承包人停工或者导致工程遮蔽而需要拆除重新查验的，承包人有权向发包人对增加的费用进行索赔，并要求顺延工期。

如果发包人无正当理由拖延整体工程的竣工验收，则以承包人提交验收报告之日为竣工日期，承包人可以根据合同约定要求结算工程款。由于发包人拖延验收导致承包人无法按时进行工程款结算、施工人员无法退场、工程无法交付等损失的，承包人可以向发包人提出索赔。

18. 发包人要求加速施工

由于发包人自身原因，要求承包人加速施工提前竣工时间的，承包人应综合考虑工程质量、赶工安全措施、增加的费用等因素向发包人提出合理建议，如果发包人采纳建议的，双方可签署相关协议，约定发包人承担增加的费用。

若基于前期发包人原因导致工期延误后，发包人要求承包人赶工按期完工的，可能会导致承包人需要增加施工人员、机械设备、作业场地等而造成费用增加，对此承包人可以对所增加的赶工费用进行计算，争取与发包人签署相关协议；若发包人不同意签署的，则承包人需要保留相关单据向发包人索赔。

但需要注意的是，承包人仍然要保证工程质量。如果提前竣工或赶工会影响工程质量的，承包人有权拒绝，否则承包人应对工程质量问题承担责任。

19. 发包人原因导致暂停或终止施工

因发包人原因引起的暂停或终止施工，发包人应承担由此增加的费用和（或）延误的工期，并支付承包人合理的利润。

20. 发包人原因导致无法按时复工

暂停施工后，发包人和承包人应采取有效措施积极消除暂停施工的影响。在工程复工前，监理工程师会同发包人和承包人确定因暂停施工造成的损失，并确定工程复工条件。当工程具备复工条件时，监理工程师应经发包人批准后向承包人发出复工通知，承包人应按照复工通知要求复工。因发包人原因无法按时复工的，承包人有权提出索赔，但在建设工程合同中约定发包人在一定期限内暂停施工免责的除外。

21. 发包人要求承包人提前交付单位工程

发包人需要在工程竣工前使用单位工程的，或承包人提出提前交付已经竣工的单位工程且经发包人同意的，可进行单位工程验收，验收合格后，由监理工程师向承包人出具经发包人签认的单位工程接收证书。发包人要求在工程竣工前交付单位工程，由此导致承包人费用增加和（或）工期延误的，由发包人承担由此增加的费用和（或）延误的工期，并支付承包人合理的利润。

22. 发包人造成承包人人员伤亡及财产损失

合同履行期间，合同当事人有义务严格执行国家安全生产规定，防范或避免发生安全事故。对于发包人及监理工程师强令承包人违章作业、冒险施工的任何指示，承包人有权拒绝。承包人人员伤亡或财产损失系因发包人一方原因造成，发包人对此存在过错的，承包人有权提出索赔。

23. 发包人无正当理由拒绝接收工程

工程经竣工验收合格的，发包人应该接收工程并且及时结算、支付工程款。如果发包人无正当理由拒绝接受工程，由此使承包人产生工程照管、成品保护、保管物品等费用的，承包人可以向发包人提出索赔。

24. 监理工程师检查或检验影响施工正常进行

监理工程师需要按照合同约定对隐蔽工程或其他项目完成检查、检验，但其检查、检验应以不影响承包人的正常施工作业为前提，若因监理工程师判断失误导致承包人被迫将已隐蔽部位扒开或因检查、检验耽误时间而导致承包人无法进行下一步工作等，均会增加相关费用或延长工期。在此情况下，根据公平原则，若经检查、检验质量不合格，则可证明系因承包人施工不符合质量标准而产生的费用，应由承包人自行承担责任；若质量合格，承包人增加的合同价款及延长的工期，则应由发包人承担责任。

25. 监理或设计等原因导致工程试车费用增加和（或）工期延误

因设计原因导致试车达不到验收要求的，发包人应要求设计人修改设计，承包人按修改后的设计重新安装，发包人承担修改设计、拆除及重新安装的全部费用，工期相应顺延。因监理原因导致试车达不到验收要求的，承包人因此增加的费用和（或）延误的工期应由发包人承担。

26. 不利物质条件（包括但不限于地下文物）

不利物质条件一般是指承包人在施工过程中遇到的签订合同时无法预见的不利的自然物质条件、非自然的物质障碍和污染物，包括地表以下物质条件和水文条件以及专用合同条款所约定的其他情形，但不包括气候条件。承包人在遇到不利物质条件时，应该采取合理的措施克服不利物质条件继续施工（但该不利条件不能克服的除外），并且及时报告发包人及监理工程师，由此产生的合理费用承包人可以向发包人索赔。

典型的不利物质条件有发现地下文物。地下文物在前期地质勘探时比较难被发现，如果承包人在施工过程中发现地下文物，可能会导致工期延误、工程设计变更甚至是工程取消。作为承包人应该严格遵守相关法律法规向相关行政部门及发包人报告，等待进一步的处理。为此工期延误或者费用增加的，承包人可依据合同相关约定向发包人发起索赔并且要求工期顺延。

27. 发包人原因导致工期延期令承包人增加履约保证的费用

在工程合同中，发承包双方往往会通过约定提供履约保证来保证双方权利得到保障。履约保证一般包括缴纳履约保证金或者要求第三方担保公司、保险公司或银行提供履约保函等。

发包人要求承包人提供履约保函的，一般履约保函的有效期截止为建设工程合同约定的工程竣工验收合格之日后的 30 天至 180 天，如果工期延误，势必需要对履约保函进行续期而增加费用。如果由发包人原因导致工期延期的，承包人为此所付的履约保函续约费可向发包人索赔，但建设工程合同另有约定的除外。

28. 基准日期后法律变化导致增加安全文明施工费

安全文明施工费由发包人承担，发包人不得以任何形式扣减该部分费用。因基准日期后合同所适用的法律或政府有关规定发生变化而增加的安全文明施工费由发包人承担。

29. 发包人未办理有关工程保险

工程保险一般指建筑工程一切险、安装工程一切险、综合财产险等。关于工程保险的投保主体，法律并没有明文规定。合同约定由发包人投保的，发包人应按照约定按时予以投保以及在施工工期内保险到期后予以续保。如果发包人未按约或未及时投保、续保而另行委托承包人代办投保、续保的，承包人代办工程保险所支付的保险费等费用可以凭借投保单、缴纳凭证等材料要求发包人承担。

30. 遭遇不可抗力期间的停工窝工损失

在建设工程施工过程中如果发生不可抗力事件，承包人有权要求发包人承担如下责任，但合同另有约定的除外。

（1）承担永久工程、已运至施工现场的材料和工程设备的损坏，以及因工程损坏造成第三人的人员伤亡和财产损失。

（2）因不可抗力影响承包人履行合同约定的义务，已经引起或将引起工期延误的，应当顺延工期，由此导致承包人停工的费用损失由发包人和承包人合理分担，停工期间必须支付的工人工资由发包人承担。

（3）因不可抗力引起或将引起工期延误，发包人要求赶工的，由此增加的赶工费用由发包人承担。

（4）承包人在停工期间按照发包人要求照管、清理和修复工程的费用由发包人承担。

7.2.4　索赔报告

索赔报告是向对方提出索赔要求的书面文件。

1. 基本要求

（1）索赔事件应真实。这是索赔的基本要求，索赔的处理原则即是赔偿实际损失。所以，索赔事件是否真实，直接关系到承包人的信誉和索赔能否成功。如果承包人提出不真实、不合情理、缺乏根据的索赔要求，监理工程师应予拒绝或者要求承包人进行修改，同时可能会影响监理工程师对承包人的信任程度，造成在今后工作中即使承包人提出的索赔合情合理，也会因缺乏信任而导致索赔失败。所以，索赔报告中所指出的索赔事件，必须具备充分而有效的证据予以证明。

（2）责任划分应清楚。一般来说，索赔是针对对方责任所引起的索赔事件而产生的，所以索赔报告中对索赔事件产生的原因应做客观分析，对承包人和发包人应承担的责任应划分清楚，只有这样，索赔才算公正合理。

（3）有合同文件支持。承包人应在索赔报告中直接引用相应的合同条款，同时，应强调干扰事件、对方责任、对工程的影响与索赔之间的直接的因果关系。

（4）编写质量要高。索赔报告应简明扼要、条理清晰，各种结论、定义应准确、有逻辑性，索赔证据和索赔值的计算应详细正确。

2. 报告内容

索赔报告（以承包人向发包人索赔为例进行说明）的具体内容，随该索赔事件的性质和特点而有所不同。但从报告的必要内容与文字结构方面而论，一个完整的索赔报告应包括以下四个部分。

1）总论部分

总论一般包括序言、索赔事件概述、具体索赔要求、索赔报告编写及审核人员名单。

文中应概要地论述索赔事件的发生日期与过程，承包人为该索赔事件所付出的努力和附加开支，承包人的具体索赔要求，并附上索赔报告编写组主要人员及审核人员的名单，注明有关人员的职称、职务及施工经验，以表示该索赔报告的严肃性和权威性。总论部分的阐述要简明扼要，说明问题。

2）根据部分

本部分主要是说明自己具有的索赔权利，这是索赔能否成立的关键。根据部分的内容主要来自该工程项目的合同文件，并参照有关法律规定。承包人应引用合同中的具体条款，说明自己理应获得经济补偿或工期延长。

根据部分的篇幅可能很大，其具体内容随各个索赔事件的特点而不同。一般来说，根据部分应包括以下内容：索赔事件的发生情况，已递交索赔意向通知书的情况，索赔事件的处理过程，索赔要求的合同根据，所附的证据资料，等等。

在写法结构上，按照索赔事件发生、发展、处理和最终解决的过程编写，并明确全文引用的有关合同条款，使发包人和监理工程师能了解索赔事件的始末，并充分认识到该项索赔的合理性和合法性。

3）计算部分

索赔计算的目的，是以具体的计算方法和计算过程，说明自己应得经济补偿的款额或延长时间。如果说根据部分的任务是解决索赔能否成立，则计算部分的任务就是决定应得到多少索赔费用和工期。前者是定性的，后者是定量的。

在费用计算部分，必须阐明下列问题：索赔款的要求总额；各项索赔款的计算，如额外开支的人工费、材料费、管理费和损失利润；各项开支的计算依据及证据资料的名称和编号。承包人应注意采用合适的计价方法，根据索赔事件的特点及自己所掌握的证据资料等因素来确定采用何种方法，同时应注意每项开支的合理性，切忌采用笼统的计价方法和不实的开支款额。

索赔计算综合案例

1. 案例背景

某水处理厂项目，由世界银行贷款。合同金额为 200 万美元，工期为 29 个月，合同条件以 FIDIC 第四版为蓝本。项目要在河岸边修建一个泵站。承包人在进行泵站的基础开挖时，遇到了发包人的勘探资料并未指明的流砂和风化岩层，为处理这些流砂和风化岩层，相应造成了承包人工程拖期和费用增加。为此，承包人要求索赔：

（1）工期：17 天。

（2）费用：12504 美元。

2. 索赔论证

承包人在河岸边进行泵站的基础开挖时遇到了流砂，为处理流砂花了 10 天的时间，处理完流砂后，又遇到风化岩层，爆破岩层又花了一周的时间。

依据发包人供应的地质勘探资料，河岸的基土应为淤泥和泥炭土，并未提及有流砂和风化岩层。合同条件第 12.2 款规定，在工程施工过程中，承包人假如遇到了现场气候条件以外的外界障碍或条件，而这些障碍和条件是一个有阅历的承包人也无法预见到的，工程师应给予承包人相应的工期和费用补偿。

上述流砂和风化岩层，假如发包人不在地质勘探资料中予以标明，在短短的投标期间，一个有阅历的承包人也是无法预见到的。

故承包人要求索赔相应的工期，多支出的人工费、材料费、机械费、管理费及利润。

3. 索赔计算

（1）工期索赔计算。

处理流砂：　　　　10 天

处理风化岩层：　7 天

小计：　　　　　17 天

由于上述事务，承包人在这 17 天除了处理流砂和风化岩层，无法进行其正常工程施工，故承包人要求补偿工期 17 天。

（2）费用索赔计算。

① 处理流砂的费用。

人工费：	1240 美元
机械费：	1123 美元
小计：	2363 美元
加 15% 的现场管理费（354 美元）	2717 美元
加 5% 的总部管理费（136 美元）	2853 美元
加 3% 的利润（86 美元）	2939 美元

② 处理风化岩层的费用。

人工费：	485 美元
材料费：	2189 美元
机械费：	987 美元
小计：	3661 美元
加 15% 的现场管理费（549 美元）	4210 美元
加 5% 的总部管理费（211 美元）	4421 美元
加 3% 的利润（133 美元）	4554 美元

③ 延期的现场管理费。

管理费的提取实行按月平均分摊的方法。

合同总价中的利润：$2000000 \times 3\%/（1+3\%）\approx 58252$（美元）

合同总价中的总部管理费：$（2000000-58252）\times 5\%/（1+5\%）\approx 92464$（美元）

每月的现场管理费：$（2000000-58252-92464）\times 15\%/（1+15\%）/29 \approx 8318$（美元）

延期 17 天的现场管理费：$8318/30 \times 17 \approx 4714$（美元）

减去①②项中包含的现场管理费：$4714-354-549=3811$（美元）

④ 延期的总部管理费。

延期的总部管理费的计算采纳 Eichealy 公式。

分摊到被延误合同中的总部管理费 $A=$ 被延误合同金额 / 合同期内全部合同总金额 × 合同期内总部管理费总额

$$被延误合同每天的总部管理费 B=A/ 合同期$$
$$索赔的延期总部管理费 C=B \times 延期天数$$

在本合同期的 29 个月（881 天）内，承包人共承包了 3 个合同，3 个合同的总金额为 425 万美元，3 个合同的总部管理费总额为 17 万美元。

$$A=2000000/4250000 \times 170000=80000（美元）$$

$$B=80000/881 \approx 91（美元）$$

$$C=91 \times 17=1547（美元）$$

减去①②项中包含的总部管理费：$1547-136-211=1200$（美元）

⑤ 合计索赔费用。

汇总①②③④，合计索赔费用 $=2939+4554+3811+1200=12504$（美元）

4）证据部分

证据部分包括该索赔事件所涉及的一切证据资料，以及对这些证据的说明。证据是索赔报告的重要组成部分，没有翔实可靠的证据，索赔是不能成功的。在引用证据时，要注意该证据的效力或可信程度，为此，对重要的证据资料最好附以文字证明或确认件。例如，对一个重要的电话内容，仅附上自己的记录是不够的，最好附上经过双方签字确认的电话记录，或附上发给对方要求确认该电话记录的函件，即使对方未给复函，亦可说明责任在对方，因为对方未复函确认或修改，按惯例应理解为他已默认。

7.2.5 索赔程序

索赔程序（以承包人向发包人索赔为例介绍）主要有四个步骤：提出索赔意向，提交索赔报告，对索赔报告的评审，索赔谈判。

1. 提出索赔意向

索赔意向通知，是承包人在已经察觉或理应察觉索赔事件发生后的一定期限内，向发包人或监理工程师递交索赔意向通知书，表明承包人就该索赔事件期望得到发包人给予的补偿的要求。

承包人一般应在索赔事件发生后的 28 天内提出索赔意向。但这时不一定能计算出准确的索赔金额，索赔事件也有可能延续到 28 天后，因此合同约定要在规定的期限内提出，否则会过期失权。承包人要及时发出索赔意向通知。

索赔意向通知通常包括以下四个方面的内容。

（1）事件发生的时间和情况的简单描述。

（2）合同依据的条款和理由。

（3）有关后续资料的提供，包括及时记录和提供事件发展的动态。

（4）事件对工程成本和工期产生不利影响的严重程度，以期引起监理工程师或发包人的注意。

2. 提交索赔报告

发出索赔意向通知后的 28 天内，承包人应向监理工程师提交补偿经济损失和（或）延长工期的索赔报告及有关资料。

索赔报告的具体内容详见 7.2.4 节。索赔报告是承包人对索赔事件的处理结果，也是发包人审议承包人索赔请求的主要依据。

3. 对索赔报告的评审

监理工程师在收到承包人送交的索赔报告和有关资料后，于 28 天内对索赔报告进行审查和评价，得出处理意见，并将结果答复承包人，在 28 天内未予答复或未对承包人做进一步要求的，视为该项索赔已经认可。

监理工程师的评审依据包括：合同文件中的条款约定，经监理工程师认可的施工进度计划，合同履行过程中的来往函件，施工现场记录，施工会议记录，工程照片，等等。

索赔报告的评审也是有一定的顺序的，有的时候承包人所提出的索赔事件根本没有索赔资格，所以必须先进行资格条件的审查，然后进行具体数据的审查。

1）申请审查承包人的索赔事件

承包人将索赔报告和有关资料提交给监理工程师后，监理工程师要自己建立此事件的索赔档案，正确理解此事件对工程施工的影响，随时对解决该索赔事件所需要的同期记录进行检查，并与承包人协商其对记录内容的不同意见，还应随时通知承包人增加解决索赔事件所需要的记录项目。

2）判断索赔是否成立

监理工程师可以认为承包人索赔成立的条件如下。

（1）在不违背合同的条件下，某事件确实使承包人的成本产生了增加，或使总工期增长。

（2）非承包人的责任而造成承包人工程施工费用的增加或工期的损失。

（3）承包人没有违背合同的规定，按时向监理工程师提交了索赔意向通知和索赔报告。

上述几个条件不分先后主次，要想使索赔成功，应同时具备这几个条件。如果监理工程师不承认承包人的索赔行为，那么承包人的索赔要求也无法兑现，只有监理工程师确认索赔成立，才有获得索赔款项和工期的可能。

3）审理索赔报告

审理索赔报告的工作主要包括：事件跟踪，分析索赔事件原因，分析索赔证据，分析承包人损失，分析具体资料。

4）针对索赔事件进行质疑

监理工程师可以依据已经拥有的证据和平常处理索赔事件的经验对下面的问题进行质疑。

（1）索赔事件是否属于发包人或监理工程师的责任，有没有应该承担责任的第三方。

（2）索赔事件是否与合同条款相匹配，索赔事件是否属实。

（3）承包人是否遵循了工程条款的要求。

（4）发包人的补偿责任在合同中是否有明确的开脱责任条款，发包人不需承担责任。

（5）索赔是否由不可抗力引起，承包人没有划分和证明双方责任的大小。

（6）承包人是否已经采取了正确措施弥补损失。

（7）承包人提供的证据是否充足，是否需要继续提供资料。

（8）承包人是否夸大了索赔事件造成的损失。

（9）承包人是否表示过要放弃此次索赔权利。

4. 索赔谈判

索赔谈判是在合同规定义务不能履行或不能完全履行时，合同当事双方进行的谈判。

索赔谈判的特征有以下四个方面。

（1）以合同为唯一基础和标准。判断违约不违约，守约不守约，是以合同为唯一基础条件，合同是判定是否违约的唯一标准。

（2）重视证据。在索赔谈判时，只有提供翔实的证据才能证明索赔成立。不同情况下需要不同的证据，如对质量问题，需要技术鉴定证书；对数量问题，要有商检的记录；有的还需要提供电传、传真、照片、录像、信件等证据。总之，证据是索赔谈判中的重要法律手段。

（3）重视时效。不管谈判的标的物是什么，索赔的权利都是有期限的，过期则不负责任。如有的合同规定在"交货后×月内""交工后×月内""验收后×月内"可以索赔；有的则以地点为界，如规定"货物到达某地之前的问题可以索赔"等。

（4）注意处理好双方关系。在索赔谈判中，既要维护自己的合法权益，又要处理好双方之间的关系。如果签约人之间有着良好的往来，且过去信誉一直比较好，那么对偶尔发生的索赔通过谈判会容易处理。对于有些通过谈判无法解决的索赔，则需要诉诸法院，由仲裁法庭作出法律性决定，进行"强行索赔"。

7.2.6 持续索赔

当索赔事件持续进行时，承包人应当阶段性地向监理工程师发出索赔意向通知，在索赔事件终了后28天内，向监理工程师送交索赔的有关资料和最终索赔报告，监理工程师应在收到报告后28天内给予答复或要求承包人进一步补充索赔理由和证据。逾期未答复的，视为该项索赔成立。

7.3 争 议 管 理

合同争议又称合同纠纷，是指合同当事人对于自己与他人之间的权利行使、义务履行与利益分配有不同的观点、意见、请求的法律事实。

合同关系的实质，是通过设定当事人的权利义务在合同当事人之间进行资源配置。而在法律设定的权利义务框架中，权利与义务是互相对称的，一方的权利即是另一方的义务，反之亦然。一旦义务人怠于或拒绝履行自己应尽的义务，则其与权利人之间的法律纠纷势必在所难免。在某些情况下，合同相关法律关系当事人都无意违反法律的规定或者合同的约定，但由于他们对于引发相互间法律关系的法律事实有着不同的看法和理解，而酿成合同争议；另外，合同立法中法律漏洞的存在，也会导致当事人对于合同相关法律关系和合同相关法律事实的解释互不一致。总之，有合同活动，就会有合同争议。丝毫不产生合同争议的市场经济社会是不存在的。

7.3.1 工程合同纠纷主要类型

从广义上讲，建设工程合同包括建设工程勘察合同、建设工程设计合同、建设工程施工合同、建设工程监理合同等，狭义的建设工程合同仅指建设工程施工合同。《民法典》第七百八十八条中规定建设工程合同包括工程勘察、设计、施工合同。

1. 建设工程勘察合同纠纷

建设工程勘察合同是指承包人接受发包人的委托，完成建设工程的工程勘察工作，发包人支付相应价款的合同。所谓工程勘察，是指为工程建设的规划、设计、施工、运营及综合治理等，对地形、地质及水文等要素进行测绘、勘探、测试及综合评定，并提供可行性评价与建设所需的勘察成果资料，以及进行岩土工程勘察、设计、处理、监测的活动。在实践中，建设工程勘察合同纠纷案件较为少见，一般由发包人以勘察成果不符合发包人的要求为由拒付勘察费而引起。

2. 建设工程设计合同纠纷

建设工程设计合同是指承包人接受发包人的委托，完成建设工程的工程设计工作，发包人支付相应价款的合同。所谓工程设计，是指运用工程技术理论及技术经济方法，按照现行技术标准，对新建、扩建、改建项目的工艺、土建工程、公用工程、环境工程等进行综合性设计，包括必需的非标准设备设计及经济技术分析，并提供作为建设依据的文件和图纸的活动。根据设计阶段，工程设计一般分为两种：一是初步设计，即在建设项目立项阶段，设计人为项目决策提供可行性资料的设计；二是施工图设计，即在建设项目被批准立项后，设计人就具体施工方案所进行的设计。工程设计工作是一项专业性很强的工作，我国法律对于设计单位、设计人员规定了严格的条件。因而在实践中，建设工程设计合同纠纷案件也较为少见，一般由发包人以设计成果不符合发包人的要求为由拒付设计费而引起。

3. 建设工程施工合同纠纷

建设工程施工合同是指承包人接受发包人的委托，完成建设工程施工任务，发包人支付相应价款的合同。由于建设工程质量涉及社会公共安全，因此国家格外注重对建筑施工企业的监督管理，以保证建设工程质量，防止工程质量问题。

在实践中，建设工程施工合同纠纷案件最为常见，诉因一般为发包人拖欠工程款、承包人建设工程质量有缺陷、承包人逾期竣工等。此类案件审理中的法律要点繁多，如合同效力的认定、诉讼参加人的确定、举证责任分配、工程款的确定、工期认定、工程质量缺陷责任的划分、违约责任的认定等。

4. 建设工程监理合同纠纷

建设工程监理合同是指具有建筑工程监理资质的监理单位受工程项目建设方的委托，对建设工程进行工程监理服务，建设方向监理单位支付报酬的协议。所谓工程监理，是指监理单位在工程项目建设方的委托下，依据国家批准的工程建设文件、工程建设相关法律法规和建设工程合同，对建设工程施工质量、建设工期、建设资金使用等进行的监督和管理，以保证能够科学、合理地实现建设工程合同目的。工程监理也是一项专业技术要求非常高的工作，因此国家对监理单位和监理人员实施严格的资格管理制度。建设工程监理合同纠纷案件发生较少，一般由双方对监理费用有异议而引起。

7.3.2 工程合同纠纷主要处理方式

工程合同纠纷处理的方式有主要有四种：双方和解、申请第三方调解、申请仲裁和直接提起诉讼。

1. 和解

和解是指当事人双方因合同发生纠纷时，双方依靠自身力量，通过协商，在尊重双方利益的基础上相互妥协和让步，就争议的事项达成一致，从而解决纠纷。和解是当事人在自愿原则下自由选择的解决合同纠纷的方式，而不是合同纠纷解决的必经程序，当事人也可以不经协商和解而直接选择其他解决纠纷的途径。该方法快捷简便，当事人能做到心平气和，不致影响双方关系。

在和解过程中要注意以下两点。

第一，分清责任是非。协商解决纠纷的基础是分清责任是非。当事人双方不能一味地推卸责任，如果双方都以为自己有理，责任在对方，则难以做到互相谅解和达成协议，不利于纠纷的解决。

第二，态度端正，坚持原则。在协商过程中，双方当事人既要互相谅解、以诚相待、勇于承担各自的责任，又不能一味地迁就对方，进行无原则的和解。尤其是对在纠纷中发现的投机倒把、行贿受贿以及其他损害国家利益和社会公共利益的违法行为，要进行揭发。

和解应以书面方式记载协商内容。下面是两份工程施工合同纠纷和解协议书范本，可供参考。

范本 1

工程施工合同纠纷和解协议书

甲方：_____公司

乙方：_____公司

原甲乙双方的工程施工合同纠纷一案，经友好协商，达成如下协议书：

1. 甲方同意在本协议书经双方签订之日一次性支付给乙方工程款人民币_____万元（除本协议书第 4 条约定外的建筑物的保修、维修及后期整理均由甲方承担），该款从法院业已冻结的款项中支付，且甲方同意从冻结款项中另行划款_____万元至法院并按照本协议书的约定支付；同时乙方同意申请法院解除对_____万元外款项的冻结。

2. 乙方同意在本协议书签订之日起的 2 日内将_____全部安装完毕。

3. 在乙方完成上条之同日，甲方同意将乙方支付的_____万元保证金及其银行利息由甲方签字后向_____市_____银行递交解封凭证。

4. 乙方同意按照建筑法律法规的规定对本案工程的主体结构工程、基础工程承担设计合理使用寿命期限内的保修责任，并出具必需的质量保修书。

5. 对于_____建设局质监站提出的应由施工单位提供的验收所需完整合格资料和手续，乙方同意在协议书签订之日起的 30 日内提供，并同意负全部提供责任，否则乙方每迟延一天扣付工程款_____万元给甲方。本条义务完成后，乙方向法院提出并征求甲方及_____建筑局监督站书面意见同意后由法院将_____万元予以转付。

6. 甲方双方均放弃追究对方的本协议约定以外的其他违约责任和经济损失。

7. 在上述条款履行完毕后，双方就施工合同已无其他经济纠葛，双方经济纠纷已经解决。

8. 本案诉讼费用由乙方承担。

甲方：＿＿＿＿＿＿＿＿公司　　　　　乙方：＿＿＿＿＿＿＿＿公司
　＿＿年＿＿月＿＿日　　　　　　　　　　＿＿年＿＿月＿＿日

范本 2

工程施工合同纠纷和解协议书

甲方：＿＿＿＿＿＿＿＿

乙方：＿＿＿＿＿＿＿＿

根据实际情况，在平等协商、自愿互谅的基础上，本于诚信，甲乙双方达成如下协议：

1. 甲乙双方同意终止＿＿年＿＿月＿＿日签订的《工程施工合同》及其他有关协议。自协议终止之日起，甲乙双方彼此之间的权利、义务关系自行消灭。甲乙双方相互不再以任何形式追究对方的违约责任。

2. 甲乙双方同意对于合同订立、执行过程中各自的任何形式的损失自行负责。

3. 鉴于没能履行合同职责是由客观经济形势变迁导致的，甲方同意于本协议签订之日一次性归还乙方已缴纳甲方的施工管理费＿＿＿＿万元；待该工程施工顺利完成计量支付后（＿＿年＿＿月＿＿日前），甲方归还乙方已缴纳甲方的按期保证金＿＿＿＿万元。

4. 甲乙双方都保留通过诉讼解决本合同争议的权利，在本协议生效后，如果任何一方不履行本协议约定的义务，另一方有权通过诉讼解决争议。在诉讼过程中，本协议将不利于违约方的解释。

5. 未尽事宜双方协商化解。

甲方：＿＿＿＿＿＿＿＿

乙方：＿＿＿＿＿＿＿＿

日期：＿＿＿＿＿＿＿＿

2. 调解

调解是指在独立于合同双方外的第三人的主持下，通过说服教育等方法来解决当事人之间的合同纠纷。

调解有两种方式。一是人民调解委员会调解。当事人发生合同纠纷，可以向纠纷当事人所在地或者纠纷发生地的人民调解委员会申请调解。二是行政调解，特指工商行政管理机关居中对合同当事人的纠纷进行调解。申请行政调解的纠纷必须具备以下条件：申请人必须是与本案有直接利害关系的当事人，有明确的被申请人、具体的调解请求和事实根据；符合工商行政管理机关受理案件范围的规定。

调解应由合同当事人向有关机构提出申请，但已经向人民法院起诉的或者已经向仲裁机构申请仲裁的，以及一方要求调解另一方不同意调解的，调解申请不予受理。

双方当事人接受调解达成协议的，应当制作调解协议书，当事人应当按照调解协议书履行各自的义务。调解协议书的内容必须符合法律法规和公序良俗，调解过程也必须在双方自愿的条件下完成。在调解协议书上签字或盖章后，该协议书即生效，对双方当事人具有法律约束力。如果一方不履行调解协议书，另一方可以向法院起诉，请求法院判决并强制对方履行。此外，调解协议书还具有一定的证据效力，可以作为法院处理相关案件的依据。下面是一份工程调解协议书范本，可供参考。

工程调解协议书

立协议人：

_____建筑工程公司

_____百货公司

_____建筑工程公司诉_____百货公司建筑安装工程合同纠纷一案，在_____区人民法院主持下，双方当事人调解结案，调解书已于____年____月____日送达。

调解书规定乙方欠甲方的建筑工程款于____年____月____日前一次付清。

逾期不付按银行贷款的有关规定承担利息；双方互不追究其他责任。

现因乙方目前经济方面有困难，提出分期付款。

经甲、乙方反复协商，达成协议如下：

甲方同意变更_____区人民法院_____法经字第____号民事调解书关于"乙方欠甲方的建筑工程款于____年____月____日前一次付清"的决定。

乙方于____年____月____日前，付款_____元。

甲、乙方均应信守协议。

乙方如不履行协议，每期拖欠的款额，每拖欠一日按30%计算滞纳金。

本协议书一式三份。

甲、乙方各执一份，交人民法院一份。

甲方：_____建筑工程公司　　　　乙方：_____百货公司

法定代表人：_____　　　　　　　法定代表人：_____

3. 仲裁

仲裁是指发生合同纠纷的双方当事人，根据纠纷发生前或发生后达成的仲裁协议，将纠纷提交仲裁机关进行裁决并解决纠纷的方式。仲裁具有"准司法"性质，仲裁机关作出的仲裁裁决具有法律效力，当事人应当履行。

仲裁不实行级别管辖和地域管辖。当事人可以到当事人协议选定的仲裁委员会申请仲裁。当事人申请仲裁，应当向仲裁委员会递交仲裁协议、仲裁申请书及副本。

当事人申请仲裁应当符合下列条件。

（1）有仲裁协议。

（2）有具体的仲裁请求和事实、理由。

（3）属于仲裁委员会的受理范围。

4. 诉讼

合同纠纷发生后，当事人如果没有仲裁协议，任何一方均可以向人民法院提起民事诉讼，请求人民法院对合同纠纷依法予以处理。诉讼是解决合同纠纷的最常见方式。

起诉应当向人民法院递交起诉状，并按照被告人数提出副本。书写起诉状确有困难的，可以口头起诉，由人民法院记入笔录，并告知对方当事人。

合同纠纷经人民法院审理并作出判决后，当事人对人民法院作出的发生法律效力的判决书必须履行，拒不履行的，另一方当事人可以申请人民法院强制执行。

1）诉讼流程

工程合同纠纷诉讼主要是通过当事人申请，由人民法院审核、受理、开庭和宣判进行的。当事人的诉讼流程如下。

（1）根据法律规定或管辖协议确定管辖法院。

（2）撰写民事起诉状。

（3）到具有管辖权的人民法院起诉，并提交相关的证据材料。

（4）人民法院受理立案后，按照人民法院的通知准时出席参与诉讼活动。

（5）若不服一审判决或裁定，应在接到判决书后 15 天内或接到裁定书后 10 天内向原审人民法院或上一级人民法院提出上诉，并递交上诉状。

2）诉讼管辖

诉讼实行级别管辖，由基层人民法院管辖第一审民事案件，但《中华人民共和国民事诉讼法》另有规定的除外。

当事人想约定管辖时，在不违反法院级别管辖和指定管辖的情况下，可以在书面合同中协议选择被告住所地、合同履行地、合同签订地、原告住所地、标的物所在地人民法院管辖。当事人已经约定管辖的，以约定的为准；当事人没有约定管辖的，通常由被告住所地或者合同履行地人民法院管辖。下面介绍几种常见合同的具体履行地。

（1）买卖合同。买卖合同中明确约定了履行地点的，以约定的履行地点为合同履行地；仅约定了交货地点的，以交货地点为合同履行地；实际履行地点与合同中约定的交货地点不一致的，以实际履行地点为合同履行地。对履行地点、交货地点均未做约定或约定不明确的，或者虽有约定但未实际交付货物且当事人双方住所地均不在合同约定的履行地的，以及口头购销合同纠纷案件，均不依履行地确定案件管辖。

（2）承揽合同。承揽合同履行地为承揽方所在地。

（3）租赁合同和融资租赁合同。租赁合同、融资租赁合同以租赁物使用地为合同履行地。

（4）补偿贸易合同。补偿贸易合同以接受投资一方主要义务履行地为合同履行地。

（5）证券回购合同。凡在交易场所内进行的证券回购业务，以交易场所所在地为合同履行地；在上述交易场所之外进行的证券回购业务，以最初付款一方（返售方）所在地为合同履行地。

（6）其他由法律规定的管辖法院。

① 因保险合同纠纷提起的诉讼，由被告住所地或者保险标的物所在地人民法院管辖。如果保险标的物是运输工具或者运输中的货物，由被告住所地或者运输工具登记注册地、运输目的地、保险事故发生地的人民法院管辖。

② 因票据纠纷提起的诉讼，由票据支付地或者被告住所地人民法院管辖。票据支付地是指票据上载明的付款地。票据未载明付款地的，票据付款人（包括代理付款人）的住所地或者主营业场所所在地为付款地。

③ 因铁路、公路、水上、航空运输和联合运输合同纠纷提起的诉讼，由运输始发地、目的地或者被告住所地人民法院管辖。

④ 因不动产纠纷提起的诉讼，由不动产所在地人民法院管辖。

3）诉讼举证

工程合同纠纷中一般采取"谁主张谁举证"。主张合同关系成立并生效的一方当事人对合同订立和生效的事实承担举证责任；主张合同关系变更、解除、终止、撤销的一方当事人对引起合同关系变动的事实承担举证责任；对合同是否履行发生争议的，由负有履行义务的当事人承担举证责任；对代理权发生争议的，由主张有代理权一方当事人承担举证责任。

举证时一般需要提交以下证据。

（1）建设工程承包书面合同，包括有关修改承包合同的设计变更文件、洽谈记录、会议纪要以及资料、图表等。

（2）开工日期、延期开工原因的证明材料。

（3）工程价款支付方式、延期付款及其原因的证明材料。

（4）材料供应方式、未按约定标准或期限供应材料或双方协商变更材料的证明材料。

（5）工程质量鉴定结论。

（6）竣工报告、延期竣工原因的证明材料。

（7）竣工验收日期、未按期竣工验收原因的证明材料。

（8）工程结算方式，双方签字的决算报告或建设银行审定的决算。

（9）保修期内发包人通知承包人进行维修的范围、时间和承包人拒绝维修后发包人委托他人维修费用的证明材料。

（10）违约方的主要违约事实及其应承担违约责任的证明材料。

习　题

一、填空题

1. 合同索赔通常是指在_____过程中，合同当事人一方因对方_____或_____合同或者由于其他非自身因素而受到_____或_____，通过合同规定的程序向对方提出经济或时间补偿要求的行为。

2. 索赔分类角度不同，得到的类别也不一样，主要可以从_____、_____、_____、_____和_____五个角度进行分类。

3. 索赔报告总论部分一般包括以下内容：_____、_____、_____、索赔报告编写及审核人员名单。

4. 常见的工期索赔方法有_____、_____和其他方法。

5. 索赔费用有三种确定方式，一是直接计算索赔工程的_____，二是_____总费用法，三是根据实际造成的_____来计算。

二、问答题

1. 索赔报告的主要内容有哪些？

2. 索赔主要包括哪些程序？

3. 索赔费用的组成主要包括哪些部分？

4. 工程中因承包人原因引起的延误主要有哪些？

5. 工程合同争议处理的方式主要有哪些？

6. 请简述承担违约责任的基本形式。

在线答题

拓展习题

第 8 章

建设工程合同管理

知识结构图

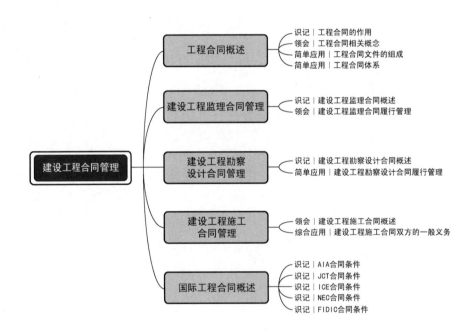

8.1 工程合同概述

8.1.1 工程合同的作用

建设工程合同管理（一）

建设工程合同管理（二）

1. 工程合同是安排项目施工的指导性文件

工程项目施工是个漫长复杂的过程，涉及诸多部门，各个环节都要精准把控，才能保证施工稳步开展。工程合同对施工过程有总体概括和细则说明，指导着整个施工方向和进度。无论是建设方还是施工方，一旦违背合同，就必须承担相应的责任。若没有合同规定，建设方提出过高的要求，或者施工方随意施工，必然会陷入管理混乱的局面，引起更大纠纷。所以，工程合同既对双方加以约束，又保护其合法权益，同时还是工程的指导文件，在工程建设中必不可少。

不同的工程单位具有不同的合同管理体系，在完成合同的签署后，管理人员应该对各个项目与工作组的负责人进行合同交底。在合同交底环节中，一方面需要做好合同主要内容的解释工作，通过对合同的制度进行介绍来帮助相关项目负责人了解工作内容；另一方面需要对合同中约定的设备、合同规定数量以及相应的材料价格进行确定，对工程进度与其他环节的内容也要进行交代。另外，还需要根据合同约定的内容来对工程施工的组织与竣工结算环节进行协调，确保工作能够顺利开展。

2. 工程合同是建设工程项目管理的核心

工程合同是建设工程项目管理的核心，任何建设工程项目的实施都是在签订一系列承发包合同的基础上的，如果忽视了工程合同管理，那么对于工程项目的质量、进度以及费用都难以进行有效的控制，更别说对人力资源以及工作风险等方面进行综合管理。只有做好工程合同这一核心管理工作，才能统筹调控建设工程项目的整个运行状态，从而更好地实现项目建设的目标。

3. 工程合同是合同双方当事人的最高行为准则

工程合同是双方意志的体现，合同一旦签订就具有一定的法律约束力，双方都要严格遵行。因为工程合同中的各项内容和要求都是按照双方当事人的意愿进行签订的，这就在一定程度上说明了双方当事人对合同中的内容表示认同，而将工程合同作为建设工程项目顺利实行的最高行为准则。

工程合同是明确规定合同双方当事人权利义务的法律基础。建设工程项目主要涉及发包人和承包人，前者负责项目的发放招标和投资，后者负责项目的具体承建工作。双方在经济利益上存在着密切联系，为体现公正、公平的原则，实现双赢互利，需签有工程合同，明确规定双方职责、应尽的义务和可以享受的权利，由双方共同承担其中的责任风险。发包人应该按照规范的合同形式，执行标准的流程，将各项要求都写清楚；承包人则要依照施工图纸和方案施工，按时完成任务，并保证最终产品达到发包人的要求。没有规矩不成方圆，若没有合同约束，没有法律保障，任何一方都可能会因为各种原因违背最初的承诺，导致工程无法继续，给双方造成损失。因此，合同双方应将工程合同作为其最高行为准则，全面履行合同。

4. 工程合同是项目实施中各种纠纷处理和索赔的法律依据

工程合同是处理各种纠纷矛盾的重要法律依据。建筑事业快速发展，技术工艺不断更新，材料设备日新月异，管理水平也有所提升，其中的矛盾争执和利益纠纷一直都在，甚至有愈演愈烈的趋势。现在的工程项目规模较大、施工难度增加，投资多、周期长，来自内部和外界的风险更多，这些都可能引发各种纠纷。比如，发包人的资金供应不足导致承包人无法顺利开工，以至于工程长期停滞，此时承包人想要终止合同并要回履约保证金，但发包人不肯退，这就形成了矛盾纠纷。此时需认真审视合同，看合同中是否有规定出现某种情形可以终止合同，或者单方终止合同的责任划分和赔偿划分。再比如，承包人在施工过程中增加新项目、频繁变更方案等，也容易引发纠纷。发包人的违约、工程项目本身的变更、材料的价格变化、工程量的变化以及施工的外部环境和施工条件变化等均可造成工程纠纷，工程合同是处理各种纠纷的重要依据，各种纠纷处理必须依据工程合同中规定的内容。

工程合同也是索赔的依据，主要体现在三个方面。首先，对一些未能按时拨付的工程款项、图纸的审批拖延以及承包人提出变更的情况，需要在合同约定的范围内进行索赔和答复。其次，由于项目本身出现的变更情况，比如材料的价格与现场签证变化等，都需要以合同作为变更依据来进行索赔。最后，由于施工条件与环境变化所带来的影响，都需要在合同的约定条件下完成索赔。作为索赔的主要依据，工程合同在索赔额度控制方面具有重要的作用。

5. 工程合同是工程成本控制和竣工结算的依据

竣工结算是工程项目建设完成并验收后的结算环节，这个时候工程的预算成本与决算情况会有一个对比。实际上，工程项目的预算成本在合同签订后就会初步形成，从而根据预算成本和市场法则来确定责任成本，包括人工、材料和设备等多种费用。对责任成本进行核定后再结合与实际预算出入来对人工、材料等方面的内容进行调整，以此来节约工程开支，进行成本控制，为工程结算工作奠定良好的基础，确保竣工结算的准确性。

8.1.2 工程合同相关概念

1. 合同当事人

合同当事人指的是合同所规定权利和义务的享有者和承担者，即订立合同的当事人，当事人也可以委托他人以其本人名义代为订立合同。合同当事人应当是具有民事权利能力和民事行为能力、取得法人资格的企事业单位、其他社会组织，自然人在法律允许范围内也可以成为合同当事人。所谓民事权利能力，简单来说就是能够签订合同的能力。自然人分为无民事行为能力人、限制民事行为能力人和完全民事行为能力人，无民事行为能力人和限制民事行为能力人订立合同的行为受法律保护。

合同当事人的权利和义务如下。

（1）当事人的法律地位平等，一方不得将自己的意志强加给另一方。

（2）当事人依法享有自愿订立合同的权利，任何单位和个人不得非法干预。

（3）当事人应当遵循公平原则确定各方的权利和义务。

（4）当事人行使权利、履行义务应当遵循诚实信用原则。

（5）当事人订立、履行合同，应当遵守法律、行政法规，尊重社会公德，不得扰乱社会经济秩序，损害社会公共利益。

（6）依法成立的合同受法律保护，对当事人具有法律约束力。当事人应当按照约定履行自己的义务，不得擅自变更或者解除合同。

合同的内容由当事人约定。当事人可以参照各类合同的示范文本订立合同，一般包括以下条款：当事人的名称（姓名）和住所，标的，标的的数量和质量，价款或酬金，履行期限、地点和方式，违约责任，解决争议的方法。

2. 合同的标的

1）标的的概念

合同标的是合同相关法律关系的客体，是合同当事人权利和义务共同指向的对象。标的是合同成立的必要条件，没有标的，合同不能成立。标的条款必须清楚地写明标的名称，以使标的特定化，从而能够界定权利和义务。

2）标的物限制

买卖合同的目的是转移标的物的所有权，这里的标的物是出卖人应支付并移转所有权给买受人的标的。买卖合同的标的物应受到以下限制。

（1）标的物应为出卖人所有或者有权处分的物。一般情况下，出卖人于出卖时即为标的物的所有人，但在买卖合同成立时出卖人也可能尚未取得标的物的所有权。例如连环买卖，即一方是前一合同的买受人，又是后一合同的出卖人，该方在订立后一买卖合同时可能还未成为标的物的所有人。这时出卖人对该标的物不享有所有权，但有权处分。

有权处分是指标的物的出卖人依所有权人的授权或者法律规定可以出卖该标的物，否则就难以实现买卖合同的目的。出卖人应对其出卖的标的物有处分权，这是现代各国买卖合同的一般原则，起源于罗马法"任何人都无权处分不属于自己的东西"的格言。

出卖人对标的物无处分权，也不影响买卖合同的效力。《国际商事合同通则》规定，合同订立时一方当事人无权处置与该合同相关联之财产的事实本身不影响合同的效力。无处分权的出卖人出卖标的物，经权利人追认或者无处分权的人订立合同后取得处分权的，该买卖合同有效；即使未经权利人追认或者在订立合同后也未取得处分权，买卖合同也是有效的。这是因为，若确认买卖合同有效，则出卖人不能将标的物转移给买受人时，应负违约责任，买受人可请求出卖人赔偿损失（包括可得利益损失）；若确认出卖人出卖无权处分之物的买卖合同无效，则出卖人仅负缔约过失责任，买受人则只能请求出卖人赔偿信赖利益。可见，确认出卖人出卖无权处分之物的买卖合同有效，有利于保护善意买受人的利益。

（2）标的物须为非禁止流通物。买卖合同的标的物应当属于法律规定的其所有权可以转让的物，即流通物或者限制流通物。

流通物可以是动产，也可以是不动产；可以是现存物，也可以是将来物，如尚未建成的房屋、尚未出生的动物、生长中的农作物等。以限制流通物为标的物的买卖合同须经特别许可，只能在限定的范围内或限定的主体间进行流通，否则，可能因内容不合法而被认定为无效，如枪支的买卖。禁止流通物不得成为买卖标的物，以禁止流通物为标的物的买卖合同无效。按照我国现行法律的规定，禁止流通物主要包括以下几类。

① 专属于国家或集体所有的财产。专属于国家所有的矿藏、水流以及专属于国家或集体所有的森林、山岭、荒地、滩涂、土地所有权等，不得为买卖合同的标的物。

② 受国家保护的珍贵动、植物。按照《中华人民共和国野生动物保护法》及相关行政法规，禁止出售、收购国家重点保护野生动物及其制品，如因科学研究、人工繁育等特殊情况需要出售、收购的，须经法律规定的主管部门批准。禁止出售、收购国家一级保护野生植物。出售、收购国家二级保护野生植物的，须经省级主管部门或其授权机构批准。

③ 伪劣产品。凡属伪劣产品，均不得作为买卖合同的标的物。

④ 未使用注册商标的人用药品、烟草制品。国家规定必须使用注册商标的商品（主要包括人用药品和烟草制品），必须申请商标注册，未经批准注册的，不得在市场上销售。

⑤ 迷信物品、淫秽物品、走私物品、毒品、武器、弹药等其他法律禁止流通的物品。

（3）标的物须为有体物。买卖合同为转移标的物所有权的合同，故买卖合同的标的物仅限于有体物。

无形财产的有偿转让不属于规定的买卖合同。例如，知识产权的转让就不属于买卖合同，而属于技术合同的范畴。

3）标的物提存

有下列情形之一，难以履行债务的，债务人可以将标的物提存。标的物不适于提存或者提存费用过高的，债务人依法可以拍卖或者变卖标的物，提存所得的价款。

（1）债权人无正当理由拒绝受领。

（2）债权人下落不明。

（3）债权人死亡未确定继承人或者丧失民事行为能力未确定监护人。

（4）法律规定的其他情形。

提存应按下列程序进行。

（1）债务人向清偿的提存机关提交提存申请。该申请应载明：提存的原因，标的物及其种类、数量，标的物受领人的姓名、地址或者不知谁为受领人的理由等基本内容。此外，债务人应提交有关债务证据，以证明提存申请载明的提存物确系其所负债务的标的物，还应提交有关债权人迟延或者无法向债权人清偿的相关证据。

（2）提存机关审查。对于债务人提交的提存申请及有关证据，提存机关应进行审查，以决定是否应予提存。

（3）债务人提交提存物。债务人的提存申请经审查符合提存条件的，债务人应向提存机关或指定的保管人提交提存的标的物，提存机关或保管人应予接受并进行妥善保管。提存期间，标的物毁损、灭失的风险由债权人承担，标的物的孳息归债权人所有。

（4）提存机关授予债务人提存证书。提存机关在收取提存申请及提存物后，应向债务人授予提存证书。提存证书与清偿受领证书具有同等的法律效力。

（5）通知债权人受领提存物。在提存时，债务人应附具提存通知书。在提存后，应将提存通知书送达债权人。除债权人下落不明的以外，提存的通知义务由债务人承担，债务人应当及时通知债权人或者债权人的继承人、遗产管理人、监护人、财产代管人。在债权人下落不明的情况下，应由提存机关履行通知义务，提存机关可按《中华人民共和国民事诉讼法》有关送达的规定，采取适当的方式将提存通知书送达债权人。

（6）债权人可以随时领取提存物。但债权人对债务人负有到期债务的，在债权人未履行债务或者提供担保之前，提存机关根据债务人的要求应当拒绝其领取提存物。提存费用由债权人负担。

4）标的物转移

标的物转移，是指买卖合同的标的物所有权自出卖人转移归买受人所有。因为买卖合同是指转移标的物所有权的合同，买受人的目的是支付价款以取得标的物的所有权，出卖人的目的是让予标的物的所有权以取得价款。所以，标的物所有权转移是买卖合同的基本问题，关系着当事人切身利益的实现。一旦标的物的所有权转移于买受人后买受人拒付价款或者遭遇破产，出卖人就将受到重大的损失。除非出卖人保留了标的物的所有权，或者在标的物上设定了某种担保权益，否则一旦买受人在付款前破产，出卖人就只能以普通债权人的身份参与破产财产的分配，其所得可能会大大少于应收的价款。因此，讨论买卖合同标的物所有权转移，主要就是弄清标的物所有权转移的时间。

3. 合同标的的数量和质量

合同标的的数量和质量是合同标的的具体化，是确定当事人双方权利和义务的大小，确定价款或酬金的依据。数量是合同标的的量的尺度，在订立经济合同时，除了要有准确的数量指标，还要有正确的计量单位和计量方法。质量是产品或工作优劣的尺度，是合同标的内在素质或外观形态的综合。合同标的质量的要求要详细、明确、具体，并规定验收办法，避免不必要的争议。

4. 合同价款或酬金

以货物或工程项目为标的称为价款，以劳务为标的称为酬金，二者通称价金。价金以货币为单位来表现，一般用人民币来计算和支付。价金应按国家的统一价格定价，若无统一价格，双方可以自由议价，但必须符合国家价格政策。

5. 履行期限、地点和方式

这是检查合同是否全面履行的重要依据，必须在合同中作出明确规定。

（1）履行期限。合同期限分为有效期限和履行期限。前者指工程合同存在的持续时间，后者指合同当事人双方实现权利和履行义务的具体时间。履行合同必须在规定期限进行，否则就是违约。

（2）履行地点。履行地点是合同当事人履行义务和受领给付的地点，应在合同中明确约定。

（3）履行方式。工程合同中的结算方式是为交付价款服务的，不能省略。付款时，以双方决定的结算方式，按银行规定办理。开户银行要写全称。有的工程合同需要以转移一定财产的方式来履行，有的需要以提供某种劳务来履行，有的需要以交付所完成的一定工作成果来履行。

6. 违约责任

工程合同当事人没有或没有完全履行合同规定的义务就是违约。对违约者必须依法追究责任，一般可依据有关法律规定来确定，或者由当事人双方依法商定。

7. 解决争议的方法

工程合同中应规定合同争议的解决方式。

（1）协商解决。合同当事人如果在履行合同过程中出现了纠纷，首先应按平等互利、协商一致的原则加以解决。

（2）调解解决。合同当事人自愿在第三者的主持下，在查明事实、分清是非的基础上，由第三者对纠纷双方当事人进行说明劝导，促使其互谅互让，达成和解协议，解决纠纷。

（3）仲裁解决。当合同当事人发生争执，协商不成时，可以通过仲裁的方式解决。

（4）诉讼解决。当合同在履行过程中发生纠纷，且未规定仲裁解决时，当事人双方可以直接向法院提起诉讼。

8.1.3 工程合同文件的组成

合同文件应能相互解释，互为说明。除专用条款另有约定外，组成工程合同的文件及优先解释顺序如下。

（1）合同协议书。

（2）中标通知书。

（3）投标书及其附件。

（4）专用条款。

（5）通用条款。

（6）标准、规范及有关技术文件。

（7）图纸。

（8）工程量清单。

（9）工程报价单或预算书。

合同履行中，发包人和承包人有关工程的洽商、变更等书面协议或文件视为本合同的组成部分。

8.1.4 工程合同体系

在一个工程中，相关的合同可能有几十份、几百份甚至几千份，所有合同都是为了完成发包人的项目目标，且都必须围绕这个目标签订和实施。这些不同层次、不同种类的合同之间有十分复杂的内部联系，它们共同形成了一个复杂的合同网络，这个网络就是工程合同体系（图 8.1）。

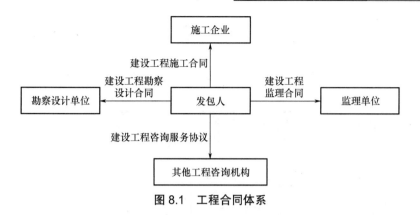

图 8.1　工程合同体系

工程合同体系是合同管理和建设工程项目管理中的一项重要内容，对整个项目管理的运作有很大的影响，主要包括以下几点。

（1）影响项目任务的发包方式。

（2）影响项目所采用的管理模式。

（3）在很大程度上决定了项目的组织机构形式。

1. 发包人的主要合同关系（主合同）（图 8.2）

（1）施工合同。

（2）勘察设计合同。

（3）供应合同。

（4）咨询合同。

（5）监理合同。

（6）贷款合同。

（7）其他合同（项目管理合同等）。

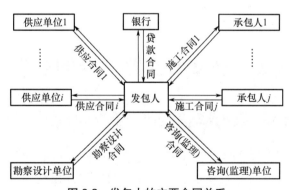

图 8.2　发包人的主要合同关系

2. 承包人的主要合同关系（分合同）（图 8.3）

（1）施工合同。

（2）分包合同。

（3）采购合同。

（4）劳务合同。

（5）加工合同。

（6）租赁合同。

（7）运输合同。

（8）保险合同。

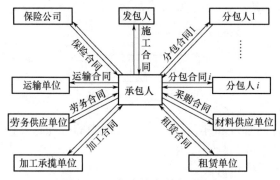

图 8.3　承包人的主要合同关系

3. 工程中的其他合同关系

（1）合资或项目融资合同。

（2）特许权协议，如 BOT 合同。

（3）伙伴关系合同。

（4）其他分包合同。

（5）承包人的设计合同。

（6）借、贷款合同。

（7）联营体合同。

（8）分包人的供应、租赁等合同。

（9）担保合同。

8.2　建设工程监理合同管理

8.2.1　建设工程监理合同概述

建设工程监理合同的全称叫建设工程委托监理合同，也简称监理合同，是指工程建设单位聘请监理单位代其对工程项目进行管理，明确双方权利、义务的协议。建设单位称为委托人，监理单位称为受托人或监理人。

1. 合同的主体

建设工程监理合同的委托人必须是有国家批准的建设项目、落实投资计划的企事业单位、其他社会组织及个人。监理人必须是依法成立的具有法人资格的监理单位，并且所承担的工程监理业务应与单位资质相符合。

2. 合同的性质和形式

工程建设实施阶段所签订的其他合同，如勘察设计合同、施工承包合同、物资采购合同、加工承揽合同的标的是新产生的物质或信息成果，而监理合同的标的是服务，即监理工程师凭据自己的知识、经验、技能受发包人委托为其所签订的其他合同的履行实施监督和管理。因此监理合同属于委托合同的范畴。

建设工程实行监理的，发包人应当与监理人采用书面形式订立监理合同。发包人与监理人的权利和义务以及法律责任，应当依照《民法典》中委托合同以及其他有关法律、行政法规的规定。

3. 合同的内容

我国建设工程监理合同应按《建设工程监理合同（示范文本）》（GF—2012—0202）订立，其内容由《协议书》《通用条件》和《专用条件》组成。

1）协议书

协议书是合同总的协议，是纲领性文件。其主要内容包括当事人双方确认的委托监理工程的概况（工程名称、地点、规模及总投资），合同签订、生效、完成时间，双方愿意履行约定的各项义务的承诺，以及合同文件的组成说明。建设工程监理合同文件的组成如下。

（1）协议书。

（2）中标通知书或委托书。

（3）投标文件或监理与相关服务建议书。

（4）通用条件。

（5）专用条件。

（6）附录。

协议书是一份标准的格式文件，经当事人双方在有限的空格内填写具体规定的内容并签字盖章后，即发生法律效力。

2）通用条件

通用条件的内容涵盖了合同中所用词语的定义，合同适用范围和法规，签约双方的责任、权利和义务，合同生效、变更与终止，监理报酬，争议解决，以及其他一些情况。它是监理合同的通用文本，适用于各类工程建设监理委托，是所有签约工程都应遵守的基本条件。

3）专用条件

由于通用条件适用于所有的工程建设监理委托，因此其中的某些条款规定得比较笼统，需要在签订具体工程项目的监理合同时，就地域特点、专业特点和委托监理项目的特点，对这些条款进行补充、修正。如对委托监理的工作内容，当事人双方认为通用条件中的条款还不够全面，则允许在专用条件中增加双方议定的条款内容。

所谓补充，是指通用条件中的某些条款明确规定，在该条款确定的原则下，在专用条件的条款中进一步明确具体内容，使两个条件中相同序号的条款共同组成一条内容完备的条款。如通用条件中规定："监理依据包括适用的法律、行政法规及部门规章，双方根据工程的行业和地域特点，在专用条件中具体约定监理依据。"这就要求在专用条件的相同序号条款内写入应遵循的部门规章和地方性法规的名称，作为双方都必须遵守的条件。

所谓修改，是指通用条件中规定的程序方面的内容，如果双方认为不合适，可以协议修改。如通用条件中规定："委托人对监理人提交的支付申请书有异议时，应当在收到监理人提交的支付申请书后7天内，以书面形式向监理人发出异议通知。"如果委托人认为这个时间太短，在与监理人协商达成一致意见后，可在专用条件中规定延长时效。

8.2.2 建设工程监理合同履行管理

1. 合同双方的义务

1）监理人的义务

（1）收到工程设计文件后编制监理规划，并在第一次工地会议7天前报委托人。根据有关规定和监理工作需要，编制监理实施细则。

（2）熟悉工程设计文件，并参加由委托人主持的图纸会审和设计交底会议。

（3）参加由委托人主持的第一次工地会议，主持监理例会并根据工程需要主持或参加专题会议。

（4）审查施工承包人提交的施工组织设计，重点审查其中的质量安全技术措施、专项施工方案与工程建设强制性标准的符合性。

（5）检查施工承包人工程质量、安全生产管理制度及组织机构和人员资格。

（6）检查施工承包人专职安全生产管理人员的配备情况。

（7）审查施工承包人提交的施工进度计划，核查承包人对施工进度计划的调整。

（8）检查施工承包人的试验室。

（9）审核施工分包人资质条件。

（10）查验施工承包人的施工测量放线成果。

（11）审查工程开工条件，对条件具备的签发开工令。

（12）审查施工承包人报送的工程材料、构配件、设备质量证明文件的有效性和符合性，并按规定对用于工程的材料采取平行检验或见证取样方式进行抽检。

（13）审核施工承包人提交的工程款支付申请，签发或出具工程款支付证书，并报委托人审核、批准。

（14）在巡视、旁站和检验过程中，发现工程质量、施工安全存在事故隐患的，要求施工承包人整改并报委托人。

（15）经委托人同意，签发工程暂停令和复工令。

（16）审查施工承包人提交的采用新材料、新工艺、新技术、新设备的论证材料及相关验收标准。

（17）验收隐蔽工程、分部分项工程。

（18）审查施工承包人提交的工程变更申请，协调处理施工进度调整、费用索赔、合同争议等事项。

（19）审查施工承包人提交的竣工验收申请，编写工程质量评估报告。

（20）参加工程竣工验收，签署竣工验收意见。

（21）审查施工承包人提交的竣工结算申请并报委托人。

（22）编制、整理工程监理归档文件并报委托人。

2）委托人的义务

（1）告知。委托人应在委托人与施工承包人签订的合同中明确监理人、总监理工程师和授予项目监理机构的权限。如有变更，应及时通知施工承包人。

（2）提供资料。委托人应按照合同约定，无偿向监理人提供工程有关的资料，在合同履行过程中，应及时向监理人提供最新的与工程有关的资料。

（3）提供工作条件。委托人应为监理人完成监理与相关服务提供必要的条件。

（4）派出委托人代表。委托人应授权一名熟悉工程情况的代表，负责与监理人联系。委托人应在双方签订合同后 7 天内，将委托人代表的姓名和职责书面告知监理人。当委托人更换委托人代表时，应提前 7 天通知监理人。

（5）提出委托人意见或要求。在合同约定的监理与相关服务工作范围内，委托人对施工承包人的任何意见或要求应通知监理人，由监理人向施工承包人发出相应指令。

（6）答复。委托人应在合同约定的时间内，对监理人以书面形式提交并要求作出决定的事宜，给予书面答复。逾期未答复的，视为委托人认可。

（7）支付。委托人应按合同约定，向监理人支付酬金。

2. 合同双方的违约责任

1）监理人的违约责任

（1）因监理人违反合同约定给委托人造成损失的，监理人应当赔偿委托人损失。赔偿金额的确定方法在专用条件中约定。监理人承担部分赔偿责任的，其承担赔偿金额由双方协商确定。

（2）监理人向委托人的索赔不成立时，监理人应赔偿委托人由此发生的费用。

2）委托人的违约责任

（1）委托人违反合同约定造成监理人损失的，委托人应予以赔偿。

（2）委托人向监理人的索赔不成立时，应赔偿监理人由此引起的费用。

（3）委托人未能按期支付酬金超过 28 天，应按专用条件约定支付逾期付款利息。

3）除外责任

（1）因非监理人的原因，且监理人无过错，发生工程质量事故、安全事故、工期延误等造成的损失，监理人不承担赔偿责任。

（2）因不可抗力导致合同全部或部分不能履行时，双方各自承担其因此而造成的损失、损害。

3. 合同生效、变更、暂停、解除与终止

1）生效

除法律另有规定或者专用条件另有约定外，委托人和监理人的法定代表人或其授权代理人在协议书上签字并盖单位章后合同生效。

2）变更

（1）任何一方提出变更请求时，双方经协商一致后可进行变更。

（2）除不可抗力外，因非监理人原因导致监理人履行合同期限延长、内容增加时，监理人应当将此情况与可能产生的影响及时通知委托人。增加的监理工作时间、工作内容应视为附加工作。附加工作酬金的确定方法在专用条件中约定。

（3）合同生效后，如果实际情况发生变化使得监理人不能完成全部或部分工作时，监理人应立即通知委托人。除不可抗力外，其善后工作以及恢复服务的准备工作应为附加工作，附加工作酬金的确定方法在专用条件中约定。监理人用于恢复服务的准备时间不应超过 28 天。

（4）合同签订后，遇有与工程相关的法律法规、标准颁布或修订的，双方应遵照执行。由此引起监理与相关服务的范围、时间、酬金变化的，双方应通过协商进行相应调整。

（5）因非监理人原因造成工程概算投资额或建筑安装工程费增加时，正常工作酬金应做相应调整。调整方法在专用条件中约定。

（6）因工程规模、监理范围的变化导致监理人的正常工作量减少时，正常工作酬金应做相应调整。调整方法在专用条件中约定。

3）暂停与解除

除双方协商一致可以解除合同外，当一方无正当理由未履行合同约定的义务时，另一方可以根据合同约定暂停履行合同直至解除。解除合同的协议必须采取书面形式，协议未达成之前，合同仍然有效。

（1）在合同有效期内，因双方无法预见和控制的原因导致合同全部或部分无法继续履行或继续履行已无意义，经双方协商一致，可以解除合同或监理人的部分义务。在解除之前，监理人应做出合理安排，使开支减至最小。因解除合同或解除监理人的部分义务导致监理人遭受的损失，除依法可以免除责任的情况外，应由委托人予以补偿，补偿金额由双方协商确定。

（2）在合同有效期内，因非监理人的原因导致工程施工全部或部分暂停，委托人可通知监理人要求暂停全部或部分工作。监理人应立即安排停止工作，并将开支减至最小。除不可抗力外，由此导致监理人遭受的损失应由委托人予以补偿。暂停部分监理与相关服务时间超过 182 天，监理人可发出解除合同约定的该部分义务的通知；暂停全部工作时间超过 182 天，监理人可发出解除合同的通知，合同自通知到达委托人时解除。委托人应将监理与相关服务的酬金支付至合同解除日，且应承担委托人的违约责任。

（3）当监理人无正当理由未履行合同约定的义务时，委托人应通知监理人限期改正。若委托人在监理人接到通知后的 7 天内未收到监理人书面形式的合理解释，则可在 7 天内发出解除合同的通知，自通知到达监理人时合同解除。委托人应将监理与相关服务的酬金支付至限期改正通知到达监理人之日，但监理人应承担相应违约责任。

（4）监理人在合同中约定的支付之日起 28 天后仍未收到委托人按合同约定应付的款项，可向委托人发出催付通知。委托人接到通知 14 天后仍未支付或未提出监理人可以接受的延期支付安排，监理人可向委托人发出暂停工作的通知并可自行暂停全部或部分工作。暂停工作后 14 天内监理人仍未获得委托人应付酬金或委托人的合理答复，监理人可向委托人发出解除合同的通知，自通知到达委托人时合同解除。委托人应承担相应违约责任。

（5）因不可抗力致使合同部分或全部不能履行时，一方应立即通知另一方，可暂停或解除合同。

（6）合同解除后，合同约定的有关结算、清理、争议解决方式的条件仍然有效。

4）终止

以下条件全部满足时，合同即告终止。

（1）监理人完成合同约定的全部工作。

（2）委托人与监理人结清并支付全部酬金。

4.合同的支付

1）支付货币

除在专用条件中另有约定外，酬金均以人民币支付。涉及外币支付的，所采用的货币种类、比例和汇率在专用条件中约定。

2）支付申请

监理人应在合同约定的每次应付款时间的 7 天前，向委托人提交支付申请书。支付申请书应当说明当期应付款总额，并列出当期应支付的款项及其金额。

3）支付酬金

支付的酬金包括正常工作酬金、附加工作酬金、合理化建议奖励金额及费用。

4）有争议部分的付款

委托人对监理人提交的支付申请书有异议的，应当在收到监理人提交的支付申请书后 7 天内，以书面形式向监理人发出异议通知。无异议部分的款项应按期支付，有异议部分的款项按合同中争议解决中的约定办理。

8.3　建设工程勘察设计合同管理

8.3.1　建设工程勘察设计合同概述

建设工程勘察设计合同是指发包人与承包人为完成特定的勘察设计任务，明确相互权利义务关系而订立的合同。建设单位称为发包人，勘察设计单位称为承包人。

建设工程勘察合同是指根据建设工程的要求，查明、分析、评价建设场地的地质地理环境特征和岩土工程条件，编制建设工程勘察文件的协议。建设工程勘察合同的承包人称为勘察人。

建设工程设计合同是指根据建设工程的要求，对建设工程所需的技术、经济、资源、环境等条件进行综合分析、论证，编制建设工程设计文件的协议。建设工程设计合同的承包人称为设计人。

1.合同的主体

建设工程勘察设计合同的发包人应当是法人或者自然人，承包人必须具有法人资格。发包人可以是建设单位或项目管理部门，承包人应是持有建设行政主管部门颁发的工程勘察设计资质证书、工程勘察设计收费资格证书和工商行政管理部门核发的企业法人营业执照的工程勘察设计单位。

2.合同的性质和形式

建设工程勘察设计合同属于建设工程合同。签订勘察设计合同，应当采用书面形式，参照文本的条款，明确约定双方的权利义务。对文本条款以外的其他事项，当事人认为需要约定的，也应采用书面形式约定。对可能发生的问题，要约定解决办法和处理原则。

双方协商同意的合同修改文件、补充协议均为合同的组成部分。

3.合同的内容

《民法典》中规定，勘察、设计合同的内容一般包括提交有关基础资料和概预算等文件的期限、质量要求、费用以及其他协作条件等条款。具体内容如下。

（1）建设工程的名称和范围。

（2）工程施工准备条款。

（3）施工组织设计和工期。

（4）有关基础资料和概预算等文件的期限。

（5）质量要求。

（6）价款及其支付。

（7）违约责任。

（8）其他内容。

建设工程勘察合同应依据《建设工程勘察合同（示范文本）》（GF—2016—0203）订立。

建设工程设计合同应依据《建设工程设计合同示范文本（房屋建筑工程）》（GF—2015—0209）订立。

8.3.2 建设工程勘察合同履行管理

1.合同双方的权利和义务

1）发包人权利

（1）发包人对勘察人的勘察工作有权依照合同约定实施监督，并对勘察成果予以验收。

（2）发包人对勘察人无法胜任工程勘察工作的人员有权提出更换。

（3）发包人拥有勘察人为其项目编制的所有文件资料的使用权，包括投标文件、成果资料和数据等。

2）发包人义务

（1）发包人应以书面形式向勘察人明确勘察任务及技术要求。

（2）发包人应提供开展工程勘察工作所需要的图纸及技术资料，包括总平面图、地形图、已有水准点和坐标控制点等，若上述资料由勘察人负责搜集，发包人应承担相关费用。

（3）发包人应提供工程勘察作业所需的批准及许可文件，包括立项批复、占用和挖掘道路许可等。

（4）发包人应为勘察人提供具备条件的作业场地及进场通道（包括土地征用、障碍物清除、场地平整、提供水电接口和青苗赔偿等）并承担相关费用。

（5）发包人应为勘察人提供作业场地内地下埋藏物（包括地下管线、地下构筑物等）的资料、图纸，没有资料、图纸的地区，发包人应委托专业机构查清地下埋藏物。若因发包人未提供上述资料、图纸，或提供的资料、图纸不实，致使勘察人在工程勘察工作过程中发生人身伤害或造成经济损失时，由发包人承担赔偿责任。

（6）发包人应按照法律法规规定为勘察人安全生产提供条件并支付安全生产防护费用，发包人不得要求勘察人违反安全生产管理规定进行作业。

（7）若勘察现场需要看守，特别是在有毒、有害等危险现场作业时，发包人应派人负责安全保卫工作；按国家有关规定，对从事危险作业的现场人员进行保健防护，并承担费用。发包人对安全文明施工有特殊要求时，应在专用合同条款中另行约定。

（8）发包人应对勘察人满足质量标准的已完工作，按照合同约定及时支付相应的工程勘察合同价款及费用。

3）勘察人权利

（1）勘察人在工程勘察期间，根据项目条件和技术标准、法律法规规定等方面的变化，有权向发包人提出增减合同工作量或修改技术方案的建议。

（2）除建设工程主体部分的勘察外，根据合同约定或经发包人同意，勘察人可以将建设工程其他部分的勘察分包给其他具有相应资质等级的建设工程勘察单位。发包人对分包的特殊要求应在专用合同条款中另行约定。

（3）勘察人对其编制的所有文件资料，包括投标文件、成果资料、数据和专利技术等拥有知识产权。

4）勘察人义务

（1）勘察人应按勘察任务书和技术要求并依据有关技术标准进行工程勘察工作。

（2）勘察人应建立质量保证体系，按合同约定的时间提交质量合格的成果资料，并对其质量负责。

（3）勘察人在提交成果资料后，应为发包人继续提供后期服务。

（4）勘察人在工程勘察期间遇到地下文物时，应及时向发包人和文物主管部门报告并妥善保护。

（5）勘察人开展工程勘察活动时应遵守有关职业健康及安全生产方面的各项法律法规的规定，采取安全防护措施，确保人员、设备和设施的安全。

（6）勘察人在燃气管道、热力管道、动力设备、输水管道、输电线路、临街交通要道及地下通道（地下隧道）附近等风险性较大的地点，以及在易燃易爆地段及放射、有毒环境中进行工程勘察作业时，应编制安全防护方案并制定应急预案。

（7）勘察人应在勘察方案中列明环境保护的具体措施，并在合同履行期间采取合理措施保护作业现场环境。

2.合同双方的违约责任

1）发包人的违约责任

（1）合同生效后，发包人无故要求终止或解除合同，勘察人未开始勘察工作的，不退还发包人已付的定金或发包人按照专用合同条款约定向勘察人支付违约金；勘察人已开始勘察工作的，若完成计划工作量不足 50% 的，发包人应支付勘察人合同价款的 50%；完成计划工作量超过 50% 的，发包人应支付勘察人合同价款的 100%。

（2）发包人发生其他违约情形时，发包人应承担由此增加的费用和工期延误损失，并给予勘察人合理赔偿。双方可在专用合同条款内约定发包人赔偿勘察人损失的计算方法或者发包人应支付违约金的数额或计算方法。

2）勘察人的违约责任

（1）合同生效后，勘察人因自身原因要求终止或解除合同，勘察人应双倍返还发包人已支付的定金或勘察人按照专用合同条款约定向发包人支付违约金。

（2）因勘察人原因造成工期延误的，应按专用合同条款约定向发包人支付违约金。

（3）因勘察人原因造成成果资料质量达不到合同约定的质量标准，勘察人应负责无偿给予补充完善使其达到质量合格要求。因勘察人原因导致工程质量安全事故或其他事故时，勘察人除负责采取补救措施外，还应通过所投工程勘察责任保险向发包人承担赔偿责任或根据直接经济损失程度按专用合同条款约定向发包人支付赔偿金。

（4）勘察人发生其他违约情形时，勘察人应承担违约责任并赔偿因其违约给发包人造成的损失，双方可在专用合同条款内约定勘察人赔偿发包人损失的计算方法和赔偿金额。

3.合同生效、终止与解除

1）合同生效与终止

（1）双方在合同协议书中约定合同生效方式。

（2）发包人、勘察人履行合同全部义务，合同价款支付完毕，合同即告终止。

（3）合同的权利义务终止后，合同当事人应遵循诚实信用原则，履行通知、协助和保密等义务。

2）合同解除

有下列情形之一的，发包人、勘察人可以解除合同。

（1）因不可抗力致使合同无法履行。

（2）发生未按合同支付约定按时支付合同价款的情况，停止作业超过 28 天，勘察人有权解除合同，由发包人承担违约责任。

（3）勘察人将其承包的全部工程转包给他人或者肢解以后以分包的名义分别转包给他人，发包人有权解除合同，由勘察人承担违约责任。

（4）发包人和勘察人协商一致可以解除合同的其他情形。

合同解除后，勘察人应按发包人要求将自有设备和人员撤出作业场地，发包人应为勘察人撤出提供必要条件。

8.3.3 建设工程设计合同履行管理

1.合同双方的义务

1）发包人的一般义务

（1）发包人应遵守法律，并办理法律规定由其办理的许可、核准或备案，包括但不限于建设用地规划许可证、建设工程规划许可证、建设工程方案设计批准、施工图设计审查等许可、核准或备案。发包人负责项目各阶段设计文件向规划设计管理部门的送审报批工作，并负责将报批结果书面通知设计人。因发包人原因未能及时办理完毕前述许可、核准或备案手续，导致设计工作量增加和（或）设计周期延长时，由发包人承担由此增加的设计费用和（或）延长的设计周期。

（2）发包人应当负责工程设计的所有外部关系（包括但不限于当地政府主管部门等）的协调，为设计人履行合同提供必要的外部条件。

（3）专用合同条款约定的其他义务。

2）设计人的一般义务

（1）设计人应遵守法律和有关技术标准的强制性规定，完成合同约定范围内的房屋建筑工程方案设计、初步设计、施工图设计，提供符合技术标准及合同要求的工程设计文件，提供施工配合服务。

（2）设计人应当按照专用合同条款约定配合发包人办理有关许可、核准或备案手续，因设计人原因造成发包人未能及时办理许可、核准或备案手续，导致设计工作量增加和（或）设计周期延长时，由设计人自行承担由此增加的设计费用和（或）设计周期延长的责任。

（3）设计人应当完成合同约定的工程设计其他服务，以及专用合同条款约定的其他义务。

2. 合同双方的违约责任

1）发包人的违约责任

（1）合同生效后，发包人因非设计人原因要求终止或解除合同，设计人未开始设计工作的，不退还发包人已付的定金或发包人按照专用合同条款的约定向设计人支付违约金。已开始设计工作的，发包人应按照设计人已完成的实际工作量计算设计费，完成工作量不足一半时，按该阶段设计费的一半支付设计费；超过一半时，按该阶段设计费的全部支付设计费。

（2）发包人未按专用合同条款约定的金额和期限向设计人支付设计费的，应按专用合同条款约定向设计人支付违约金。逾期超过 15 天时，设计人有权书面通知发包人中止设计工作。自中止设计工作之日起 15 天内发包人支付相应费用的，设计人应及时根据发包人要求恢复设计工作；自中止设计工作之日起超过 15 天后发包人支付相应费用的，设计人有权确定重新恢复设计工作的时间，且设计周期相应延长。

（3）发包人的上级或设计审批部门对设计文件不进行审批或合同工程停建、缓建，发包人应在事件发生之日起 15 天内按合同解除的约定向设计人结算并支付设计费。

（4）发包人擅自将设计人的设计文件用于本工程以外的工程或交第三方使用时，应承担相应法律责任，并应赔偿设计人因此遭受的损失。

2）设计人的违约责任

（1）合同生效后，设计人因自身原因要求终止或解除合同，设计人应按发包人已支付的定金金额双倍返还给发包人或设计人按照专用合同条款约定向发包人支付违约金。

（2）由于设计人原因，未按专用合同条款约定的时间交付工程设计文件的，应按专用合同条款的约定向发包人支付违约金，前述违约金经双方确认后可在发包人应付设计费中扣减。

（3）设计人对工程设计文件出现的遗漏或错误负责修改或补充。由于设计人原因产生的设计问题造成工程质量事故或其他事故时，设计人除负责采取补救措施外，应当通过所投建设工程设计责任保险向发包人承担赔偿责任或者根据直接经济损失程度按专用合同条款约定向发包人支付赔偿金。

（4）由于设计人原因，工程设计文件超出发包人与设计人书面约定的主要技术指标控制值比例的，设计人应当按照专用合同条款的约定承担违约责任。

（5）设计人未经发包人同意擅自对工程设计进行分包的，发包人有权要求设计人解除未经发包人同意的设计分包合同，设计人应当按照专用合同条款的约定承担违约责任。

3. 合同解除

发包人与设计人协商一致，可以解除合同。有下列情形之一的，合同当事人一方或双方可以解除合同。

（1）设计人工程设计文件存在重大质量问题，经发包人催告后，在合理期限内修改后仍不能满足国家现行深度要求或不能达到合同约定的设计质量要求的，发包人可以解除合同。

（2）发包人未按合同约定支付设计费，经设计人催告后，在30天内仍未支付的，设计人可以解除合同。

（3）暂停设计期限已连续超过180天，专用合同条款另有约定的除外。

（4）因不可抗力致使合同无法履行。

（5）因一方违约致使合同无法实际履行或实际履行已无必要。

（6）因本工程项目条件发生重大变化，使合同无法继续履行。

任何一方因故需解除合同时，应提前30天书面通知对方，对合同中的遗留问题应取得一致意见并形成书面协议。

合同解除后，发包人除应按合同约定及专用合同条款约定期限向设计人支付已完工作的设计费外，还应当向设计人支付由于非设计人原因合同解除导致设计人增加的设计费，违约一方应当承担相应的违约责任。

8.4 建设工程施工合同管理

8.4.1 建设工程施工合同概述

建设工程施工合同是指发包人（建设单位）和承包人（施工企业）为完成商定的施工工程，明确相互权利义务的协议。依照施工合同，承包人应完成发包人交付的施工任务，发包人应按照规定向承包人提供必要条件并支付工程价款。建设工程施工合同是建设工程的主要合同，同时也是建设工程质量控制、进度控制、投资控制的主要依据。

1. 合同的主体

建设工程施工合同的发包人是与承包人签订合同协议书的当事人及取得该当事人资

格的合法继承人。建设工程施工合同的承包人是与发包人签订合同协议书的，具有相应工程施工承包资质的当事人及取得该当事人资格的合法继承人。

2.《建设工程施工合同（示范文本）》的内容

我国建设工程施工合同应依据《建设工程施工合同（示范文本）》（GF—2017—0201）订立。《建设工程施工合同（示范文本）》借鉴了国际上广泛使用的 FIDIC《施工合同条件》，主要由《合同协议书》《通用合同条款》《专用合同条款》三部分组成。其主要内容如下。

1）合同协议书

合同协议书共计 13 条，主要包括工程概况、合同工期、质量标准、签约合同价和合同价格形式、项目经理、合同文件构成、承诺及合同生效条件等重要内容，集中约定了合同当事人基本的合同权利义务。

2）通用合同条款

通用合同条款共计 20 条，具体条款分别为：一般约定、发包人、承包人、监理人、工程质量、安全文明施工与环境保护、工期和进度、材料与设备、试验与检验、变更、价格调整、合同价格、计量与支付、验收和工程试车、竣工结算、缺陷责任与保修、违约、不可抗力、保险、索赔和争议解决。前述条款安排既考虑了现行法律法规对工程建设的有关要求，也考虑了建设工程施工管理的特殊需要。

3）专用合同条款

专用合同条款是对通用合同条款原则性约定的细化、完善、补充、修改或另行约定的条款。合同当事人可以根据不同建设工程的特点及具体情况，通过双方的谈判、协商对相应的专用合同条款进行修改补充。

3.《建设工程施工合同（示范文本）》的性质和适用范围

《建设工程施工合同（示范文本）》为非强制性使用文本，其适用于房屋建筑工程、土木工程、线路管道和设备安装工程、装修工程等建设工程的施工承发包活动。合同当事人可结合建设工程具体情况，根据《建设工程施工合同（示范文本）》订立合同，并按照法律法规规定和合同约定承担相应的法律责任及合同权利义务。

8.4.2 建设工程施工合同履行管理

1.发包人的主要义务

1）许可或批准

发包人应遵守法律，并办理法律规定由其办理的许可、批准或备案，包括但不限于建设用地规划许可证、建设工程规划许可证、建设工程施工许可证，以及施工所需临时用水、临时用电、中断道路交通、临时占用土地等许可和批准。发包人应协助承包人办理法律规定的有关施工证件和批件。

因发包人原因未能及时办理完毕前述许可、批准或备案，由发包人承担由此增加的费用和（或）延误的工期，并支付承包人合理的利润。

2）发包人代表

发包人应在专用合同条款中明确其派驻施工现场的发包人代表的姓名、职务、联系方式及授权范围等事项。发包人代表在发包人的授权范围内，负责处理合同履行过程中与发包人有关的具体事宜。发包人代表在授权范围内的行为由发包人承担法律责任。发包人更换发包人代表的，应提前 7 天书面通知承包人。

发包人代表不能按照合同约定履行其职责及义务，并导致合同无法继续正常履行的，承包人可以要求发包人撤换发包人代表。

不属于法定必须监理的工程，监理人的职权可以由发包人代表或发包人指定的其他人员行使。

3）发包人人员

发包人应要求在施工现场的发包人人员遵守法律及有关安全、质量、环境保护、文明施工等规定，并保障承包人免于承受因发包人人员未遵守上述要求给承包人造成的损失和责任。

发包人人员包括发包人代表及其他由发包人派驻施工现场的人员。

4）施工现场、施工条件和基础资料的提供

（1）提供施工现场。除专用合同条款另有约定外，发包人应最迟于开工日期 7 天前向承包人移交施工现场。

（2）提供施工条件。除专用合同条款另有约定外，发包人应负责提供施工所需要的条件，具体包括以下内容。

① 将施工用水、电力、通信线路等施工所必需的条件接至施工现场内。

② 保证向承包人提供正常施工所需要的进入施工现场的交通条件。

③ 协调处理施工现场周围地下管线和邻近建筑物、构筑物、古树名木的保护工作，并承担相关费用。

④ 按照专用合同条款约定应提供的其他设施和条件。

（3）提供基础资料。发包人应当在移交施工现场前向承包人提供施工现场及工程施工所必需的毗邻区域内供水、排水、供电、供气、供热、通信、广播电视等地下管线资料，气象和水文观测资料，地质勘察资料，相邻建筑物、构筑物和地下工程等有关基础资料，并对所提供资料的真实性、准确性和完整性负责。按照法律规定确需在开工后方能提供的基础资料，发包人应尽其努力及时地在相应工程施工前的合理期限内提供，合理期限应以不影响承包人的正常施工为限。

（4）逾期提供的责任。因发包人原因未能按合同约定及时向承包人提供施工现场、施工条件、基础资料的，由发包人承担由此增加的费用和（或）延误的工期。

5）资金来源证明及支付担保

除专用合同条款另有约定外，发包人应在收到承包人要求提供资金来源证明的书面通知后 28 天内，向承包人提供能够按照合同约定支付合同价款的相应资金来源证明。除专用合同条款另有约定外，发包人要求承包人提供履约担保的，发包人应当向承包人提供支付担保。支付担保可以采用银行保函或担保公司担保等形式，具体由合同当事人在专用合同条款中约定。

6）支付合同价款

发包人应按合同约定向承包人及时支付合同价款。

7）组织竣工验收

发包人应按合同约定及时组织竣工验收。

8）现场统一管理协议

发包人应与承包人、由发包人直接发包的专业工程的承包人签订施工现场统一管理协议，明确各方的权利义务。施工现场统一管理协议作为专用合同条款的附件。

2. 承包人的一般义务

（1）办理法律规定应由承包人办理的许可和批准，并将办理结果书面报送发包人留存。

（2）按法律规定和合同约定完成工程，并在保修期内承担保修义务。

（3）按法律规定和合同约定办理工伤保险。

（4）按合同约定的工作内容和施工进度要求，编制施工组织设计和施工措施计划，并对所有施工作业和施工方法的完备性和安全可靠性负责。

（5）在进行合同约定的各项工作时，不得侵害发包人与他人使用公用道路、水源、市政管网等公共设施的权利，避免对邻近的公共设施产生干扰。承包人占用或使用他人的施工场地，影响他人作业或生活的，应承担相应责任。

（6）按照合同中有关环境保护的约定负责施工场地及其周边环境与生态的保护工作。

（7）按照合同中有关安全文明施工的约定采取施工安全措施，确保工程及其人员、材料、设备和设施的安全，防止因工程施工造成的人身伤害和财产损失。

（8）将发包人按合同约定支付的各项价款专用于合同工程，且应及时支付其雇佣人员工资，并及时向分包人支付合同价款。

（9）按照法律规定和合同约定编制竣工资料，完成竣工资料立卷及归档，并按专用合同条款约定的竣工资料的套数、内容、时间等要求移交发包人。

（10）应履行的其他义务。

3. 合同双方的违约责任

1）发包人的违约责任

发包人应承担因其违约给承包人增加的费用和（或）延误的工期，并支付承包人合理的利润。此外，合同当事人可在专用合同条款中另行约定发包人违约责任的承担方式和计算方法。

2）承包人的违约责任

承包人应承担因其违约行为而增加的费用和（或）延误的工期。此外，合同当事人可在专用合同条款中另行约定承包人违约责任的承担方式和计算方法。

4. 合同的解除

1）因发包人违约解除合同

除专用合同条款另有约定外，承包人按合同有关发包人违约的情形的约定暂停施工满 28 天后，发包人仍不纠正其违约行为并致使合同目的不能实现的，或发包人明确表示或者以其行为表明不履行合同主要义务的，承包人有权解除合同，发包人应承担由此增加的费用，并支付承包人合理的利润。

2）因承包人违约解除合同

除专用合同条款另有约定外，出现承包人明确表示或者以其行为表明不履行合同主要义务时，或监理人发出整改通知后，承包人在指定的合理期限内仍不纠正违约行为并致使合同目的不能实现的，发包人有权解除合同。合同解除后，因继续完成工程的需要，发包人有权使用承包人在施工现场的材料、设备、临时工程、承包人文件和由承包人或以其名义编制的其他文件，合同当事人应在专用合同条款约定相应费用的承担方式。发包人继续使用的行为不免除或减轻承包人应承担的违约责任。

8.5　国际工程合同概述

8.5.1　AIA 合同条件

AIA（the American Institute of Architects，美国建筑师协会）作为建筑师的专业社团已经有 160 多年的历史，成员遍布美国及全世界。AIA 出版的系列合同文件在美国建筑业界及国际工程承包界具有较高的权威性，应用广泛。

AIA 合同条件分为 A、B、C、D、F、G、INT 系列。A 系列是关于业主与承包商之间的合同条件，B 系列是关于业主与建筑师之间的合同条件，C 系列是关于建筑师与提供专业服务的咨询机构之间的合同条件，D 系列是建筑师行业所用的有关文件，F 系列是财务管理报表，G 系列是合同和办公管理中使用的文件和表格，INT 系列是用于国际工程项目的合同条件（为 B 系列的一部分）。

AIA 合同条件的核心是 A201（施工合同通用条件）。采用不同工程项目管理模式及计价方式时，只需选用不同的协议书格式与 A201 一同使用即可。例如，A101 与 A201 构成完整的法律性文件，适用于大部分以固定总价方式支付的工程项目；A111 和 A201 构成完整的法律性文件，适用于大部分以成本补偿方式支付的工程项目。

8.5.2　JCT 合同条件

JCT（Joint Contract Tribunal，英国合同审定联合会）为房屋建筑工程制定并发布的一系列合同条件，在英联邦地区有着广泛的认可和应用。从其历史发展来看，JCT 共发布了 9 版合同条件。JCT 合同条件是英国建筑业合同的基本标准，在漫长的发展过程中也在不断完善。

JCT 合同条件的特点是它倾向于业主的保护性条款，还能对投资行为加以重点保护。JCT 合同条件对业主、承包商和分包商的责、权、利规定得非常详细，对工程中易于产生的矛盾纠纷（如承包商和分包商的配合协调、管理的具体内容）做了预见，有效减少了合同执行时的问题，有利于对违约问题、索赔问题进行及时化处理。

8.5.3　ICE 合同条件

ICE（the Institution of Civil Engineers，英国土木工程师学会）是设于英国的国际性组织，在全球 164 个国家和地区拥有 9 万多名会员。该学会已有 200 多年的历史，已成为世界公认的学术中心、资质评定组织及专业代表机构。

ICE 在土木工程建设合同方面具有高度的权威性，它编制的 ICE 合同条件在土木工程中具有广泛的应用。1991 年第 6 版《ICE 合同条件（土木工程施工）》共计 71 条 109 款，主要内容包括：工程师及工程师代表；转让与分包；合同文件；承包人的一般义务；保险；工艺与材料质量的检查；开工、延期与暂停；变更、增加与删除；材料及承包商设备的所有权；计量；证书与支付；争端的解决；特殊用途条款；投标书格式。

8.5.4　NEC 合同条件

NEC（New Engineering Contract）是 ICE 编制的用来处理设计和施工工程项目的工程标准合同条件和项目管理法律框架，充分体现了灵活、有效项目管理和语言简明的特征，适用于各种大小工程。

NEC 系列合同强调合作，鼓励业主、设计咨询工程师、承包商、项目经理相互合作，以促进对项目的有效控制和管理。NEC 系列合同的核心是工程施工合同（Engineering and Construction Contract，ECC），并在此基础上安排了选项（Option），供合同编制人员进行选择。现推荐使用的是 NEC4 合同条件。

8.5.5　FIDIC 合同条件

FIDIC（详见 2.2.3 节）下设的专业委员会制订了许多建设项目管理规范与合同文本，已被联合国有关组织和世界银行、亚洲开发银行等国际金融组织以及许多国家普遍承认和广泛采用。

国际上通用的 FIDIC 合同条件是 1999 年出版的新编合同条件。新编 FIDIC 合同条件一套四本，分别是《施工合同条件》（红皮书）、《生产设备和设计 – 施工合同条件》（黄皮书）、《EPC/ 交钥匙工程合同条件》（银皮书）和《简明合同格式》。考虑到工程项目的一次性、唯一性等特点，FIDIC 合同条件分成了"通用条件"和"专用条件"两部分。"通用条件"适用于所有的工程；"专用条件"则针对一个具体的工程项目，在考虑项目所在国法律法规、项目特点和业主要求的基础上，对"通用条件"进行具体化、修改和补充。

2017 年，FIDIC 在伦敦出版了第二版红皮书、黄皮书和银皮书。2017 年的新版本对风险分配进行了重新平衡，对争端解决机制进行了重新考虑，在索赔和争议解决程序上也有了重大变化。

习　题

一、填空题

1. 合同当事人双方应当是具有民事　　　　能力和民事　　　　能力、取得　　　　资格的企事业单位、其他社会组织，　　　　在法律允许范围内也可以成为合同当事人。

2. 建设工程监理合同是指工程建设单位聘请监理单位代其对工程项目进行管理，明确双方_____、_____的协议。合同中，建设单位称为_____，监理单位称为_____。

3.《建设工程监理合同（示范文本）》的组成包括_____、_____、_____三部分。

4. 建设工程勘察设计合同是指发包人与承包人为完成特定的_____，明确相互_____关系而订立的合同。合同中，建设单位称为_____，勘察设计单位称为_____。

5. 建设工程勘察合同是指根据建设工程的要求，查明、分析、评价建设场地的_____环境特征和_____条件，编制建设工程勘察文件的协议。

二、问答题

1. 监理报酬具体包括哪些部分？
2. 订立建设工程勘察合同时应明确哪些方面的具体内容？
3. 设计工作的变更包括哪些程序？
4. 建设工程施工合同的主要内容有哪些？
5. 常见的国际工程合同条件有哪些？

在线答题

拓展习题

参 考 文 献

胡六星，陆婷，2023.建设工程招投标与合同管理［M］.2版.北京：清华大学出版社.

李海凌，王莉，卢立宇，2022.建设工程招投标与合同管理［M］.2版.北京：机械工业出版社.

刘黎虹，刘晓旭，董晶，2022.建设工程招投标与合同管理［M］.2版.北京：化学工业出版社.

刘蒙蒙，李华东，张璐，2023.工程招投标与合同管理［M］.北京：化学工业出版社.

沈中友，2021.工程招投标与合同管理［M］.2版.北京：机械工业出版社.

宋春岩，2022.建设工程招投标与合同管理［M］.5版.北京：北京大学出版社.

王平，2020.工程招投标与合同管理［M］.2版.北京：清华大学出版社.

王艳艳，黄伟典，2023.工程招投标与合同管理［M］.4版.北京：中国建筑工业出版社.

王艳艳，刘华军，2023.工程招投标与合同管理实务问答及案例解析［M］.北京：中国建筑工业出版社.

王卓甫，2023.工程招投标与合同管理［M］.2版.北京：中国建筑工业出版社.

钟汉华，2023.建设工程招投标与合同管理［M］.2版.北京：机械工业出版社.

后　记

经全国高等教育自学考试指导委员会同意，由全国高等教育自学考试指导委员会土木水利矿业环境类专业委员会负责高等教育自学考试《工程招投标与合同管理（2024 年版）》教材的审定工作。

本教材由东北林业大学苏义坤教授、哈尔滨工业大学张守健教授担任主编，东北林业大学李秀民讲师担任副主编。全书由苏义坤教授统稿。

本教材由同济大学陈建国教授担任主审，东北财经大学宁欣教授和内蒙古工业大学冯斌教授参审，提出修改意见，在此谨向他们表示诚挚的谢意。

全国高等教育自学考试指导委员会土木水利矿业环境类专业委员会最后审定通过了本教材。

全国高等教育自学考试指导委员会
土木水利矿业环境类专业委员会
2023 年 12 月